JN411265

추천의 글

민병돈(閔丙敦)
경민대학교 석좌교수
前육군사관학교장

윤리는 사람이 어릴 적에 부모님 슬하에서 자연스럽게 배우고 몸에 익혀 생활화하는 것이 바람직하다. 전에 우리의 농경사회에서는 그렇게 했다. 그러나 우리 사회가 산업화·정보화 하면서 그렇게 하지 못하고 있다. 여기서 자라난 젊은이들이 군에 입대하고 부대에서 이들을 교육하는 간부들 또한 그 성장과정이 입대하는 장정들과 다르지 않다.

군(軍)은 하나의 거대한 교육기관이다. 끊임없이 이들을 교육하고 훈련한다. 그리하여 간부들은 스스로 공부하고 교관 역할을 한다. 즉 모든 간부는 교관인 것이다.

이러한 간부들에게 필요한 책이 이번에 나온 「군대윤리와 충효예 교육」이다. 이 책의 공동 저자들은 군에 있을 때나 전역 후 사회에서나 충효예 교육에 천착(穿鑿)한 교수들이다. 그리고 책의 내용을 보면 군대윤리, 충·효·예의 본질과 과거 우리 역사에서의 위치 그리고 교육의 소재로써 필요한 체계화에 이르기까지 잘 구성해 놓았다.

이 책은 특히 군에서 교관 역할을 하는 부사관들이 활용하기에 유용할 것이다. 부사관이야말로 우리 군의 윤리교육, 충효예 교육의 교관으로서 적격이다. 그들은 가정에서 아내의 「남편」이고, 자녀들의 「아버지」이며, 부모님의 「아들」이라는 힘겨운 위치에 있다. 나이 지긋한 부사관이야말로 이러한 교육의 최적임자가 아닌가. 이들의 인생경험이야 말로 교육의 자산임에 틀림없다.

이 책이 군의 「윤리」, 「충효예」 교육에 일조(一助)할 것으로 기대한다.

군대윤리와 충효예 교육

〖 김남권 · 김문조 · 김종두 · 윤중기 · 하만석 〗

도서출판 **진 영 사**

군대윤리와 충효예 교육

김남권 · 김문조 · 김종두 · 윤중기 · 하만석

2013년 09월 01일 초판인쇄
2013년 09월 03일 초판발행
발행인 박 진 영
발행처 도서출판 진영사
인천광역시 부평구 갈산동 16-22번지
전화 : 032)505-4207
팩스 : 032)505-4206
E-mail : 0183734207@hanmail.net
등록 : 122-91-77317

ISBN 978-89-6541-129-1 93390
값 20,000원

추천의 글

민병돈(閔丙敦)
경민대학교 석좌교수
前육군사관학교장

윤리는 사람이 어릴 적에 부모님 슬하에서 자연스럽게 배우고 몸에 익혀 생활화하는 것이 바람직하다. 전에 우리의 농경사회에서는 그렇게 했다. 그러나 우리 사회가 산업화·정보화 하면서 그렇게 하지 못하고 있다. 여기서 자라난 젊은이들이 군에 입대하고 부대에서 이들을 교육하는 간부들 또한 그 성장과정이 입대하는 장정들과 다르지 않다.

군(軍)은 하나의 거대한 교육기관이다. 끊임없이 이들을 교육하고 훈련한다. 그리하여 간부들은 스스로 공부하고 교관 역할을 한다. 즉 모든 간부는 교관인 것이다.

이러한 간부들에게 필요한 책이 이번에 나온 「군대윤리와 충효예 교육」이다. 이 책의 공동 저자들은 군에 있을 때나 전역 후 사회에서나 충효예 교육에 천착(穿鑿)한 교수들이다. 그리고 책의 내용을 보면 군대윤리, 충·효·예의 본질과 과거 우리 역사에서의 위치 그리고 교육의 소재로써 필요한 체계화에 이르기까지 잘 구성해 놓았다.

이 책은 특히 군에서 교관 역할을 하는 부사관들이 활용하기에 유용할 것이다. 부사관이야말로 우리 군의 윤리교육, 충효예 교육의 교관으로서 적격이다. 그들은 가정에서 아내의 「남편」이고, 자녀들의 「아버지」이며, 부모님의 「아들」이라는 힘겨운 위치에 있다. 나이 지긋한 부사관이야말로 이러한 교육의 최적임자가 아닌가. 이들의 인생경험이야 말로 교육의 자산임에 틀림없다.

이 책이 군의 「윤리」, 「충효예」 교육에 일조(一助)할 것으로 기대한다.

저자 서문

군대윤리(軍隊倫理)는 '군대'와 '윤리'가 합해진 용어이다. 군대(軍隊)는 국토를 방위하고 국민의 생명과 재산을 보호하는 안보기능과 국민의 자제를 전인(全人)으로 육성하는 교육기능을 수행한다. 또한 군대는 '군인(軍人)'에 의해 움직여진다는 점에서 군대윤리는 곧 군인의 윤리라 할 수 있으며, 군인은 지휘관과 참모, 장교와 부사관, 병, 군무원 등 다양한 직책과 신분으로 구성된다. 본서(本書)는 그 중에서 부사관에 대한 윤리에 중점을 두고 기술하였다.

윤리(倫理)는 인간이 마땅히 행해야 할 도리를 뜻한다. 본디 인간은 사회적 동물인 까닭에 공동체로서의 삶을 살아갈 수밖에 없고, 여기에는 법과 규정, 관습 등에 의해 사회적 작용이 일어나게 된다. 그러나 사람에게는 공동체적 생활에서 저절로 적응되는 분야가 있고, 적용이 안 되는 분야가 있기 마련이어서 '되도록' 하기 위해 윤리를 필요로 한다. 그렇지만 군인도 인간이라는 점에서 군대윤리와 일반윤리는 별반 다르지 않다. 다만 군인은 무력을 관리하고, 개인보다 조직을 생각해야 한다는 특성을 가진다는 점에서 다소의 차이가 있다.

『군대윤리』라는 과목이 군에서 다루어지기 시작한 것은 1980년대 초부터이다. 1975년도에 종전(終戰)된 베트남전쟁에서, 세계에서 가장 강한 군대로 평가받는 미국 군대가 소총 한 자루도 만들지 못하는 월맹군에게 패하게 되자 그 원인을 분석하게 되었는데, 그 원인이 미군간부의 비윤리성에 있었다는 것이다. 이점에 대해 가브리엘(Richard Gabrial) 교수는 "미군 장교·부사관이 부하가 쏜 총에 맞아 사망한 인원이 무려 1,016명이다. 이는 초급간부 사망자 20%에 해당하는 숫자인데, 그 원인은 초급 리더의 비윤리성에 있었다."라고 밝힌 바 있다. 이러한 현상을 극복하기 위해 미군은 1980년대 초부터 '7대 핵심가치'를 선정하는 등 윤리교육을 강화하게 되었고, 한국 군대도 이를 계기로 군대윤리를 강조하게 된 것으로 보고 있다.

한편 충효예(忠孝禮) 교육은 "나라에 충성(忠)하고 부모님께 효도(孝)하며 군인으로서의 예의(禮)를 지키자"는 취지에서 시작되었다. 그리고 충은 국가윤리이자 나라사랑, 효는 가정윤리이자 가족사랑, 예는 사회윤리이자 전우사랑을 뜻하므로, 이 교육은 일종의 윤리교육의 성격을 가진다. 군인이 어떤 윤리적 갈등상황에 직면했을 때 국가와 가정, 군대를 위하는 윤리적 잣대로 작용시켜준다는 점에서 군인에게 충효예 정신은 중요하다.

노자(老子)는 "인간을 규제할 법령이 아무리 많아도 도둑은 더 늘어난다(法令滋彰 盜賊多有)."고 했다. 즉 기본윤리가 지켜지지 않으면 아무리 법과 제도를 만든다 해도 무용지물이 되고 만다는 것이다. 이런 점에서 공직자(公職者)에게 있어 윤리는 중요한데, 특히 무력을 관리하는 군인에게 있어서는 더더욱 그러하다. 이점에 대해 정약용(丁若鏞)은 청렴을 공직윤리의 기준으로 삼아야 한다고 하면서 "청렴은 큰 장사다(廉者大賈也)."라고 했다. 즉 청렴한 공직자는 뇌물이나 부패의 유혹에 말려들지 않기 때문에 순탄한 공직생활을 지속할 수 있지만, 유혹을 뿌리치지 못하는 공직자는 조기에 도태된다는 것이다. 마찬가지로 직업군인에게 있어 윤리(倫理)는 청렴(淸廉)과 함께 큰 장사일 수 있다. 윤리적인 군인은 상관으로부터 신뢰받고 부하들로부터 존경받게 돼서 명예롭게 직업군인의 길을 갈 수 있지만, 비윤리적인 군인은 그렇지 못하기 때문이다.

이런 맥락에서 본서(本書)는 직업군인의 길을 가기 위해 공부하는 부사관학과 학생의 교재와 부사관의 업무지침서 성격을 가지는 책이다. 다시 말해서 부사관이 지켜야 할 윤리, 즉 역할과 책무를 수행함에 있어서 '부사관의 도리'

를 어떻게 이해하고 실천할 것인가에 대해 충효예 정신과 연계하여 내용을 전개하였다. 그리고 부사관의 역할과 책무는 「군인복무규율」 '부사관 책무'에 제시되어 있다.

일찍이 손자(孫子)는 "전쟁에서 승리를 미리 알 수 있는 다섯 가지가 있는데, 그 중의 하나는 상관과 부하가 하고자 하는 마음을 같이 하는 팀이 승리한다(故知勝有五, 上下同欲者勝).", 그리고 "리더가 부하를 어린아이 돌보듯이 하면 가히 함께 깊은 골짜기로 들어갈 수 있고, 리더가 부하 사랑하기를 자식 사랑하듯이 하면 가히 리더와 죽음을 함께 할 수 있다(視卒如嬰兒故 可與之赴深谿 視卒如愛子故 可與之俱死)."고도 했다. 즉 전장에서 일사분란하게 전투력을 발휘하기 위해서는 상위계층과 하위계층이 상하동욕(上下同欲)이 되어야 하는 부자지정(父子之情)의 리더십을 필요로 한다는 것이다.

그리고 그러한 역할은 계층에 따라 다소 차이는 있지만, 한국군대의 속성상 부사관의 역할이 크다는 점이다. 이런 까닭에 부사관은 고매한 성품과 인격을 바탕으로 높은 도덕성과 윤리성을 견지해야 하며, 충효예 교육 역량을 갖추는 것이 요구된다. 충효예의 지도력은 간부 각자의 인성, 그리고 말과 행동(言行)에서 나온다, 충효예를 바르게 알고 실천하며 가르쳐야 병사들이 본받고 실천하게 되는 것이다. 이러한 의미에서 "눈 덮인 들판을 걸을 때에는 모름지기 함부로 걷지 마라. 오늘 내가 걸어간 발자국은 마침내 뒷사람들의 이정표가 될 것이다(踏雪野中擧不須胡亂行 今日夜行跡遂作後人程)."라는 서산대사(西山大師)의 시(詩)를 가슴에 새길 필요가 있다.

이런 취지에서 저술된 이 책은 3부로 나누어서 집필하였다. 제1부는 총론격으로 군대윤리와 충효예 교육의 연계성에 대하여 기술하였고, 제2부는 부사관과 군대윤리 분야를 다루었으며, 제3부는 부사관과 충효예 교육 분야에 대하여 기술하였다. 끝으로 군대윤리 교육이 중요하다는 말씀과 함께 본서를 집필하는 과정에서 자문해주신 민병돈(閔丙敦) 장군님께 감사드린다. 또한 부사관학과의 군대윤리와 충효예교육을 위해 흔쾌히 본서(本書)의 출판을 맡아주신 진영사 박진영(朴鎭榮) 사장님께 감사드리며, 저자 일동은 군의 중추(中樞)로서 전후방 각지에서 묵묵히 각자의 소임을 다하고 있는 부사관 간부들에게 본서가 윤리적 지침서가 되길 바라는 마음으로 이 책을 내놓는다.

2013년 9월 1일

저자 일동

목　　차

제2부 부사관과 군대윤리

제3부 부사관과 충효예 교육

부 록

명언

1. 세상에서 어떤 것도 그대의 정직성과 성실성 만큼 그대를 돕는 것은 없다. – 벤자민 프랭클린
2. 거짓말은 마치 눈덩이와 같아서 오래 굴릴수록 커진다. – 마르틴루터
3. 정직을 잃은 자는 더 이상 잃을 것이 없다. – J.릴리
4. 무식한 것을 두려워하지 말라. 허위의 가식을 가지고 있음을 두려워하라. – 괴테

제1부

군대윤리와 충효예 교육의 이해

01부 군대윤리와 충효예 교육의 이해

전투력은 교육훈련에 의해 '육성'되며, 부대관리에 의해 '보존'되고, 리더십에 의해 '발휘'된다. 때문에 리더십은 특히 중요한데, 아무리 전투력을 육성하고 보존한다 해도 전투력이 발휘되지 않으면 무용지물(無用之物)이 되고 말기 때문이다. 공자는 "리더가 부하들로부터 신뢰받지 못하면 리더로서 설 수가 없다(無信不立)."고 했다. 그런데 여기서 말하는 리더의 '신뢰성'은 '윤리성'과 밀접한 관련이 있다. 도덕적이지 못한 리더는 결코 부하들로부터 신뢰받을 수 없기 때문이다. 그리고 장비나 물자, 예산 등은 결국 사람에 의해서 관리된다는 점에서 '사람'의 마음을 움직이게 하는 것이 리더십이다. 리더십은 윤리에 기초한 신뢰성이 뒷받침되어야 하고, 여기에 필요한 교육이 충효예 교육이다. 왜냐하면 '충(忠)'교육은 직분에 충실하는 것 즉, 제 몫과 제 역할을 다하게 하는 정신적 작용을 하기 때문이고, '효(孝)'교육은 부모님이 원하는 방향으로 정성을 다하게 하는 교육이기 때문이며, '예(禮)'교육은 군인으로서의 도리 즉, 병영의 조화와 질서를 유지시켜주는 작용을 하기 때문이다.

기본전투단위부대에서 전투력을 관리하는 중심 축(軸)은 부사관이다. 그리고 충효예 교육을 담당해온 신분 계층 또한 부사관이다. 이런 점에서 부사관과 충효예 교육은 밀접한 관련성을 가지며, 군대윤리를 뒷받침해야 할 교육으로 보아야 한다. 왜냐하면 이 교육은 교육에서 가장 근본이라 할 수 있는 가치(價值)교육이자 윤리(倫理)교육이기 때문이다. 『논어(論語)』에 "리더는 근본을 세우는데 힘써야 하고 근본이 서면 길과 방법이 저절로 생긴다(君子務本 本立而道生)."라고 했고, 『충경(忠經)』에 "근본이 선 이후에 교화가 이루어 질 수 있다(本立而後化成)."고 하여 근본의 중요성을 강조했다. 따라서 충효예가 바탕이 된 군대윤리 교육을 통하여 전투력을 온전히 육성하고 보존함으로써 오늘날과 같은 전환기적 안보상황에 지혜롭게 대처해야 할 것이다. 이를 위해 제1부에서는 군대윤리와 충효예 교육의 필요성과 과목에 대한 이해를 돕고자 하였다. 제1장에서는 '윤리학에서 본 군대윤리', 제2장에서는 '군대의 국민교육과 충효예 교육'에 대하여 기술하였다.

명언 

5. 죽더라도 거짓이 없어라. – 도산 안창호
6. 정직함은 가장 좋은 정책이다. – S. M. 세르반테스
7. 정직은 가장 확실한 자본이다. – 에머슨
8. 자녀를 정직하게 기르는 것이 교육의 시작이다 – 서양격언

제1장 윤리학에서 본 군대 윤리

제1절 윤리와 윤리학의 개념

인간을 표현할 때 "인간은 사회적 동물이다(아리스토텔레스).", "인간은 관계적 존재다(하이데거).", "인간은 가치 지향적 존재다(니체)."라고 한다. 이러한 표현에서 보듯이 사람은 혼자 살아갈 수 없는 존재이다. 때문에 인간에게는 '함께' 살아가는데 필요한 가치와 규범이 요구된다. 사람으로서 '해야 할 것'과 '해서는 안 될 것'을 알고 행할 수 있도록 가르치는 교육이 윤리교육이다. 그런데 일찍이 철인(哲人) 소크라테스는 "알아야 행한다."고 하여 지행합일(知行合一)을 강조했지만, 아리스토텔레스는 "알면서도 행하지 않을 수 있다."고 함으로써 '앎(知)'과 '행(行)'이 일치하도록 하는 교육이 필요함을 역설했다. 이렇듯 인간에게는 윤리의식을 갖도록 하는 교육이 필요한데, 군대에서 군인의 윤리의식을 갖도록 하는 교육이 군대윤리교육이다.

윤리학의 영역에서 보면 군대윤리는 규범윤리적 성격을 띠면서도 실천윤리를 지향한다는 점에서 응용윤리에 해당한다.[1]고 볼 수 있으나 기술윤리와 메타윤리 등과도 연관되는 복합적 윤리의 성격을 띤다. 응용윤리가 대두된 것은 현대에 오면서 환경윤리와 기업윤리, 낙태 및 혼전의 성(性), 사형 등 논란의 여지가 되는 도덕적 문제가 등장하게 되었기 때문이다. 마찬가지로 군대에서도 군인신분이 공직자이면서 전쟁에 대비해야 한다는 특성이 있다. 그리고 시대의 변화와 함께 부대관리 등 부대활동에서 나타나는 구타 및 가혹행위, 자살사고 등 악성사고 발생을 윤리적 문제로 풀어가야 할 필요가 있는 것이다. 이런 맥락에서 군대윤리는 두 가지 관점에서 생각해볼 수 있다. 하나는 "군인

1) 조승옥 외 지음, 『군대윤리』, 경희종합출판사, 1996, 41쪽.

으로서 옳고 그른 행동이 무엇인가"에 관한 '규범적 측면'이고, 또 하나는 "군인으로서 어떤 행동을 선택할 것인가"에 관한 '도덕적 분별'에 관한 것이다. 즉 직업군인으로서의 윤리와 전쟁도덕으로서의 윤리에 관한 문제가 포함된다.

1. 윤리의 개념

Tip

윤리(倫理)는 일반적으로 인간이 마땅히 해야 할 도리라는 뜻으로 도덕이라는 단어와 같은 의미로 쓰이며, 동서양에서 공히 집단과 사회가 유지되는데 필요한 규범과 가치, 덕목으로 보고 있다.

윤리는 일반적으로 인간이 마땅히 해야 할 도리라는 뜻으로 도덕이라는 단어와 같은 의미로 쓰인다. '윤리(倫理)'에서 '윤(倫)'자는 [사람(人)]과 [생각·책(侖)]의 의미가 합해진 글자로 '사람이 책을 읽고 많은 것을 생각한다.'는 뜻을 담고 있다. 그리고 '리(理)'자는 [이치(理致)·이법(理法)·도리(道理)]의 뜻이 담겨 있다. 그러므로 물리(物理)가 사물의 이치를 의미하는 것처럼, 윤리는 사람과 사람 사이의 관계, 즉 인간관계에서의 이법(理法)에 관한 것임을 알 수 있다.

이러한 윤리(倫理)는 서양과 동양에서 함께 발전시켜 왔는데, 서양 윤리는 그리스어 '에토스(ethos)'에서 비롯되었다. 에토스는 동물이 사는 곳(畜舍)을 의미하는 데서 알 수 있듯이, 여러 사람이 함께 있어서 습관 등의 의미를 담고 있다. 이것이 나중에는 집단의 풍습, 개인의식·신념·태도·도덕성을 의미하게 된 것이다. 그리고 동양의 윤리(倫理)는 물리(物理)와 대립되는 개념으로 인식되어져 왔는데, 인간관계는 부자(父子)·군신(君臣)·부부(夫婦)·장유(長幼)·붕우(朋友) 등 오륜(五倫)을 기본으로, 친(親)·의(義)·별(別)·서(序)·신(信) 등 오상(五常)을 실천덕목으로 한다는 것이다. 오륜·오상이 인간관계의 이법(理法)으로 작용한다고 본 것이다. 이처럼 윤리는 동·서양에서 공히 집단과 사회가 유지되는데 필요한 규범과 가치, 덕목으로 보고 있다.

2. 윤리학의 개념

윤리학(倫理學)은 아리스토텔레스(Aristoteles, B.C. 384 ~ B.C. 322)가 저술한 『니코마코스 윤리학』에서 비롯되었다. 여기서 윤리학이란 도덕에 기초한 인격에 관한 학문이라고 했는데, 여기서 도덕적인 덕(德)은 습관의 결과로 나타난다고 보았다. 윤리학은 아리스토텔레스에 의하여 이론적으로 체계화되었다고 보고는 있으나, 이미 소크라테스(Socrates, B.C. 470? ~ B.C. 399)와 플라톤(Platon, B.C. 427 ~ B.C. 347) 시절부터 윤리는 철학의 중요한 연구과제로 정착되고 있었던 것으로 알려지고 있다.

윤리학은 로마시대에는 모럴리스(moralis)로 불리어졌는데, 이 말의 어원인 모스(mores)도 에토스와 마찬가지로 습관을 의미한다. 그리스인과 로마인의 윤리학의 근본문제는 최고선(最高善)을 밝힌 것이었다. 최고선은 인간행위의 궁극적인 목적이며, 최고선을 획득하는 것은 인간을 행복하게 한다는 것이다. 중세 서양에서는 신(神)의 계명을 실천하는 것이 무엇보다 중시되었으나, 윤리학은 또한 최고선의 획득을 궁극적인 행위의 목표, 즉 인간의 도덕적 행위에 관련된 규범 또는 원리, 도덕적 판단의 성격과 기준에 관해서 연구하는 철학의 한 영역으로 보았다. 이러한 윤리학은 점차 규범윤리의 틀에서 벗어나 여러 영역에서 연구되어 왔는데, 이를테면 도덕현상을 일종의 사회현상이나 개인의 심리적 측면에서 파악하는 기술윤리학(記述倫理學), 이론적인 면보다는 실천적인 면에 주안점을 둔 응용윤리학(應用倫理學), 언어의 논리적 분석을 철학의 방법으로 접근하는 메타윤리학(分析倫理學) 등이다.

제2절 윤리학의 영역과 군대윤리

1. 윤리학의 연구영역

윤리학의 영역과 범주에 대한 견해는 다양하다.[2)] 인간행위에 대한 도덕적인 가치판단과 규범을 연구하는 학문인 윤리학은 도덕의 본질과 근거에 대한 철학적 탐구[3]로 볼 수 있다. 이러한 윤리학이 갖는 목표 중의 하나는 어떠한 도덕적 판단, 표준, 또는 규칙에 대해 합리적인 근거가 마련될 수 있는가에 대해 이론을 세우는 것이며, 이론에 대한 근거가 어떤 것인지를 구체적으로 밝히는 것이다. 여기서 도덕적(道德的)이라는 말에는 옳고 그름을 판단할 수 있는 인간의 능력과 의식, 행동이 윤리적인 기준과 일치하는지 여부가 포함된다. 또한 윤리학은 인간의 도덕적 행위에 관련된 여러 가지의 문제, 도덕적 행위의 규범, 도덕적 판단의 성격과 기준에 관해서 연구하는 철학의 한 영역이며, 도덕철학이라고도 한다.[4]

이러한 윤리학은 기술윤리학, 규범윤리학, 메타윤리학으로 나뉘고, 규범윤리학은 다시 순수규범윤리학과 응용규범윤리학으로 나뉜다. 규범윤리학을 통해서 학자들은 도덕적으로 옳은 것과 그른 것을 인간행위와 관련하여 결정하려고 하고 메타윤리학에서 학자들은 도덕 판단들의 본성을 분석하거나 특정한 도덕 판단의 정당화를 위한 방법 등을 규정하고자 한다. 규범윤리학에서 순수규범윤리학의 과제는 도덕적 의무에 대한 이론적 정당화를 통해 무엇이 도덕적으로 옳고 그른가라는 질문에 대답하는 하나의 이론을 세우는 것이고, 응용규범윤리학은 특정한 도덕문제들을 실천적 차원에서 해결하는 것을 과제로 삼는다. 이러한 구분에 따르면 군대윤리, 생명의료윤리 등은 응용규범윤리학에 해당된다.[5] 위의 내용들을 기초로 윤리학을 정리하면 〈표-1〉과 같이 제시할 수 있다.

---

2) 예컨대 『교육학 용어사진(하우동설, 2011)』, 『윤리학(황경식譯 프랑케나著(철학과 현실사, 2003)』, 『윤리학(김태길, 박영사, 2010)』, 『윤리학(박찬구, 서광사, 2009)』, 『현대인의 전문직업윤리(박균열 · 김대군, 철학과 현실사, 2006)』에서는 규범윤리학과 메타윤리학으로, 『윤리학(김영철, 학영사, 2002)』 에서는 메타윤리학과 기술(記述)윤리학으로, 『윤리학의 기본원리(김영진譯, 폴 테일러著 서광사, 2010)』에서는 기술윤리학 · 규범윤리학 · 분석윤리학으로, 『윤리학(박찬구譯, 루이스 포이만著, 울력, 2011)』에서는 기술적 도덕철학(윤리이론)과 응용윤리로 각각구분하고 있음.

3) 『윤리학의 기본원리』, 폴 테일러(김영진 譯), 서광사, 2010, 11쪽.

4) 『교육학 용어사전』, 하우동설, 2011, 512쪽.

5) 김대군 · 박균열. 『현대인의 전문직업윤리』, 철학과 현실사, 2006, 68쪽.

〈표-1〉 윤리학의 분류

분 류	내 용
기술윤리학(記述倫理學) [descriptive ethics]	민족문화와 종교, 역사에 따라 윤리의 적용이 다르게 묘사되어야 한다는 주장으로 도덕의 현상을 다룬다.
순수규범윤리학(純粹規範倫理學) [pure normative ethics]	당위적 윤리, 도덕의 본질을 다룬다. 일반윤리와 기본윤리, 시비선악의 기준을 탐구하는 영역이다.
응용규범윤리학(應用規範倫理學) [applied normative ethics]	실천적 윤리를 다루는 영역으로 군대윤리, 기업윤리, 낙태/생명윤리, 환경윤리 등이 포함된다.
메타윤리학(分析倫理學) [meta-ethics]	분석적 윤리라고 하며, 선악(善惡)과 정사(正邪)와 같은 윤리적 언사(言辭)를 분석적으로 접근한다.

가. 기술윤리학(記述倫理學, descriptive ethics)

기술윤리학은 도덕 현상을 연구하는 사실과학을 말한다. 기술(記述)의 사전적 의미가 '어떤 대상이나 과정의 내용과 특징을 있는 그대로 열거하거나 기록하여 서술한 것'이므로, 기술윤리학은 있는 윤리적 사실 그대로 기록하고 묘사하는 것이다. 인간 사회의 윤리학이 어떻게 생겨나고 정해지는 지를 파악하고자 하는 도덕현상을 사실로서 연구하는 학문이다. 도덕규범은 역사적으로 어떻게 변천되어 왔으며 문화가 다르고 민족이 다르고 종교와 사회체제가 다름에 따라서 도덕도 다르다는 것이다. 그리고 도덕에는 유일, 절대적, 보편적인 것이 있을 수 없다는 일종의 상대주의를 인정해야 한다는 것이다.[6] 이 윤리학은 도덕발생의 모태(母胎)가 사회적 관습이라는 점에서 도덕현상을 일종의 사회현상으로 파악하기도하고, 또한 도덕현상을 심리적 사실로 보고, 그 발생의 순서와 조건 등을 심리학적으로 연구하며, 도덕관념의 생성 발전 과정을 역사

6) 김영철, 『윤리학』, 학연사, 2002, 28쪽.

적으로 보기도 한다. 예컨대 도덕적 규범과 태도가 공동정책, 제도상 임무의 설명, 전문적 실천에 표현되어지는 것을 실천한다. 또한 환자로부터 얻은 동의의 본성, 죽음의 처리, 대리인의 의사결정과 같은 문제들이 포함된다.

나. 순수규범윤리학(純粹規範倫理學, pure normative ethics)

순수규범윤리학은 도덕의 본질과 보편적인 원리에 대하여 연구하는 학문으로 윤리철학, 또는 도덕철학이라고도 한다. 즉 어떤 절대적 가치 판단 기준에 의해 당위(當爲)에 따라, 우리의 삶을 어떻게 영위하는가를 이론적으로 연구하는 학문이다. 규범(規範)이란 사전적으로 '인간이 행동하거나 판단할 때에 마땅히 따르고 지켜야 할 가치 판단의 기준'을 말한다. 이는 철학적으로 '사유(思惟)나 의지, 감정 따위가 일정한 이상이나 목적을 이루기 위하여 마땅히 따르고 지켜야 할 법칙과 원리'를 뜻한다. 때문에 이 윤리학은 당위의 윤리라고 할 수 있다. 이는 순전히 이론적인 윤리학이라 할 수 있으며 그냥 윤리학이라는 말은 규범윤리학을 뜻한다.[7] 다시 말해서 도덕적인 규범에 대한 이론적 정당화를 통하여 무엇이 도덕적으로 옳은 것이고 무엇이 도덕적으로 그른 것인가를 밝혀냄으로써 도덕의 원리를 합리적으로 정당화할 수 있는 기반을 구축하는 것이다. 이 분야의 윤리학자들은 인간이 해야 할 것과 하지 않아야 할 것들을 구분함으로써 인간의 의무와 책임에 대하여 알려줄 객관적인 기준과 원리가 무엇인지에 대해 중점적으로 탐구한다. 이론규범윤리학에서 다루는 윤리이론의 예로서는 의무론적 윤리, 덕(德)윤리 등이 있다.

다. 응용규범윤리학(應用規範倫理學, applied normative ethics)

응용윤리학은 종래의 규범윤리학과는 달리 윤리적 언사(言辭)나 발언의 의미와 정당화에 대해 실천적으로 접근하는 윤리학이다. 응용(應用)이라는 사전적 의미는 '어떤 이론이나 이미 얻은 지식을 구체적인 개개의 사례나 다른 분야의

---

7) 김태길, 『윤리학』, 박영사, 2010, 6쪽.

일에 적용하여 이용하는 것'을 뜻하므로, 응용윤리 또한 이미 제시된 규범윤리학에 대한 내용을 현실에 적용하는 연구이다. 그래서 응용윤리학을 실천윤리학이라고도 하는데, 궁극적으로는 규범윤리학의 가치관을 따르면서도 특정한 도덕적 문제들에 대해 해결하는 것을 과제로 삼는다, 예컨대 임신중절은 윤리적으로 정당화될 수 있는가, 만일 정당화된다면 어떤 조건에서 가능한가에 대한 것이다. 실천윤리학에서 다루는 윤리로서는 환경윤리, 성윤리, 기업윤리, 정보통신윤리 등이 있다.[8] 또한 생태학적 윤리학, 의료윤리학, 생의학적 윤리학, 생명윤리학, 사회윤리학, 경제 및 기업윤리학, 법윤리학, 과학 및 기술윤리학, 정보통신윤리학, 평화윤리학, 직업윤리학, 정치윤리학, 여성윤리학 등이 포함된다. 이를테면 환경윤리학과 생태윤리학은 지구의 종말을 위협하는 자연파괴와 생태학적 위기가 바로 인간의 위기이며 인간의 불찰에 의하여 저질러졌음을 철저하게 반성하고 비판하며, 현재와 미래의 환경에 대한 인간의 책임을 연구한다. 이런 점에서 응용윤리학은 도덕적 문제가 발생할 수 있는 모든 전문영역에 관해 성립이 가능하다고 할 수 있다. 19세기 후반까지만 하더라도 윤리학에는 사변적(思辨的)인 경향, 즉 경험보다는 순수한 이성에 의하여 인식하고 설명하는 경향이 짙었으나 20세기에 접어들면서 사변적인 규범윤리를 벗어나 선악시비(善惡是非)와 같은 윤리적 언사(言辭)나 윤리적 발언의 의미에 대하여 정당화(正當化) 등을 문제 삼게 되었다. 윤리학의 이러한 경향은 엄밀성을 추구하는 분석철학에 발맞추어 나타나게 된 것으로 보고 있다.

라. 메타윤리학(分析倫理學, meta-ethics)

메타윤리학은 다른 표현으로 분석윤리학이라고 한다. 분석(分析)의 사전적 의미는 '얽혀 있거나 복잡한 것을 풀어서 개별적인 요소나 성질로 나눈다.'는 뜻이다. 이를 논리적인 관점에서 해석하면 '어떤 개념이나 문장을 보다 단순한 개념이나 문장으로 나누어 그 의미를 명료하게 한다.'는 뜻이고, 철학적으로는

8) 박찬구, 『윤리학』, 서광사, 2009, 27쪽.

'복잡한 현상이나 대상 또는 개념을, 그것을 구성하는 단순한 요소로 분해하는 일'이다. 따라서 메타윤리학은 도덕적 판단들의 본성을 분석하거나 특정한 도덕 판단의 정당화를 위한 방법을 규정함으로써 윤리학이 가능하도록 근거를 제시하고자하는 연구를 말한다. 규범윤리학이 당위적으로 도덕상의 규범을 명확하게 하는 것이라면, 메타윤리학은 이 같은 규범적 윤리에 대하여 도덕적 판단이 어떠한 근거로 정당화될 수 있는가에 대하여 근거를 명확하게 하려는 연구이다. 즉 '선하다', '악하다'라고 하는 윤리학적 개념의 의미를 명확히 하자는 것인데, 종전의 당위적 윤리학으로 부르던 규범윤리학과 구분하며 메타윤리에 종사하는 학자를 분석학자, 규범윤리에 종사하는 사상가를 모럴리스트라고 구분[9]하는 것도 이 때문이다. 메타윤리학의 기본적인 연구과제[10]를 "① 선악과 정사와 같은 윤리적 언사의 의미, 또는 정의는 무엇인가? ② 도덕의 본성은 무엇인가?, 그리고 도덕적인 것과 비도덕적인 것을 구별하는 기준은 무엇인가? ③ 윤리적 판단이나 가치판단은 어떻게 성립되며, 그 판단에 관한 증명, 정당화는 가능한가? ④ '치유', '책임', '양심', '의도', '이유', '동기' 등은 무엇을 의미하는가?" 등에 두고 있음에서 메타윤리학의 연구방향을 이해할 수 있다.

명언 

9. 분개한 사람만큼 거짓말 잘하는 사람은 없다. - F.W.니체

10. 분노를 억제하지 못하는 것은 수양이 부족한 표시이다. - 플루타크

9) 김태길, 『윤리학』, 박영사, 2010, 155쪽.
10) 김영철, 『윤리학』, 학연사, 2002, 266쪽.

2. 윤리학에서의 군대윤리

가. 군대윤리의 개념

군대윤리(軍隊倫理)는 '군대'와 '윤리'가 합해진 용어이다. 그러므로 군대윤리의 개념을 이해하기 위해서는 '군대(軍隊)'와 '윤리(倫理)'의 의미를 이해하면 된다. 먼저 군대(軍隊)는 국토를 방위하고 국민의 생명과 재산을 보호하기 위해 존재하는 군인 조직이다. 이러한 군대는 안보(安保)기능과 교육(敎育)기능을 수행하는데, 안보기능은 대한민국을 외부의 적으로부터 보위하는 기능이고, 교육기능은 국민의 자제들을 전인(全人)으로 육성시키는 기능이다. 국민들은 대체로 "군대는 국민교육도장이다.", "군대갔다오면 사람된다."라고 생각하는데, 이는 국민들이 군대를 교육기능 수행기관으로 인정하는 것이라 할 수 있다. 그리고 이러한 군대는 '군인(軍人)'에 의해 움직여진다는 점에서 군대윤리는 군인들로 하여금 해야 할 것과 해서는 안 될 것을 알아서 행하는 것으로 이해할 수 있다.

Tip

군대윤리(軍隊倫理)는 '군대'와 '윤리'가 합해진 용어이다. 군대(軍隊)는 국토를 방위하고 국민의 생명과 재산을 보호하기 위해 존재하는 군인 조직이고, 윤리(倫理)란 인간으로서 마땅히 지켜야 할 도리를 일컫는다. 따라서 군대윤리는 군대에서 복무하는 군인이 지켜야 할 도리로 해석할 수 있다.

한편 윤리(倫理)란 인간으로서 마땅히 지켜야 할 도리를 일컫는다. 인간은 본래부터 사회적 동물인 까닭에 공동체적 삶을 살아갈 수밖에 없고, 이러한 공동체적 삶이 순조로워지기 위해서는 법과 규정 등을 필요로 하게 되지만, 규제만으로 되지 않기 때문에 윤리를 필요로 한다. 노자(老子)는 『도덕경(道德經)』에서 "법령이 많아지고 까다로워질수록 도둑은 더 많아지게 된다."[11]고 했다. 그러나 군인도 인간이라는 점에서 군인윤리와 일반윤리는 별반 차이가 없다고 보아야 한다. 다만 군인이라는 신분 특성상 무력과 폭력을 관리한다는 특수 환경 때문에 윤리기준을 중요시하게 된다는 점이다. 예를 들어 어떤 사

11) 『도덕경(57장)』, 法令滋彰 盜賊多有

안에 대해서 개인의 이익과 부대의 이익이 상충되거나 군대의 이익과 국가의 이익이 상충될 때 어떻게 결심하고 처리할 것인가에 대해 가치기준으로 작용하는 것이 윤리이다. 이런 점에서 '군대윤리'는 군대에서 복무하는 군인이 지켜야 할 도리로 해석할 수 있다.

군대윤리라는 과목이 우리 군에서 다루어지기 시작한 것은 1980년대 초부터인 것으로 알려져 있다. 이는 1975년도에 종전(終戰)된 베트남전에서 미군이 월맹군에 패한 원인과 연관이 있다. 즉 세계에서 가장 강한 군대로 평가받는 미국 군대가 소총 한 자루도 만들지 못하는 월맹군에게 패하게 되자 그 원인을 분석하게 되었고, 그 결과 미군 간부의 비윤리성이 패인(敗因)으로 작용했다는 것이다. 이점에 대해 가브리엘(Richard Gabrial) 교수는 "미군 장교·부사관이 부하가 쏜 총에 맞아 사망한 인원이 무려 1,016명이나 되는데, 이는 초급간부 사망자 20%에 해당하는 숫자이다. 자신이 상관을 쏜 사실을 숨긴 인원까지를 감안한다면 훨씬 더 많은 수의 초급 리더들이 부하의 총에 의해 사망했을 것으로 보고 있는데, 그 원인은 초급 리더의 비윤리성에 있었다."고 밝히고 있다. 이러한 현상을 극복하기 위해 미군은 1980년대 초부터 '7대 핵심가치'를 선정하는 등 윤리운동을 전개하였고, 그 여파로 한국 군대에서도 군대윤리를 강조하게 된 것이다.

윤리학의 영역에서 보면 군대윤리는 실천윤리를 지향한다는 점에서 응용윤리의 영역에 속한다[12)]고 할 수 있으나 복합적 성격을 띠고 있다. 응용윤리가 대두된 것은 현대에 오면서 낙태, 혼전(婚前)의 성(性), 사형 등 논란의 여지가 되는 도덕적 문제가 등장하게 된 때문인데, 군대에서도 시대적 변화와 함께 다루어져야 할 전쟁에 대한 관점과 이에 대한 군사력건설과 군사력운용, 육·해·공군 간, 또는 자군(自軍) 부대간의 이해관계, 대민관계, 부대관리에서 나타나는 구타 및 가혹행위, 자살사고 등 악성사고 발생을 윤리적 문제로 풀어가야 할 필요가 있겠다. 이런 맥락에서 군대윤리는 두 가지 관점에서 생각해 볼 수 있다. 하나는 "군인으로서 옳고 그른 행동이 무엇인가"에 관한 '규범적

---

12) 조승옥 외, 위의 책, 41쪽.

측면'이고, 또 하나는 "군인으로서 어떤 행동을 선택할 것인가"에 관한 '도덕적 분별'에 관한 것이다. 이는 전문직업인으로서 직업윤리와 군인으로서 전쟁도덕에 관한 문제로 구분해 볼 수 있다.

나. 군대윤리의 영역

(1) 직업윤리로서의 군대윤리

직업은 생계를 유지하기 위하여 자신의 적성과 능력에 따라 일정한 기간 동안 계속해서 종사하는 일을 말한다. 즉 직분을 의미하는 '직(職)'자와 생업을 뜻하는 '업(業)'자가 합해진 글자이다. 그러니 직업(職業)은 사람이 경제적으로 보상을 받기 위해 정신적, 육체적 에너지를 소모하는 지속적인 활동이라 말할 수 있다. 사람은 누구나 직업을 통해 얻는 수입으로 재정을 충당한다. 그래서 누구에게나 직업을 필요로 하며, 이러한 직업에서 공통적으로 지켜야 할 것과 세분화된 행동 규범들을 합쳐 직업윤리라고 한다.

직업윤리는 크게 소명의식과 천직의식, 직분의식과 봉사정신, 책임의식과 전문의식[13)]을 요구받는다. 소명의식은 어떤 일에 대해 절대적 권위를 가진 임금이나 신으로부터 부름을 받았다는 뜻의 '소명(召命)'과 깨어 있는 상태에서 자기 자신이나 사물에 대하여 인식하는 작용을 뜻하는 의식(意識)이 합해진 말이다. 그리고 천직의식은 하늘로부터 부여받은 직분을, 직분의식은 맡은바 일에 대해 사명을 다한다는 다짐을, 봉사정신은 자신보다 동료나 직장을 위하는 마음을, 책임의식은 맡은 일에 대한 의무감을, 전문의식은 어떤 분야에 대한 상당한 지식과 경험, 연구를 바탕으로 맡아 일을 한다는 정신을 뜻한다. 이런 점에서 군인은 국가를 보위하고 국민의 생명과 재산을 보호하면서 전쟁에 대비하는 전문성을 가진 직업인이다. 여기서 전문성(expertise)이란 어떤 영역에서 보통 사람이 흔히 할 수 있는 수준 이상의 수행 능력을 말하는데, 전문성은 매우 장기적이고 체계적인 훈련을 통해 획득될 수 있는 것이다.

13) 네이버 지식백과

따라서 군인에게 요구되는 직업의식과 전문성은 윤리적 의식을 필요로 한다. 특히 부사관은 책무에 명시되어 있는 것처럼 맡은바 직무에 정통하고, 매사에 솔선수범하며, 병의 법규준수와 명령이행을 감독하고, 교육훈련과 병영생활을 지도해야 한다는 입장에서 직업의식과 전문성을 필요로 한다.

(2) 전쟁도덕으로서의 군대윤리

군인이 존재하는 이유는 전쟁에 대비함으로써 국가를 보위하고 국민의 생명과 재산을 보호하는 것이다. 이런 점에서 군대윤리는 직업군인에게 규범적 윤리로서 작용을 한다. 그리고 이러한 윤리적 상황이 가장 극명하게 마주치는 것이 전투를 포함하는 전쟁상황이다. 전젱상황에서는 불가피하게 인마살상, 적 장비 및 건물 파괴 등 일상적으로 도덕으로 용인될 수 없는 일들이 발생하기 마련이고, 선(善)과 악(惡)이라는 분계선에서 갈등을 겪게 된다. 또한 전쟁상황에서 전투원의 행위는 도덕적 문제를 유발한다. 전투중이긴 해도 군인의 모든 행동이 도덕적일 순 없으며, 극한 상황이라는 점에서 본능적으로 자신을 보호하려는 심리가 작용하기 때문에 도덕적 한계를 지키기가 어려울 수 있다.

이런 점에서 전쟁도덕은 정당한 전쟁이냐 아니냐, 전쟁 자체가 진정으로 국민을 위한 것이냐 통치자를 위한 것이냐 등이 항상 논제로 남기 마련이다. 또한 전쟁상황에서 적을 사살하는데 있어서 어디까지가 정당한 것인가?, 극한 상황에서 부하들에 대한 의식주 문제를 어떻게 조달해줄 것인가?, 후퇴하면서 아녀자를 포함한 주민을 어떻게 처리할 것인가?, 배고픈 부하병사들의 문제와 양민들로부터 양식을 구하는 문제는 어떻게 조치해야 할 것인가? 등은 모두 전쟁도덕과 관련된 것이다. 특히 부사관이라는 신분은 비교적 전투에 노련하고 경험지식이 초급장교보다 월등하다는 점에서 부사관의 역할은 중요할 수밖에 없다. 이러한 전쟁상황에서 군대윤리는 제네바협약(1948. 8. 12)에 준하게 되는데, 한국은 1966년 이 협약에 가입했고, 1982년 12개의 의정서에 비준하였다. 제네바협약의 7대 원칙은 〈표-2〉와 같다.

〈표-2〉 제네바협약의 7대 원칙[14)]

① 전투능력 상실자와 적대행위에 직접 가담하지 아니하는 자는 그들의 생명과 육체적, 정신적 보존에 대하여 존중받을 권리가 있다. 그들은 모든 상황에서 차별 없이 보호되고 인도적으로 대우받아야 한다. ② 투항하거나 또는 전투능력을 상실한 적군을 살상하는 것은 금지되어야 한다. ③ 부상자와 환자는 적대행위에 있었던 충돌당사자에 의하여 수용되고 진료되어야 한다. 의료요원, 시설, 수송기관 및 자재도 보호대상이 된다. 적십자의 표장은 이러한 보호를 위한 표지로서 반드시 존중되어야 한다. ④ 포로가 된 전투원과 적대국의 지배하에 있는 민간인들은 그들의 생명, 존엄성, 인권 및 신념에 대하여 존중받을 권리가 있다. 그들은 일체의 폭력 및 보복 행위로부터 보호된다. 그들은 자기의 가족과 서신을 교환하고 구호품을 받을 권리가 있다. ⑤ 모든 사람은 기본적인 사법상에 보장을 받을 권리가 있다. 누구나 육체적 정신적 고문과 체벌, 또는 품위를 손상하는 잔혹한 대우를 받아서는 아니 된다. ⑥ 충돌 당사자와 그 군대의 구성원은 전쟁의 방법 및 수단을 무제한 적으로 선택할 수는 없다. 불필요한 손실 또는 과도한 고통을 유발하는 성질을 지닌 무기나 전쟁방법의 사용을 금지한다. ⑦ 충돌 당사자는 어떠한 경우에도 민간인과 그들의 재산을 보호하기 위해 민간 주민과 전투원을 구별하여야 한다. 민간인이나 개인이 공격 목표가 되어서는 아니 된다. 공격의 대상은 오직 군사적 목표물에 국한되어야 한다.

토의

1) 윤리와 도덕의 차이점을 설명하고, 일반윤리와 군대윤리의 의미에 관하여 차이점을 발표해 봅시다.
2) 군대에서 윤리교육이 필요한 이유를 설명하고, 윤리학 연구영역에서 군대윤리의 성격을 규명하여 발표해 봅시다.

14) 조승옥, 위의 책, 1996, 54~55쪽.

제2장 군대의 국민교육과 충효예 교육

제1절 교육의 개념과 군대의 국민교육

국민교육이란 국민으로서 필요한 지식, 기능, 태도 따위를 기르도록 하기 위하여 국가가 실시하는 교육을 말한다. 우리나라와 같이 국민개병제(國民皆兵制)를 실시하는 나라에서 군대(軍隊)는 국민교육을 할 수 있는 좋은 여건을 갖춘 조직이자 집단이다. 이런 점에서 군대의 국민교육은 중요하다. 특히 우리나라는 농경시대에서 산업화시대, 지식정보화시대를 거치는 동안 국민교육에서 다루어야 할 내용도 달라졌다. 예를 들면 창군초기에는 문명퇴치 교육이 요구되었다면, 21세기인 지금은 인성함양과 함께 편향된 이념을 바로 잡을 수 있는 교육이 요구된다. 이른바 민주화 운동에 편승해 표현의 자유가 확대되다보니 다양한 의견이 표출되고 있다. 그 내용 중에는 국가의 이익과 상충되는 내용도 있었으며, 심지어 이러한 내용들이 초·중등 교육현장에서 다루어진 예도 있다. 그러나 모든 교육은 윤리적이어야 하며, 국가적 이익에도 반하지 않아야 한다는 맥락에서 나라를 사랑하고 부모님을 위하며 전우를 사랑하자는 취지로 행해지는 충효예 교육은 국민교육과 연계할 필요가 있는 것이다.

충효예는 국가와 가정, 사회를 연상케 하는 덕목인 관계로 국적(國籍)있는 군대윤리로 작용되는 '가치'로 작용한다. 군대윤리가 "군인으로서 직무를 수행함에 있어 옳고 그름을 분별하여 선택하는 것"이라면 충효예 정신은 상고시대에서부터 우리 민족의 흥망성쇠와 함께 해온 '중심가치'적 성격이다. 즉, 가정(孝)과 사회(禮), 국가(忠)의 윤리적 '틀'로 작용되어 온 것이다.

이러한 점을 감안해 볼 때 충효예 정신은 군인이기 이전에 국민으로서 가정에서부터 지녀야 할 기본적인 가치로 볼 수 있으며, 군인으로서 정사(正邪)를 분별하는 군대윤리의 준거로 적용되는 정신이라 할 수 있다. 따라서 먼저 교육의 개념과 정의가 무엇이며, 군대의 국민교육으로서 국가시책을 어떻게 구현할 것인가에 대해 살펴보고, 다음으로 충효예 교육의 일반적 내용을 살펴본다.

1. 교육의 개념과 정의

가. 교육의 개념

Tip

교육(敎育)이란 인간이 사람다운 모습으로 살아가도록 가르침과 함께 인간의 행동특성을 계획적으로 변화시킴으로써 잠재역량을 이끌어내는 과정(process)이다. 여기서 '사람다움'이란 인간으로서 기본 도리를 알고 행하는 사람을 말한다.

교육(敎育)이란 인간이 사람다운 모습으로 살아가도록 가르침과 함께 인간의 행동특성을 계획적으로 변화시킴으로써 잠재역량을 이끌어내는 과정(process)이다. 즉 인간다움을 기초로 발전적 변화를 이끌어내는데 목표를 두고 있다. 그러므로 효 교육은 효를 바탕으로 사람다운 사람이 되도록 가르치는 일과 함께 발전적 변화를 이끌어가는 과정이라 할 수 있다. 그리고 여기서 '사람다움'이란 인간으로서 기본 도리를 알고 행하는 사람이다. 이를테면 부모는 자식을 사랑하고 자식은 부모를 위하는 삶을 통하여 부모는 부모답고 자식은 자식다움을 추구하는 삶이다. 또한 상관은 부하를 사랑하고 부하는 상관을 존경하는 과정을 통해 상관은 상관답고 부하는 부하다운 모습이다. 이러한 심성이 타인을 사랑하고 이웃을 사랑하며 사회, 국가, 자연을 사랑할 수 있게 되는 것이다.

교육은 교육법(제2조 교육이념)에도 나와 있듯이 홍익인간 정신, 즉 타인을 널리 이롭게 하는 정신을 구현하는데 목적을 두어야 한다. 그러함에도 불구하고 오늘날 교육은 입시위주, 학벌지상주의로 가고 있는 것이 문제다. 그러나 이는 비단 학교의 문제로만 봐선 안 될 것인데, 가정교육과 사회교육이 함께 해야 하기 때문이다. 이제라도 교육의 근본을 세우고 기본에 충실함으로써 사람이 된 후에 학문과 명예를 생각하는 교육이 되도록 해야 할 것이다.

(1) 교육의 어원적 의미

(가) 한자의 어원에 나타난 교육의 의미

Tip

한자어로서의 교육(敎育)의 의미는 효(孝)와 깊은 관계가 있다. 교육자로서의 사랑과 정성, 그리고 의지가 담겨야 한다는 점과 피교육자로서의 자세가 어떠해야 하는지에 대한 의미가 담겨 있는데, 이는 마치 부모와 자식의 관계로 교육해야 한다는 것을 의미하는 것이다.

'교육(敎育)이란 무엇인가?'에 대한 답은 교육이라는 어원(語源)을 통해서 이해할 수 있다. 본디 우리의 선조들은 "글자는 지혜를 담는 그릇이다(文者道之器)."하여 문자(文字)에 담긴 의미를 통해 지혜를 얻곤 했다. 이런 의미에서 한자(漢字)와 영문자(英文字)의 어원을 통해 그 본뜻을 살펴본다.

한자의 교육(敎育)은 '가르칠 교(敎)'자와 '기를 육(育)'자가 합해진 글자이다. 여기에서 보듯이 교육은 '가르쳐서 기른다'는 의미를 담고 있는데, 『설문해자((說文解字))』에 의하면 교(敎)자는 '위에서는 베풀고 아랫사람은 그 것을 본받는다(上所施下所效).'는 뜻이고, 육(育)자는 '자녀를 길러서 선을 실천하도록 한다(養子使作善也).'라는 의미인데, 교육(敎育)에서의 교(敎)자와 육(育)자는 다음과 같은 의미를 담고 있다.

첫째, 교(敎)자를 '인도할 교(䆁)'자와 회초리로 '칠 복(攵)'자의 합자(䆁+攵)로 보는 견해로 교육자의 입장을 나타낸다. 즉 인간을 가르칠 때는 회초리를 들어서라도 올바른 길로 인도해야 한다는 의미가 들어 있다. 그리고 육(育)자는 '아이 돌아 나올 돌(𠫓)'자와 몸 육(月)자의 합자(𠫓+月)이니, 어머니의 뱃속에서 아이가 돌아 나올 때 어머니가 감내(堪耐)해야 하는 고통과 아이를 지극히 생각하는 사랑과 정성으로 자식을 길러야 한다는 의미를 담고 있다.

둘째 교(敎)자를 '효도 효(孝)'자와 '아버지 부(父)'자의 합자(孝+父)로 보는 견해로 교육자와 피교육자의 관계를 부모와 자식의 교호작용으로 보는 것이다. 가르치는 교육자는 부모와 같은 마음으로, 가르침을 받는 사람은 마치 부모에게 효도하는 마음으로 가르침에 따라야 한다는 의미이이다. 그리고 육(育)자는 어머니의 사랑과 정성을 의미하는 것이니 피교육자와 교육자의 관계를 나타내고 있는 글자로 보는 것이다.

셋째, 교(敎)자를 '효도 효(孝)'자와 '글월 문(文)'의 합자(孝+文)로 보는 견해로 부모에게 효도하는 자세로 학문연마를 나타낸다. 즉 스승은 자식을 사랑하듯이 제자에게 글을 가르치고 제자는 부모에게 효도하는 자세로 글을 배워서 입신양명(立身揚名)의 길로 나가야 한다는 의미로 해석하는 것이다. 그런데 여기서 문(文)자를 '밝을 문, 빛날 문'자로 해석하면 '부모에게 효도하는 자세로 배워서 자신을 밝고 빛나게 한다.'는 입신양명(立身揚名)의미로도 해석할 수 있다.

이렇게 볼 때 한자어로서의 교육(敎育)의 의미는 효(孝)와 깊은 관계가 있음을 알 수 있다. 교육자로서의 사랑과 정성, 그리고 의지가 담겨야 한다는 점과 피교육자로서의 자세가 어떠해야 하는 지에 대한 의미가 담겨 있는데, 이는 마치 부모와 자식의 관계로 교육해야 한다는 것이다. 소크라테스는 교육에 대해 말하기를 "교육은 산파술(産婆術)이다. 아이를 낳는 산모(産母)와 아이를 받아주는 산파(産婆)간에 호흡이 맞아야 아기가 온전히 세상에 나올 수 있듯이, 교육자와 피교육자가 호흡이 맞아야 가르침이 잘 이루어질 수 있다. 따라서 교육은 산파술이다."라고 했는데, 교육이라는 한자의 의미와 연관되어 있음을 볼 수 있다. 여기서 말하는 가르침이라는 것은 비단 학교에서만이 아니라 가정과 사회, 직장, 군대 등 평생 동안을 배우는 모든 과정이 포함되는 것이다.

(나) 영문자의 어원에 나타난 교육의 의미

교육에 대한 영어 표기는 'pedagogy'와 'education'이다. 여기서 'pedagogy'는 그리스어의 'paidagogos'에서 유래된 용어로, 'paidagogos'는 'paidos(어린이)'와 'agogos(이끈다)'의 합성어이다. 이는 어린이를 배움의 장소로 이끌고 다니면서 가르친다는 것을 뜻한다. 즉, '어린이를 앞에서 인도하는 사람' 혹은 '어린이를 이끄는 기술' 등으로 해석할 수 있다. 다음 education은

영문자의 어원에 나타난 교육의 의미는 성숙자가 미성숙자에게 문화와 지식을 가르쳐 주고 이끈다는 의미와 미성숙자의 내적인 잠재력의 발달 가능성을 도와서 계발케 해준다는 의미로 이해할 수 있다. 이런 점에서, 교육자와 피교육자의 관계는 부모와 자식의 관계처럼 연계성이 있으며, 사랑과 정성을 나누는 관계로 이해할 수 있다.

라틴어의 'educare'에서 유래한 용어로 'e(밖으로)'와 'ducare(끌어내다)'가 합쳐진 말이다. 이는 함축적으로 인간의 내재적인 소질과 잠재적 가능성을 밖으로 이끌어 내어 발전시킨다는 의미를 담고 있다. 대체로 교육에 대한 영어 표기는 'education'을 사용하는 것이 보편적인데, 교육학에서는 'pedagogy'라는 용어를 더 많이 사용하는 것으로 알려져 있다.

따라서 영문자의 어원에 나타난 교육의 의미에서 발견할 수 있는 교육과 효의 관계는, 성숙자가 미성숙자에게 문화와 지식을 가르쳐 주고 이끈다는 의미, 그리고 미성숙자의 내적인 잠재력의 발달 가능성을 도와서 계발케 해준다는 의미로 이해할 수 있다. 이런 점에서, 교육자와 피교육자의 관계는 부모와 자식의 관계처럼 연계성이 있다. 사랑과 정성을 나누는 관계로 이해할 수 있다.

나. 교육의 정의

교육의 개념은 그 정의(定義)를 통해 그 의미를 이해 할 수 있다. 정의란 개념을 보다 구체적으로 밝혀 그 뜻을 옳게 정하는 것인데, 정의는 '어떤 의미'를 한정해 놓은 것이기 때문에 표현이 다양할 수가 있다. 예를 들면 리더십의 정의가 850여개가 되고 문화의 정의도 200여개가 되는 것과 같은 이치이다. 이런 점에서 효와 교육도 다양하게 정의될 수 있는 것인데, 교육에 대한 정의는 규범적·기능적·조작적 관점에서 정의할 수 있다.[15)]

(1) 규범적(規範的) 정의

규범(規範)이란 사전적으로 인간이 행동하거나 판단할 때에 마땅히 따르고 지켜야 할 가치 판단의 기준을 뜻한다. 따라서 규범적 정의는 교육의 궁극적 목적과 결부시켜 뜻을 규정하는 것인데, 이를 목적론적 정의라고 한다. 교육의 궁극적 목적을 어떤 가치와 진리를 내 세우냐에 따라 수많은 정의가 가능하다.

15) 송경영, 『교육학의이해』, 교육아카데미, 2009. 14-18쪽.
123) 고벽진 외, 『최신 교육학의 이해』, 교육학사. 2007. 158-162쪽.

예를 들면 '교육은 민주시민이 갖추어야 할 자질을 함양하는 과정이다', '교육은 영원한 진리나 가치에로의 접근 과정이다', '교육은 인간을 인간답게 형성하는 과정이다' 등이다. 여기에서 인간을 '인간답게' 형성한다는 것은 도덕적, 인격적 목표에 접근 시키는 과정으로 볼 수 있다. 따라서 규범적 또는 목적론적 정의는 국가 사회적 차원에서나 개인적 차원에서 모두 인격완성이나 자아실현이라는 내재적 가치의 실현을 목표로 내세우고 있다. 교육의 규범적 정의를 모아 제시하면 〈표-3〉과 같다.

〈표-3〉 교육의 규범적 정의

① 교육은 인도(仁道)를 닦는 것이다(공자, B.C.551~B.C.479).
② 하늘이 명한 것을 성이라 하고, 성을 따르는 것을 도라 하며, 도를 닦는 것을 교라 한다(天命之謂性, 率性之謂道, 修道之謂敎, 중용, 子思 B.C.484?~B.C.402?).
③ 교육은 덕을 닦는 것이다(소크라테스, B.C.470?~B.C.399).
④ 교육은 인간 각자의 도를 닦는 것이다(플라톤, B.C.427?~B.C347).
⑤ 교육은 이상적인 인간을 형성하는 것이다(아리스토텔레스, B.C.384~B.C.322).
⑥ 교육은 인의지도(仁義之道)를 가르치는 것이다(맹자, B.C.372?~B.C.289?).
⑦ 교육은 인간을 도덕적으로 만드는 것이다(Hegel, 1770~1831).
⑧ 교육은 인간을 인간답게 형성하는 작용이다(Kant, 1724~1804).
⑨ 교육목적은 도덕적 품성을 도야 하는 것이다(Herbart, 1776~1841).

(2) 기능적(機能的) 정의

교육을 무엇을 위한 수단으로 규정하려는 입장이다. 기능(機能)이란 어떤 구실이나 작용을 뜻하므로, 기능적 정의는 규범적 정의와 대조적 입장으로, 교육이 이바지해야 할 대상을 국가 및 사회, 경제, 사회문화, 종교, 인간 자신 등으로 보느냐에 따라 수많은 기능적 정의가 가능하다. 예를 들면 '교육은 국가사회발전을 위한 수단이다.', 교육은 사회문화의 계승 및 발전의 수단이다', '교육은 개인의 사회적 출세를 위한 수단이다.' 등이다. 이러한 기능적 정의는 교육을 도구적 가치로 보는 입장이다. 우리나라 교육은 기능적 측면이 강하다.

예를 들면 수학능력시험을 보고 온 학생이 그동안 공부해온 과정을 되돌아보고 부모님을 비롯한 도움을 준 사람들과의 관계 등 많은 일이 있을 터인데, "내일은 무엇을 하지?"라고 생각하며 고민하게 되는 이유는 교육을 기능적으로 시행한 데서 오는 것으로 볼 수 있다. 교육의 기능적 정의를 모아 제시하면 〈표-4〉와 같다.

〈표-4〉 교육의 기능적 정의

① 교육은 사회개혁의 수단이다(Pestalozzi, 1746~1827). ② 인간은 자연의 학생이고, 지구는 인류의 학교이다(Dilthey, 1833~1911). ③ 교육은 문화의 전달이다(Paulsen, 1846~1908). ④ 교육은 문화의 전달과 갱신의 과정이다(Kerschensteiner,1854~1932). ⑤ 교육은 생활이다. 교육은 성장이다. 교육은 (꾸준한) 경험의 재구성이다. 교육은 사회화 과정이다. 교육은 전인(全人)과 관련된다. 교육은 피교육자의 자발적 참여와 적극적 활동을 필요로 한다(J. Dewey, 1859~1952). ⑥ 인간은 교육적 동물이며, 인간의 역사는 교화의 역사이다(Krieck, 1882~1947). ⑦ 교육의 목적은 사회적 자아실현이다(Brameld,1904~1987).

(3) 조작적(操作的) 정의

교육을 조작적(操作的) 견지에서 정의하는 것을 말한다. 여기서 조작적(操作的) 정의란 사회조사를 할 때에 사물 또는 현상을 객관적이고 경험적으로 기술하는 정의를 말한다. 예를 들면 '교육은 인간행동 특성을 계획적으로 변화시키는 과정'으로 보는 정의이다.

교육의 의미와 충효예 교육을 연계한다면 인간다움에 초점이 맞춰져 있기 때문에 규범적 정의에 가깝다고 할 수 있으며, '교육을 어떻게 할 것인가?'와 충효예 교육을 연계하면 인간행동 특성의 계획적인 변화를 유도한다는 점에 조작적 정의에 가깝다.

교육은 다른 학문 분야와 같이 인간행동에 관심을 갖되, 특히 인간행동 특성의 변화, 즉 없던 지식을 갖게 하고, 미숙했던 사고력을 숙달하게 하며, 몰랐던 기술을 몸에 익혀 주고, 이런 '관(觀)'을 저런 '관'으로 바꾸어 놓으며, 저런 '정신'을 이런 '정신'으로 변화시키는데 관심이 있다. 그리고 교육은 인간의 성장, 발달, 조성 등 변화의 질이 개인에게 선천적으로 결정되어 있지 않다고 전제한다. 왜냐하면 교육은 인간행동이 자연적으로 변화해 가는 것에 관심이 있는 것이 아니라, 그것을 의도적으로 변화시키는 데에 관심이 있기 때문이다. 이것이 교육을 인간행동 특성의 계획적인 변화라고 정의하는 이유이다.

한 인간이 성장, 발달하고 변화해 가는 데는 교육의 힘만이 작용하는 것은 아니다. 비교적 생득적인 것으로 생후의 경험 여하와는 관계없이 성장하는 성숙(成熟)이라는 영향도 있고, 경험여하에 따라 성장, 발달이 정해지는 학습(學習)이라는 영향도 있다. 또 학습은 교육상황이 아니라 여러 가지 경험에 의해서도 나타난다. 그러나 교육은 인간행동 특성의 계획적인 변화를 말하므로 엄격한 의미에서 무의도적인 교육은 교육이 아니며, 그것은 단지 학습에 불과한 것이다. 여기에서 계획적이라는 것은 첫째, 기르고자 하는 또는 길러야 할 인간행동에 관한 명확한 의식이 있고, 둘째, 그것을 기를 수 있는 이론과 실증이 뒷받침되는 계획과 과정이 있다는 것을 의미한다. 전자는 명확한 교육목적이 있다는 말이며, 후자는 교육과정이 있다는 말이 된다. 교육의 조작적 정의를 모아 제시하면 〈표-5〉와 같다.

〈표-5〉 교육의 조작적 정의

① 교육이란 비교적 성숙한 사람이 미숙한 사람을 문화재를 통하여 또는 자연의 상태에서 문화적 이상의 상태로 끌어올리는 문화작용이다(Spranger, 1546~1611).
② 교육은 인간의 성장 가능성을 최대로 신장시키도록 돕는 일이다(J.J. Rousseau,1712~1778).
③ 교육이란 천부적 자질과 능력을 계발하기 위하여 어린이를 이끄는 작용이다(Fröbel, 1782~1852).

④ 교육은 세대간 문화적 유산의 이양, 그리고 신세대에게 교육의 성과를 자기의 것으로 만드는 방법을 가르치는데 목적이 있다(Arnold Joseph Toynbee, 1889~1975).
⑤ 교육은 바람직한 정신 상태를 도덕적이고 온당한 방법에 의해 의도적으로 실현하는 일이다(R.S. Peters, 1919~).
⑥ 교육은 인간행동의 계획적인 변화이다(정범모, 1925~).

이를 종합해보면 교육이란 도덕성을 기초로 사람이 되게 함과 함께 어떤 분야의 성숙자가 미성숙자에게 몰랐던 것을 알 수 있도록 하고, 할 수 없던 것을 할 수 있도록 하고, 깨달을 수 없었던 것을 깨달을 수 있도록 하고, 느낄 수 없던 것을 느끼도록 하고, 볼 수 없던 것을 볼 수 있도록 하고, 들을 수 없던 것을 들을 수 있도록 하여 인간의 일생을 성공적으로 가치 있게 살아가도록 도와주는 일을 하는 것이다. 더 나아가 알아낸 것, 할 수 있게 된 것, 깨달은 것을 정리 정돈하여 표현할 수 있도록 하는 것도 교육의 중요한 일이다[16].

이런 맥락에서 교육의 의미와 충효예 교육을 연계한다면 규범적 정의에 가깝다고 할 수 있다. 교육에 대하여 공자는 인도(仁道)를 닦는 것으로, 소크라테스는 덕을 닦는 것으로, 플라톤은 인간의 도를 닦는 것으로 정의한 것에서 보듯이 인간다움에 초점이 맞춰져 있기 때문이다. 그런데 '교육을 어떻게 할 것인가?'와 충효예 교육을 연계하면 조작적 정의에 가깝다는 점을 발견할 수 있다. "교육은 인간의 성장 가능성을 최대로 신장시키도록 돕는 일이다."라는 루소의 정의나 "교육은 바람직한 정신 상태를 도덕적이고 온당한 방법에 의해 의도적으로 실현하는 일이다."라는 피터스의 정의, 그리고 "교육은 인간행동의 계획적인 변화이다."라는 정범모의 정의 등은 충효예가 추구하는 것과 맥을 같이하고 있기 때문이다.

16) 김광자 외, 『교육학 개론』, 집문당, 2005. 21쪽.

2. 군대의 국민교육과 국가시책의 구현

가. 군대의 국민교육

군대교육은 군대의 조직적 전투력을 높이기 위하여 군에 속해 있는 개인이나 군대를 대상으로 실시하는 교육·훈련·연습을 총칭하는 말이다. 군대로서의 군기(軍紀) 유지, 임무수행을 위한 지식과 기술의 연마, 사생관(死生觀)의 확립, 의무의 수행, 국가에 대한 충성심의 고취 등을 주요 내용으로 하는 시민교육이 포함된다.

국민교육이란 국민으로서 필요한 지식, 기능, 태도 따위를 기르도록 하기 위하여 국가가 실시하는 교육을 말한다. 대한민국 국민(國民)이란 대한민국의 국적을 가진 자로서 대한민국을 구성하는 사람을 일컫는다. 따라서 우리나라와 같이 국민개병제를 실시하는 나라에서 군대는 국민교육을 할 수 있는 좋은 여건을 갖춘 조직이자 집단이다. 특히 우리나라는 농경시대에서 산업화시대, 지식정보화시대를 거치면서 소위 민주화 운동과 함께 표현의 자유가 확대되면서 다양한 의견과 목소리를 낼 수 있게 되었는데, 국민교육 변화과정을 살펴보면 다음과 같다.

첫째, 창군초기에 실시된 문맹퇴치 교육(1950년대 초~ 1960년대 후반)이다. 당시에는 한글을 모르는 인원이 상당수였고, 초등학교를 졸업하지 못한 인원들이 많았기 때문에 부대마다 한글반, 초등반, 중등반 등을 설치해서 문맹퇴치 및 교육수준을 향상시켰다.

둘째, 산업화 교육(1960년대 ~ 1970년대)이다. 대한민국이 농경사회에서 산업화사회로 전화되던 시점에 국가가 필요로 했던 공병, 통신, 수송병과 등에서 배출한 요원들이 새마을 운동과 맞물려 국가적으로 필요한 인원을 배출했으며, 각종 자격증을 취득할 수 있는 기회를 제공하였다.

셋째, 정보화 교육(1980년대 초 ~ 2000년대)이다. 군에서 추진했던 '정예정보화강군육성 정책'에 따라 부대마다 정보화 교육장이 설치됨으로써 거국적인 '컴맹퇴치운동'을 주도함으로써 국민모두에게 컴퓨터운용 능력을 향상시키는 결과를 낳았다.

넷째, 시민교육이다. 이 교육은 급격히 변천하는 사회에 적응할 수 있도록 자질을 기르는데 목적을 둔 교육이다. 이 교육은 시민의 사고와 행동을 가치 지향적인 방향으로 전환시킬 수 있는 교육, 시민들로 하여금 교육적인 사고의 능력을 증진시키는 교육으로서 시민의 사회화를 위한 교육으로 인간적인 삶을 영위할 수 있도록 길을 열어주는 교육이다. 또한 국민들로 하여금 미래 삶을 인간답게 영위하기 위한 삶의 오리엔테이션을 주고, 국가의 책임과 의무를 국민들에게 이해시키는 교육 등이 진행되는데, 우리군은 충효예 교육을 비롯하여, 윤리교육, 상호존중과 배려 운동, 답게하기 운동 등을 통해 시민의식을 배양해 오고 있다.

나. 국가시책의 구현과 충효예 교육

(1) 출산장려정책의 홍보와 저출산 과제 극복

출산장려정책은 대한민국이 저출산의 문제로 장래가 불투명해지면서, 다가올 고령사회문제 해결을 위한 궁극적인 문제를 해결하자는데 있다. 고령화 사회가 너무 빨리 온 것만으로도 감당하기 어려운데, 저출산 문제 까지 겹치다 보니 우리는 매우 혼란스럽고 어려움에 처해 있는 것이다. 유럽 선진국들의 사례와 이웃 일본의 경우를 보더라도 국민적 공감대를 형성시킴으로써 극복해 낼 수 있는 원동력을 만들어야 한다.

현재 염려되고 있는 저출산의 배경에는 아이 출산에서 육아 및 보육환경, 사교육비 및 집값 상승 등 아이를 키우는데 대한 어려움, 그리고 부모세대의 손자(녀) 돌보기 거부가 크게 작용하고 있고, 그 원인은 간과되어온 '근본'에 대해 소홀히 해 온 교육에서 찾아야 한다고 본다. 요즘 여성들은 자신의 일을 포기 하면서 까지 아이를 낳아 기르려 하지 않는다. 또한 아이를 낳아 키워봤자 속만 태우고 장성해서까지도 부모를 힘들게 할 것이라는 불안감도 한 몫을 하고 있다. 한마디로 'Give'는 있는데 'Take'가 없는 것이다. 어떤 젊은이들 중에는, “낳는 것 까지는 어떻게 감당하겠는데, 양육은 싫다.”는 생각이 자리 잡고 있다. 육아 휴직만 해도 그렇다. 직장에서 3개월 동안을 휴직기간으로 주곤 하는데, 3개월의 육아휴직으로는 아이에게 모유수유조차 불가능하게 하는 기간이다. 또한 기간을 연장시키고 싶어도 양육 후 재취업이나 승진기회 등에 있어 불리해지기 때문에 양육을 위해 일시적으로 직장에서 나와 있기를 망설이게 되는 것도 문제이다. 대체취업이 보장된다 할지라도 호봉, 승진, 전문성의 제고 등 실질적이고 현실적인 부분에서 손실이 많은데, 그런 손실을 감내하면서 기꺼이 아이를 낳을 만한 가치가 있겠느냐고 그들은 망설이고 있는 것이다. 때문에 복지차원과 함께 문화차원의 접근이 요구되는 것인데, 교육으로 반영될 수 있어야 문화도 따라오게 된다. 백보 양보해서 자식은 있어야 한다 치더라도 ‘하나면 족하다’는 생각이고 그 하나를 키우는 일도 매우 벅차다고 생각하고 있는 현실을 정부와 경제계, 교육계의 리더들이 문제의 심각성을 직시하고 해결책을 강구해 나감에 있어서 프랑스나 스웨덴 같은 극복사례를 벤치마킹할 필요가 있다. 그렇다면 이 문제를 어떻게 극복할 것인가?, 충효예 차원에서 생각해 보자.

첫째, 효문화의 회복으로 돌보기 문제를 육친의 관계로 해결하는 것이다. 저출산을 극복하기 위해서는 고용시장 전체의 다각적인 정책이 필요하지만 자녀 양육의 큰 문제인 돌보기의 문제는 효문화의 회복으로 부모 역할의 재정립이 좋은 대책이 될 수 있다고 본다. 아이는 육친이 보살펴야 하고 조부모가 손자(녀)를 기쁜 마음으로 돌보아 주는 것이 이런 문제들을 다 해결하고 좋은 후손을 기르는 첩경이 될 것인데, 이것은 부모의 마음을 흡족하게 해 드리는 높은 수준의 효문화 복원 없이는 기대하기 어렵다. 고령화 사회가 되어 수명이 연장되고 건강연령 또한 젊어졌으므로 조부모가 손자녀 돌보는 문화를 잘 정착시켜 나가면 노인 문제와 자녀 양육 문제를 함께 푸는 일석이조의 효과를 볼 수 있을 것이다. 조부모가 아이를 돌보면 아이의 정서가 안정되고 제 자식을 보살펴주는 부모에 대한 고마움 때문에 부모를 정성스럽게 섬기는 마음도 생길 수 있으니 효문화가 전통사회 수준으로 회복 될 수 있을 것이다. 이런 부모를 보면서 자라는 아이들은 자기들도 아이를 잘 낳아 길러야 노후에 저런 대접을 받으리라는 보상 심리에 만족도가 높아져서 저출산이 지속적으로 극복되는 연쇄적 효과를 연출할 수 있는 것이다. 그런데 이미 붕괴된 가족제도와 효문화의 피폐를 그대로 둔 오늘의 토양에서 갑자기 홍보나 권유만으로 조부모들의 떠난 마음을 양육현장으로 불러들이기는 그렇게 쉬운 일은 아니다. 앞으로의 지속적인 의식의 전환을 위해서도 권장하는 노력과 현실적 보상을 정부차원에서 생각해 보아야 한다. 손자(녀)를 돌보는 조부모들에게 일정액의 양육비를 국가가 노인 수당으로 지급하고 장기적으로는 다자녀 부모에게 노인 수당을 많이 지급하고 손자(녀), 또는 무자녀 노인에게는 노인 수당에 불이익을 줌으로써 노후를 위해 자녀를 낳아 기르게 하는 생활의식의 전환을 시도하는 것도 검토해 볼 문제이다. 또한 3세대 동거 가족을 위해 가족구조에 맞는 주택의 공급 등으로 가정생활 속에서 조부모와 손자(녀)가 동거하는 가족의 증가도 유도할 수 있을 것이고, 이런 동거 가족의 경우에는 자녀 양육의 문제 등은 훨씬 용이해 지리라고 본다.

둘째, 자녀를 갖는 기쁨과 사랑을 회복하는 예(禮) 차원의 노력이다. 예는 조화와 질서, 역지사지(易地思之)를 지탱케 해주는 덕목이자 가치이고 규범이다. 저출산의 제일 핵심이 되는 요인은 가임 부부들이 아이를 안 낳거나 한자녀 정도로 족하다는 이기적인 생각인데, 이런 인식을 갖게 하는 주된 원인이 가족관의 변화와 효문화의 쇠퇴에서 오는 자신들 노후에 있어서 자식의 불필요성이라는 인식이다. 이런 것들이 근본 원인이고, 그 위에 현실적인 여건들이 가세해서 더욱 저출산을 부채질 하고 있는 것이다. 페스탈로치는 "이 세상에는 여러 가지 기쁨이 있지만, 그 가운데서 가장 빛나는 기쁨은 가정의 웃음이다. 그 다음의 기쁨은 어린이를 보는 부모들의 즐거움인데, 이 두 가지의 기쁨은 사람의 가장 성스러운 즐거움이다."라고 했다. 그러나 우리의 사정은 그렇지 못하다. 사교육비의 과다, 주택마련의 어려움, 불안한 사회 분위기 등 양육비와 환경의 문제가 첫 번째이고, 직장을 떠나면 다시 가기 힘들 것이라고 하는 노동시장의 불안정성이 두 번째이다. 따라서 해결방안의 하나가 직장에 보육

시설를 마련해서 부모와 아이가 최대한 생활을 함께 할 수 있게 하는 것이다. 가임여성이 많이 근무하는 회사, 학교, 병원 등에서 직장 어린이집을 운영할 수 있도록 정부 당국이 관심을 가질 필요가 있다.

(2) 사회적 · 국가적 효와 고령사회 문제의 연계성

20세기의 급격한 사회변동은 우리나라에서도 노인문제를 야기 시켰고, 21세기 고령사회에서 이 문제가 더 큰 과제로 다가오고 있다. 그리고 전통사회에서 노인부양을 뒷받침해온 전통윤리와 효사상은 현대화과정에서 점차 쇠퇴하고 있고, 특히 효도를 실천하는 행동문화가 쇠퇴하여 노인문제가 현안문제로 떠오르고 있다. 노인정책의 기본은 가정에 있는 것이므로 가정의 기능을 정상화 하는 노력이 있어야한다. 누구나 늙으면 가족의 보살핌과 함께 외로움을 달랠 수 있기를 희망하기 때문이다. 한편 노인문제에 대응하는 국가의 노인복지정책이 발달하고 있음에도 불구하고 노인문제는 여전히 큰 숙제로 남아 있는데, 이와 같은 노인문제에 대응하는 방안의 하나가 효행장려지원법을 발전시키고, 이를 바탕으로 노인복지법 등 관련법과의 관계 설정이 요구되고 있다. 효행장려지원법은 그 입법취지대로 효문화를 진흥하는 역할에, 노인복지법은 현실사회에서 발생하고 있는 노인문제를 해결하는 역할에 충실해야 할 것이다. 효행장려지원법에서 효문화를 경로에 관한 사회적 가치로 정의하고 있다. 부모를 공경하고 부모를 모시는 사회적 가치는 현대사회에서도 그대로 존속되어야 한다. 따라서 효행장려지원법은 이 가치를 실현하기 위한 교육, 문화 활동을 촉진하는 활동과 관련되는 사업을 발전시켜나갈 필요가 있다.

다음, 효행장려지원법과 노인복지법을 연계하는 것이다. 다시 말해서 노인복지 문제를 가정과 사회, 국가가 함께 하는 것이다. 노인에 대한 가족보호가 필요하고, 종교단체 등의 사회적 보호와 정부차원의 보호가 함께 강조되어야 하는 것이다. 현실적인 노인문제를 해결하기 위하여 노인복지정책은 정부가 주도적으로 추진하고 동시에 가족의 보호기능을 활용하도록 교육을 강화하는 것이다. 가령 중풍, 치매 등으로 고생하고 있는 노인과 그 가족이 가지고 있는 문제의 예를 들어 보면 누워 있는 노인에 대한 전문적 요양서비스는 국가에 의한 사회적 보호시스템에서 담당하고, 그로 인하여 신체적 부양부담의 짐을 던 가족은 정서적 보호를 더 충실하게 수행하면 노인과 가족의 행복이 더 증진될 수 있는 것이다. 이와 같은 보완모델에 따라 노인문제에 대응할 때 효행장려지원법과 노인복지정책은 각기 해당하는 역할을 충실히 수행할 수 있을 것이다.

고령화 사회의 대응 정책이 다각적으로 마련되고, 각 분야에서 이에 대비하는 노력이 일어나고 있지만, 무엇보다도 부모와 자식이 함께 늙어가며 부모를 정성스럽게 모시고 그 마음을 흡족하게 해 드려야 하는 효의 덕목이 서로를 위해서도 발전시킬 필요가 있다. 그리고 이런 의식의 회복이 실현되려면 부단한 교육이외에는 왕도가 따로 있을 수 없다.

복지 혜택이 넓어지면서 어지간한 기초생활 수단의 금전적 지원을 국가가 부담하는 폭이 점점 더 넓어지는 추세에서는 정(情)과 도리(道理)의 효문화의 복원만이 노인들의 정신적 안정을 기할 수 있다. 이렇게 자녀로 해서 편안한 노후를 보내는 본보기가 보여 져야 젊은이들은 비로소 위해서 아이를 낳고 싶어 할 것이다.

(3) 다문화가정에 대한 이해 및 사랑의 실천

다문화가정이란 가족 안에 다른 문화가 같이 있는 상태를 의미하는데, 각기 다른 문화가 같이 있는 상태를 의미하는 다문화사회에서 나타나는 현상 중 하나가 다문화가정이다. 우리나라의 경우는 다문화가정의 구성원 중 한명 이상이 대한민국 국적을 가진 경우로 한정하고 있다. 대한민국 국적을 가진 남자나 여자가 국제결혼을 한 경우, 탈북하여 한국에서 새로 가정을 꾸린 경우, 외국인근로자가 한국에 거주하면서 결혼하거나 본국에서 결혼하여 국내이주를 한 경우 등이 해당된다. 한국인과 외국인이 결혼한 가정을 일컫는 말은 다음과 같이 세 가지의 경우로 표현한다. 하나는 서로 다른 인종 사이에서 태어난 자녀에 초점을 맞춘 '혼혈인가족'이고, 또 하나는 말 그대로 국경을 넘나드는 결혼의 형태를 의미하는 '국제결혼가족', 마지막으로 한부모가정·독신자 가정처럼 다양한 가족의 형태 중 하나로 정의하는 '다문화가족'이 그것이다. 안전행정부에 따르면[17] 다문화 가정 자녀는 2011년 1월 현재 15만1154명으로 2007년 5월(4만4258명)에 비해 약 3.4배로 증가했다. 결혼 이주민 가정과 외국인 노동자가 증가하면서 다문화 가정 자녀가 해마다 약 2만5000명씩 느는 것이다. 그러나 이들에 대한 차별과 배척은 심각한 것으로 알려져 있다. 다문화 가정의 자녀 중 37% 학생이 왕따를 경험하고 '엄마, 제발 학교에는 오지 마세요.'라는 말을 할 정도로 심리적 부담을 안고 생활하고 있는 것으로 나타나고 있다.

한국의 다문화 사회로의 진입은 그동안 순수혈통, 가부장 단일 문화주의를 고수해 온 한국사회가 문화적 다양성에서 기인하는 '차이'를 어떤 시각에서 보고 대처할 것인가에 관해 고민하게 한다. 그 동안 우리나라는 '세계 유일의 단일민족'이라는 자긍심을 가지고 있었지만 '세계 유일의 단일민족'이라는 말은 앞으로 본격적으로 도래하게 될 다인종, 다문화 사회에서는 부적합한 말이 되었다. 이제는 좀 더 열린 마음으로 우리와 다른 문화를 가지고, 다른 피부색을 가진 사람들과 어울려 살아갈 준비를 해야 한다. 우리와 다르다고 해서 멸시하거나 냉대하는 편협함에서 벗어나야 하는 것이다. 이것이 홍익인간 정신을 실천하는 길이며 효 사상에 근거하는 것이다.

우리의 국수적인 국가관, 민족관, 혈통중심의 사고를 버리지 않는 이상 불가능한 것이 우리사회에서 다문화가정의 안착이다. 요즘 가파르게 증가하는 우리나라의 다문화가정 2세들이 학교 적응에서 겪는 어려움은 이루 말할 수 없다. 이를 더 이상 방치하면 결국 사회문제로 확대될 수 있다. 공동조사 결과가 말해 주듯이, '자녀교육 적응도'를 묻는 항목에 '잘 적응하고 있다'는 응답이 47.6%에 불과했다. 서두르지 말고 이들에 대한 장기적이고 실질적인 정책이 마련되어야 할 것인데, 이 또한 보편적·이타적 가치인 효 교육을 통해 근본적 해결에 접근해야 한다고 본다.

현재 다문화 가정과 관련해서 대두되는 문제점은 다음과 같은 것들이다. 첫

17) 김연주, 양모듬 기자, 조선일보(2012.1.10).

번째로 언어소통의 문제이다. 자녀 양육에서 오는 언어적인 차이, 예를 들면 외국인인 엄마가 자녀에게 국어를 가르칠 수 없는 구조에서 오는 것이다. 어머니가 아직 한국어가 100% 습득 되지 않은 상황에서 애기를 가지고 출산할 경우 언어 습득과 발달 장애가 온다. 또한 성장하면서도 학교에서 외모나 언어적 발달 장애로 애로 사항을 겪는 경우가 많다. 두 번째로 문화와 세대차이이다. 부부가 서로 다른 곳에서 성장을 했기 때문에 문화적 차이를 극복하는 것이 가장 큰 문제이다. 보통 같은 한국에서 태어난 사람들도 서로 환경이 다르면 고전을 면치 못하는데 하물며 다른 곳에서 성장을 한 사람들이기에 문화적 갈등을 겪을 수밖에 없다. 세 번째로 생각의 차이와 음식의 차이이다. 이제 우리 사회의 주변 환경은 급속하게 변화하고 있다. 외국인 노동자들이 없으면 산업현장의 기계들이 멈출 수밖에 없으며, 외국인 며느리들 없이는 출산율이 더욱 저하될 수밖에 없는 실정이다. 따라서 다음과 같은 점에 대해 관심을 가져야 한다고 본다.

첫째, 다문화가정과 공존할 수 밖에 없다는 사실을 공감해야 한다는 사실을 인정하는 것이다. 이것은 홍익정신을 구현하는 차원에서 접근할 필요가 있다. 그리고 가정에서 자녀들에게 끊임없이 다문화 가족들과 함께 살아가야 한다는 것을 지도하고 가르쳐야 한다. 아직도 우리나라 부모들은 외국인 사이에서 태어난 자녀들과 함께 생활하는 것을 싫어하고, 아이들도 그들을 놀리고 왕따시키는 사례가 많은 것으로 나타나고 있다.

둘째, 어린이집이나 유치원, 초·중·고 선생님들의 각별한 관심이 있어야 한다. "나의 집 어린이를 대하듯 남의 집 어린이를 대하라." 는 맹자의 말처럼, 선생님들은 어린이와 학부모들에게 외국인 자녀들도 한반도를 이끌어 갈 우리 사회의 한 가족이라는 점을 계속 교육해나가야 한다. 셋째, 지역별로 다문화 가족들이 모일 수 있는 공간이 필요하다.

셋째, 매매혼 방식의 국제결혼에 대하여 관리 감독을 강화하는 일이다. 무분별한 국제결혼 업체 성행과 수준이하의 신랑들, 그리고 여성의 인권을 무시한 매매혼 방식 등은 고쳐져야 하고 법으로 다스려야 한다. 배우자를 선택하는데 돈의 액수의 많고 적음에 의해 결정된다면 결혼 후에도 인권이 무시될 수밖에 없다. 한국남자를 원하는 여성들과 국제결혼을 원하는 남성들의 수가 증가하면서 사랑 없는 결혼은 물론 물건 고르듯 배우자를 선택하는 비인간적인 방식이 거리낌 없이 행해지는 것은 인륜질서에 어긋나는 것이다. 그리고 무분별한 광고나 시행방식에 대해서도 정부당국이 나서서 관리 감독을 해야 한다. 다문화 가정의 대부분이 한국에 신부들이 와서 정착을 하지만 그러나 한국엔 아직 외국인 신부들을 맞이하여 정착하고 뿌리 내릴 수 있는 시스템이 준비되어 있지 않다는 점을 알아야 한다. 대부분 한국에서 결혼하지 못한 노총각들이 동남아 여성들과의 결혼이 진행되고 특히 시골지역이나 아직까지 한국에서도 발전 되지 못한 쪽에서 부터 가정생활이 시작되다 보니 더 더욱 심각한 문제를 더하고 있는데, 나의 가족이 소중하면 남의 가족도 소중하고, 우리의 부족한 부분을 도와주는 다문화가족을 홍익인간 정신으로 보듬는 자세를 가져야 할 것이다.

제2절 국민교육과 충효예 교육

1. 충효예 교육의 성격

성격(性格)이란 사전적으로 '개인이 가지고 있는 고유의 성질이나 품성', '어떤 사물이 지니는 본질이나 본성'으로 설명할 수 있다. 이런 면에서 충효예 교육의 성격은 '충효예 교육'이 가지는 본질적인 것으로, 군대의 환경을 고려하여 발전시켜온 교육의 한 분야'라고 할 수 있다.

Tip

충효예 교육은 나라에 충성[忠]하고 부모님께 효도[孝]하며 전우를 사랑[禮]하자는 취지에서 시작된 교육으로 윤리교육이자 사랑의 실천교육이라 할 수 있다. 충[忠]은 국가윤리이자 나라사랑을 의미하고 효[孝]는 가정윤리이자 가족사랑을 의미하며, 예[禮]는 사회윤리이자 전우사랑을 의미하기 때문이다.

충효예 교육은 나라에 충성(忠)하고 부모님께 효도(孝)하며 전우를 사랑(禮)하자는 취지에서 부사관 간부들에 의해 자생적으로 시작된 교육이다. 때문에 이 교육을 다른 말로 표현하면 윤리교육이자 사랑의 실천교육이라 할 수 있다. 충은 국가윤리이자 나라사랑을 의미하고 효는 가정윤리이자 가족사랑을 의미하며, 예는 사회윤리이자 전우사랑을 의미하기 때문이다. 이런 점에서 충효예 교육은 다음과 같은 성격의 교육으로 설명할 수 있다.

첫째, 가치(價値)교육이다. 가치는 인간정신의 목표가 되는 그 무엇, 또는 인간행동의 기준이 되는 원칙 등으로 설명할 수 있다. 니체는 "인간은 가치지향적인 존재이다."라고 했다. 이런 까닭에 군대에서 충효예를 가르쳐서 충효예 가치를 지향토록 하는 것은 중요하다. 그 이유는 기본이 된 군인을 만들기 위해서인데, 기본이 된 군인은 기본이 된 인간을 우선으로 한다는 점에서 충효예를 지향하는 군인이 되어야 하는 것이다.

둘째, 윤리(倫理) 교육이다. 윤리는 인간으로서 마땅히 해야 할 도리를 일컫는다. 도리는 곧 인간으로서 기본이 되는 것을 말한다. 그리고 기본이 된 사람은 충효예가 무엇인지를 알고 행하는 사람이다. 이런 이유에서 충효예를 가르치는 교육자의 위치에 있는 사람이 먼저 충효예를 알아야 하고 행하는 모습을 보여야 한다. 그럼으로써 피교육자가 충효예를 배워서 실천에 옮기게 되기 때문이다. 소크라테스는 "알아야 행한다."고 하여 지행합일(知行合一)을 강조했지만, 아리스토텔레스는 "알면서도 행하지 않을 수 있다."고 함으로써 '앎(知)'과 '행(行)'이 일치하도록 하는 교육이 필요함을 역설했는데, 이를 위한 교육이 윤리교육이다.

셋째, 사랑의 실천교육이다. 사랑이란 여러 의미를 가지는데, 어떤 상대의 매력에 끌려 열렬히 그리워하거나 좋아하는 마음, 남을 돕고 이해하려는 마음, 어떤 사물이나 대상을 몹시 아끼고 귀중히 여기는 마음, 누군가를 열렬히 좋아하는 마음 등이다. 그리스어로 사랑은 조건 없는 절대적인 사랑을 일컫는 아가페(agape)사랑, 혈육간의 사랑을 일컫는 스토르게(storge)사랑, 친구간의 우정을 일컫는 필리아(philia)사랑, 남녀간의 애정을 일컫는 에로스(eros)사랑 등으로 나누는데, 충효예 교육은 나라사랑(충), 가족사랑(효), 이웃·전우사랑(예)을 뜻하므로 충효예는 사랑을 실천하는 교육으로 표현할 수 있다.

넷째, 정체성(正體性)을 확립시켜 주는 교육이다. 정체성이란 변하지 아니하는 존재의 본질을 깨닫는 성질. 또는 그 성질을 가진 독립적 존재를 말한다. 충효예는 내가 속해 있는 나라를 바로 알게 하고, 나를 낳아주신 부모님을 알게 해주며 이웃과 친구를 알게 해 준다는 점에서 정체성과 관련되는 교육이다. 내가 속해 있는 대한민국의 역사와 문화의 뿌리를 생각하고 내가 태어난 가문의 족보를 생각하게 해준다는 점에서 뿌리교육이자 정체성을 확립시켜주는 교육인 것이다.

다섯째, 인성함양(人性涵養) 및 사람됨의 바탕을 가르치는 교육이다. 인성(人性)이란 사람의 성품. 또는 각 개인이 가지는 사고와 태도 및 행동 특성을 말한다. 또한 성품(性品)은 사람의 성질이나 됨됨이를 뜻하므로 인성함양은 인간의 성질과 됨됨이를 올바른 사고와 함께 행동특성이 바르게 나타나도록 하는 교육을 말한다. 충효예 교육은 부모와의 관계, 가족간 관계를 바탕으로 바른 대인관계를 가지도록 하고 조국을 생각하도록 한다는 점에서 인간의 됨됨이를 가르치는 교육으로 볼 수 있다. 사람의 됨됨이는, 부모는 자식을 위하고 자식은 부모를 위하는 가운데 부모와 자식 사이에 형성된 사랑을 기초로 이웃과 사회, 나라와 자연을 위할 줄 아는 사람을 일컫는 것이다.

2. 군대의 충효예 교육이 갖는 의의(意義)

의의(意義)가 가지는 사전적 의미는 '말이나 글이 가지는 속뜻', '어떤 사실이나 행위 따위가 갖는 중요성이나 가치', '하나의 말이 가리키는 대상' 등이다. 사람은 본디 사회적 동물인 까닭에 혼자서는 살아갈 수 없다. 원래 사람을 나타내는 '인(人)' 자는 사람과 사람이 가슴과 가슴을 맞대고 살아가는 모습을 나타내는 글자임에서 보듯이 누군가와 함께 살아가는

충효예 교육은 사람과 사람이 살아가는 세상(군대)에서 마치 가정에서 가족간 나누었던 사랑을 보편적으로 실천케 하는 이타적(利他的) 가치인 효(孝), 타인과 이웃을 존중하고 배려함으로써 조화와 질서를 유지시켜 주는 예(禮), 맡은 바 직분에 충실함으로써 나라사랑정신을 고양시키는 충(忠)의 가치를 통해서 균형 잡힌 온전한 삶을 살아가게 해주는 교육이다.

존재인 것이다. 따라서 사람과 사람이 살아가는 세상에서 가정에서 가족간 나누었던 사랑을 보편적으로 실천케 하는 이타적(利他的) 가치인 효(孝), 타인과 이웃을 존중하고 배려함으로써 조화와 질서를 유지시켜 주는 예(禮), 맡은 바 직분에 충실함으로써 나라사랑정신을 고양시키는 충(忠)의 가치를 통해서 균형 잡힌 온전한 삶을 살아가게 되는 것이다. 인간을 '가치 지향적 존재'로 표현하는 이유는 인간은 본디 가치에 따라 판단하고 행동방향을 선택하는 속성 때문이다. 그래서 인간이 어떤 가치를 기준으로 세상을 살아가느냐가 중요한데, 옛말에 "알아야 면장(免牆) 한다(공자).", "아는 것이 힘이다(베이컨)."는 말이 있는데, 이 말은, 알지 못하면 어려움을 면할 수 없게 되고, 아는 것이 많아야 힘을 발휘할 수 있다는 뜻이다. 원래 면장(免牆)은 '담장 벽을 면 한다'는 뜻으로, 밤길을 걸을 때 앞에 있는 담장이 있는 줄을 모르고 걷게 되면 담벼락에 얼굴을 부딪칠 수 있으니 담장이 있음을 알아야 한다는 뜻으로 공자(孔子)가 아들(鯉)에게 한 말이다. 교육을 하는 사람은 알아야 역량(力量)을 발휘할 수 있는 것이니 충효예를 가르치는데 있어서도 충효예를 알아야 이 시대에 맞는 내용을 가르칠 수 있는 것이다. 이런 의미에서 충효예 교육이 갖는 의의는 다음과 같이 설명할 수 있다.

첫째, 무형전력의 기초를 제공해준다는데 의의가 있다. 무형전력(無形戰力)이란 눈에 보이지는 않지만 분명하게 존재하는 힘을 일컫는다. 군이 갖는 전력(戰力)에는 눈으로 식별이 가능한 유형(有形)전력과 식별은 되지 않는 상태로 존재하는 무형(無形)전력이 존재한다. 그리고 전쟁의 승패는 육신(肉身)보다 정신에 의해서 결정된다는 것이 동서고금의 통설이다. 예컨대 1940년대 중국대륙에서 있었던 국공내전(國共內戰)에서 거대한 장개석 군대를 유격전으로 맞섰던 모택동 군대가 이긴 경우, 그리고 1970년대 있었던 중동전에서 당시 250만의 인구를 가진 이스라엘이 1억5천만의 인구를 가진 통일아랍공화국과 싸워 이긴 예, 또한 베트남전에서 세계 최강의 군대인 미군이 소총 한 자루도 만들지 못하는 월맹군에게 패한 사례는 이를 대변해준다. 그래서 클라우제비츠는 "물질이 칼집이라면 정신은 칼날이다."라고 했고, 이순신은 "전장에서 이기고 지는 것은 군사의 많고 적음에 있지 아니하고 정신에 있다."라고 했다.

이렇듯 무형전력이 중요한데, 충효예 정신은 무형전력과 깊은 관계가 있다.

둘째, 안정적 부대관리를 가능케 해준다는데 의의가 있다. "전투력은 교육훈련에 의해 '육성'되고 부대관리에 의해 '보존'되며 리더십에 의해 '발휘'된다."는 말이 있다. 때문에 안정적 부대관리를 통하여 부대의 전투력을 보존하는 일은 중요하다. 부대 관리란 사전적으로 '병력, 장비, 물자, 시설, 예산, 시간 등을 부대의 임무와 과업에 맞게 경제적이고 효율적으로 운용해 가는 과정'이다. 그런데 여기서 장비나 물자, 예산 등은 병력(사람)에 의해서 관리된다는 점이다. 따라서 '사람'의 마음을 바르게 하고 군인으로서의 도리를 다하게 하는 충효예 교육과 연계해야 하는 것인데, 그 이유는 '충'교육은 직분에 충실하는 것 즉, 제 몫과 제 역할을 다하게 하는 정신적 작용을 하기 때문이고, '효'교육은 사랑과 정성 즉, 서로의 마음을 따뜻하게 해주는 작용을 하기 때문이다. 그리고 '예'교육은 군인으로서의 도리 즉, 병영의 조화와 질서를 유지 시켜주는 작용을 하기 때문이다. 예란 사람으로서 마땅히 행해야 할 도리로써 도덕, 윤리 등과 같은 의미로 해석된다. 그래서 구성원 각자가 예를 잘 지키면 조직이나 집단의 질서가 저절로 확립되어 조화로워질 것은 자명하다. 원래 법이나 규정에 의한 규제보다는 도덕과 윤리에 의한 질서 확립이 더 아름답다. 그리고 우리 민족은 옛날부터 법보다는 예로 다스려져 왔는데 이를테면 '예의를 잃고 함부로 행동하는 사람은 그 마을에서 살지 못하고 쫓겨나던 풍습'을 들을 수 있다. 또한 예는 상대방의 입장 즉, 역지사지(易地思之)적 관점에서 남을 배려하고 사랑하는 데 있으므로 병영에서의 예 교육은 구타나 가혹행위 등을 줄이는 효과도 기대할 수 있다.

셋째, 리더십 역량을 강화시켜 주는데 의의가 있다. 리더십 역량은 리더십을 발휘해 낼 수 있는 능력을 뜻한다. 그리고 리더십의 정의 중에 하나는 '상대방의 마음을 움직이는 기술'이라는 내용이다. 즉 리더가 부하들의 마음을 움직일 수 있어야 하는데, 그러자면 리더가 부하들로부터 존경과 신뢰를 받아야 가능하다. 그리고 그 신뢰는 여러 요인을 통해 형성되지만 분명한 것은 충효예 정신에 투철한 리더가 부하들로부터 신뢰 받는다는 점이다. 왜냐하면 업무에 정통함과 직분 충실을 의미하는 '충'의 가치, 부자지정(父子之情)과 가족사랑의 마음으로 부하에게 사랑을 실천하는 '효'의 가치, 조화와 질서, 역지사지를 바탕으로 전우사랑을 실천하는 '예'의 가치야 말로 부하들로부터 존경과 신뢰를 받게 하는 중심가치이기 때문이다. 충효 정신은 신라가 삼국을 통일하는데 핵심적 역할을 했던 화랑도의 세속오계(世俗五戒)로부터 이어져 오는 리더가 갖추어야 할 기본 덕목이자 가치이다. 나라를 사랑하고 가족을 사랑하며 전우를 사랑하는 마음이야 말로 전의(戰意)를 불태울 뿐 아니라 전투에서 승리해야 할 명분을 가져다주는 것이다. 『후한서』에 "나라를 구할 충성된 신하는 효자의 가문에서 나온다(求忠臣必於 孝子之門)."는 말이나 "전장에서 용감히 싸우지 않으면 효가 아니다(戰陣無勇非孝也)."라는 『예기』의 내용은 이를 뒷받침한다. 따라서 리더가 충효예 정신을 견지하면 리더십 역량은 저절로 강화되는 것이다.

넷째, 국민교육도장을 내실화시켜 준다는데 의의가 있다. 국민교육이란 국민으로서 필요한 지식, 기능, 태도 따위를 기르도록 하기 위하여 국가가 실시하는 교육을 말하는데, 이 중에서도 올바른 정신을 가지도록 하는 충효예 교육은 중요하다. 왜냐하면 충효예 교육은 "나라에 충성하고 부모님께 효도하며 전우를 사랑하자."는 취지로 시행되는 교육이기 때문인데, 충효예 정신이야말로 국민으로서 기본적으로 갖추어야 할 대표적 정신인 것이다. 우리나라와 같이 국민개병제를 실시하는 상황에서는 더욱 그러한데, 특히 대한민국은 농경시대에서 산업화시대, 지식정보화시대를 거치면서 빠른 성장과 함께 물질적으로는 풍요로워졌지만 정신적으로는 상대적으로 그렇지 못한 면이 있다. 따라서 국민에 대한 정신교육이 필요한데, 군대의 충효예 교육은 곧 국민정신교육인 것이다. 우리 군은 그동안 국가발전의 초석으로 자리해 왔다. 창군초기에는 문맹퇴치에, 농경사회에서 산업화사회로 전화되던 시절에는 산업인력을 배출했으며, '정예정보화강군육성 정책'에 따라 '컴맹퇴치운동'을 주도함으로써 IT강국 건설에 기여해 왔지만, 이제는 민주 시민교육을 통해 인성을 함양하고 전인(全人)을 육성하는 교육을 필요로 하는 것이다. 이런 점에서 충효예 교육이야 말로 민주시민에게 필요한 교육인 것이다.

토의

1) 교육의 정의에 대하여 설명하고, 일반적인 교육과 군대교육과의 차이점에 대해 발표해 봅시다.

2) 군대의 기능 중에서 교육기능의 필요성을 설명하고, 21세기에 부합하는 '국민 교육도장 역할'에 대하여 발표해 봅시다.

명언

11. 악행은 덕행보다 언제나 더 쉽다. 그것은 모든 것에 지름길로 가기 때문이다. – S.존슨

12. 악은 즐거움 속에서도 괴로움을 주지만, 덕은 고통 속에서도 우리를 위로해 준다. – C.C.콜튼

13. 부드러운 말로 상대방을 설득할 수 없는 사람은 거친 말로도 정복하지 못한다. – 체호프

14. 최다수의 최대행복이 도덕과 입법의 기초다. – 존 스튜어트 밀

15. 덕은 외롭지 않다. 반드시 이웃이 있다. – 공자

제2부

부사관과 군대윤리

02 부 부사관과 군대윤리

대한민국 국군은 현재 국방개혁을 추진하고 있으며, 그 핵심은 병력은 줄이고 정밀타격 능력을 강화하는 쪽으로 진행되고 있다. 이러한 국방개혁이 순조롭게 진행되어 선진국 수준의 전투력을 모두 갖춘다 할지라도 첨단 과학군을 운용하는 핵심이 사람이기 때문에 안정적인 군 운영과 전투승패를 좌우하는 핵심계층은 부사관이 될 수밖에 없다. 이러한 맥락에서 제2부에서는 부사관과 군대윤리에 대하여 기술하였다.

강한 군대는 실전적인 훈련을 통하여 전투력이 창조되는 것이기 때문에 군인들이 실전과 같은 훈련에만 전념할 수 있는 여건을 정부와 국민들은 만들어 줘야 하고, 군은 오직 적과 싸우는 방법대로 훈련하고, 적과 싸우면 반드시 이기는 군대로 육성해야 한다.

군이 인력을 줄이고 첨단전투장비로 무장을 하는 것도 중요하지만 무엇보다 중요한 것은 군인다운 정신무장과 태도인 것이다. 군인다운 정신무장과 태도는 바로 국가에 충성을 다하고, 부모에 효도하며, 이웃에 예의를 다하는 것이라 할 수 있다. 즉, 적에게는 전율을 느끼도록 하는 공포의 대상이지만, 국민들에게는 이웃사촌과 같이 사랑받는 존재이어야 하는 것이다.

6·25전쟁이 휴전된 지 60년이 넘었지만 아직까지 국토는 둘로 가라져 있고, 천만 이산가족이 눈물 짓고 있는 현실에서 대한민국 국군은 다른 나라의 군대와는 다른 것이다. 군 조직구성원의 80여% 이상을 차지하고 있는 병(兵)들을 강한 전사로 만들고 참된 민주시민 의식을 갖춘 전인적인 인격체로 만들기 위해서는 우선 병들을 직접 관리하는 부사관들부터 충효예의 전도사가 되어야 하는 것이다. 그래야만 전투력도 강화되고 사회질서도 확립되는 것이기 때문이다.

부사관은 적과의 전투에서는 반드시 싸워 이기는 "군 전투력 발휘의 중추"가 되어야 하고, 병들의 충효예교육은 말로만이 아닌 행동으로 본보기가 되어야 하기 때문에 부사관의 말과 행동이 대한민국의 현재와 미래를 좌우한다 해도 과언이 아니다.

남자는 '군에 갔다 와야만 사람이 된다!' 라고 하는 이유가 무엇인가를 항상 염두에 두면서 부사관들은 임무를 수행해야 하고, 그렇게 하기 위한 행동지침서가 본 장의 내용이 될 것이라 생각한다.

제2부 「부사관과 군대윤리」에서는 "대한민국의 당당한 자부심인 국군의 부사관"으로 거듭나야 한다는 취지에서 앞으로 이렇게 했으면 좋겠다는 염원을 담아 기술하였다.

제3장 「부사관의 역할과 책임」에서는 첫째, 부사관은 부하를 이끄는 리더이면서 상관을 보좌하는 팔로어라는 점에서 '리더 및 팔로어로서의 역할과 책임'을 기술하였고 둘째, 부사관은 부하를 교육시켜야 한다는 점에서 '교육자로서의 역할과 책임'의 내용을 담았다. 셋째, 부사관은 병력과 물자, 시설을 관리해야 한다는 점에서 '관리자로서의 역할과 책임'에 대해 기술하였다.

제4장 「부사관 제도의 연혁과 관계법규」에서는 부사관 제도가 어떻게 시작되었으며, 계급 및 신분제도의 변천과 각종 제도는 어떻게 변천되어 왔는지, 그리고 부사관과 관련된 군인사법과 관련 규정 등에 대해 기술하였다.

제5장 「부사관 자질과 윤리」에서는 무엇보다도 부사관은 올바른 가치 기준과 판단을 기초로 근무해야 한다는 점에서 첫째, 부사관이 지향해야 할 가치를 '국군 5대 가치'를 근거로 제시하였고, 둘째, 부사관으로서 갖추어야 할 자질에 관해서 정신적인 면, 신체적인 면, 감성적인 면을 구분하여 제시하였다.

제6장 「부사관의 평시 임무」에서는 평시에 수행하게 될 직책별 임무와 주요 훈련 및 준비태세시 수행하게 될 직책별 임무를 기술하였다.

제7장 「부사관의 전시작전 임무」에서는 부사관 간부로서 수행해야 할 대침투작전, 방어전투 및 공격전투 시의 임무에 대하여 직책별로 기술하였다.

제3장 부사관의 역할과 책임

제1절 리더(Leader) 및 팔로어(Follower)로서의 역할과 책임

부사관은 리더이자 팔로어이다.

부사관은 리더 및 팔로어로서의 역할을 수행한다. 리더로서는 병을 포함한 하급자를 이끄는 것이고, 팔로어로서는 상급자를 보좌하는 역할이다. 그중에서 팔로어로서의 갖추어야 할 능력은 모든 분야에 만능인 사람은 없다는 것을 스스로 깨달아 항상 상급자가 부여할 임무를 언제든지 완수할 수 있도록 사전에 전문적인 지식을 구비하기 위한 능력과 습성을 가져야 한다.

또한 부사관이 리더로서의 입장에서는 자기가 잘 알고 임무를 부여하는 것과 잘 모르고 임무를 부여하는 것과는 많은 차이가 있다. 잘 알고 임무를 부여할 때는 명확한 목표 제시와 어떻게 하면 저비용 고효율의 임무 수행을 할 수 있는지 방법론을 제시하고 중간에 잘못된 방향으로 부하가 임무를 수행할 때 올바른 방향으로 바로잡아줄 수가 있지만, 자기가 잘 모르고 부하에게 임무를 부여하면 명확하게 임무 부여를 하기가 어렵고 잘못된 방향으로 부하가 임무를 수행해도 임무가 완료된 다음에야 잘못된 것을 알 수 있기 때문에 낭패를 당하게 된다.

부사관은 중간관리자로서 임무를 대부분 수행하기 때문에 상급자의 지시와 명령을 잘 이해하려고 노력해야 하며, 만약에 잘 이해가 되지 않으면 다시 질문을 해서라도 올바르게 이해를 해야만 한다. 그리고 부하로서 상급자의 입장을 이해하는 노력을 해야 하며, 상급자가 부여한 임무를 진실된 마음으로 최선을 다해서 수행해야 한다.

부사관은 부하들에게는 법과 규정의 범위 내에서 지휘자로서의 지시와 명령을 해야 하며, 부하가 임무수행을 하는데 어려움은 없는지를 세심하게 살피고 부하의 애로사항을 적극적으로 수렴해야 한다. 이러한 임무수행 절차는 생각만으로 되는 것이 아니라 풍부한 지식과 경험을 바탕으로 겸손함이 몸에 배어 있어야만 가능하다는 것을 명심해야 한다.

1. 리더로서의 능력 구비

부사관에게 필요한 리더로서의 능력은 리더십의 본질을 이해하고 부하들을 자기가 원하는 방향으로 임무를 수행할 수 있도록 부하를 이끄는 것이다. 이를 위해서는 본인이 먼저 앞장서서 솔선수범하며, 나를 따르라! 그리고 우리 모두 함께하자! 라고 하는 공동체 분위기를 조성하는 셀프리더십을 발휘할 지식과 의지력, 행동으로 실천하는 추진력 등을 구비해야 한다.

2. 팔로어로서의 능력 구비

부사관에게 필요한 팔로어로서의 능력은 상급자가 정당하게 부여하는 임무를 완벽하게 수행할 수 있는 지식과 실천력이며, 임무수행에 있어서는 겸손한 태도를 유지해야 한다.

3. 리더 및 팔로어로서의 능력 구비

부사관은 병들의 리더가 되지만, 장교 및 준사관의 팔로어이기도 하다. 아랫사람들에게 자기 말을 잘 들으라고 하기 이전에 자기 또한 상급자의 말을 잘 들으려는 자세가 되어 있어야 한다.

자기는 상급자의 말을 잘 안 들으면서 부하들에게 내 말을 잘 들으라고 하면 아랫사람들이 말을 잘 안듣게 된다. 아랫 사람들은 겉으로 표현을 하지 않을 뿐이지 자기상급자가 차상급자에게 하는 언행이나 태도를 모두 관찰하고 있으므로, 어항 속의 금붕어와 같이 상급자는 부하에게 항상 노출되어 있다는 것을 명심하고 다음 사항만이라도 능력을 구비해야 한다.

가. 정보화 시대의 대처 능력

(1) 디지털 정보화의 중요성 인식

군이 디지털 정보화체제로 변함에 따라 모든 부사관이 정보화 능력을 갖추지 않으면 안 된다. 따라서 모든 부사관은 이제 기본적인 임무수행을 위해서라도 정보화 능력을 필수 조건으로 하여 숙달하여 정보화 시대에 부응해야 하며, 다소 어렵고 힘들다고 방관하는 자세보다는 적극적인 자세로 배워야 한다.

(2) 정보 검색 능력

우리나라에서 가장 빠른 속도로 발전되어 나가는 것 중의 하나가 바로 정보통신 분야이다. 이제는 모든 정보가 예전과 달리 누가 알려주는 것이 아니라 자기 스스로 알아봐야 하는 시대이다. 군이나 사회에서 인터넷을 통하거나 또는 군만이 사용하는 인트라넷을 통하여 제공되는 각종 정보들 중에서 자기에게 필요한 정보를 선택하여 활용하지 않으면 안 되도록 환경이 바뀌었다.

따라서 이제는 군 조직 내에서는 물론 일반 사회생활에서의 생존을 위해서는 인터넷을 통한 정보 검색 능력을 구비해야 한다. 이제는 군에서도 지시 및 보고공문 모두가 인트라넷을 통하여 이루어지고 있으므로 정보 검색 능력이 없으면 군 조직에서 업무수행이 불가능하며, 만약에 전역을 하여 사회에 나와도 눈뜬 장님이나 다를 바가 없게 된다. 정보 검색 능력이 없으면 자기 신상과 관련된 인사 이동이나 각종 명령을 접할 수 없게 되고, 상급부대로부터 지시된 공문에 대하여 보고 및 예하부대로 지시를 할 수 없게 되며, 부대 및 자기에게 필요한 정보를 모르게 됨으로 주변 사람들로부터 무능력한 사람으로 인식되어 그 조직에서 퇴출될 수밖에 없게 된다.

주변 환경이 모두 정보화 시대로 변함에 따라 병들을 직접적으로 관리하는 임무를 수행하고 있는 부사관의 임무특성상 그 누구보다도 우수한 정보 검색 능력을 구비해야만 병들과 의사소통이 가능하다. 따라서 효율적인 병력관리와 부대 시설, 장비 및 물자 관리, 급양 관리, 안전 관리 등을 위해서도 정보검색 능력은 필수적이다.

(3) 한글프로그램 운용 능력

군부대 내에서 모든 공문을 작성하는 프로그램이 한글이기 때문에 한글프로그램 운용 능력이 없으면 공문 기안도 못하고, 병들을 관리할 때 면담을 해도 면담 및 조치결과를 기록도 하지 못하며, 각종 보고서 작성과 부대일지를 작성할 수도 없다.

Tip

한글, 엑셀, 파워포인트, 포토샵 프로그램은 군생활의 필수이다.

한글프로그램을 운용할 줄 모르면 병들에게 자기가 할 일을 시키게 되며, 자기는 할 줄 모르기 때문에 병들을 올바르게 지도할 수 없고, 병이나 장교들은 이런 부사관을 무능력자로 평가할 수밖에 없다. 따라서 본인은 인사관리에 불이익을 받게 되며, 부사관단 전체가 그 한 사람 때문에 무능력한 집단으로 오해받을 소지가 있으므로 부사관은 한글프로그램을 능숙하게 다룰 수 있어야 한다.

(4) 엑셀프로그램 운용 능력

엑셀프로그램은 공문서를 작성할 때 활용하기도 하지만 대부분 통계나 숫자상의 데이터, 서열, 그룹별 분석 등과 재산관리를 할 때 사용하게 된다. 엑셀프로그램을 잘 활용하지 못하면 부대 재산관리 및 금전 관리, 병력 관리 등에 어려움이 많으므로 부사관은 엑셀프로그램 운용 능력을 구비해야 한다.

(5) 파워포인트프로그램 운용 능력

군 조직의 특성상 대다수 업무가 보고로 시작하여 보고로 끝난다고 해도 과언이 아니다. 보고를 잘하는 부사관은 우수한 간부로 평가를 받게 되고, 반대로 보고를 잘 못하는 부사관은 무능력자로 평가받을 수밖에 없다. 부사관은 병들을 직접적으로 지도하는 위치에 있기 때문에 교육훈련지도 시 피교육생들의 흥미유발과 이해를 쉽게 하도록 하기 위해서는 시각효과와 이해도가 높은 파워포인트프로그램 운용 능력을 구비해야 한다.

(6) 포토샵프로그램 운용 능력

포토샵프로그램을 군에서 많이 쓰는 것은 아니지만 부사관이 병들의 신상관리를 할 때 유용하고, 상급부대 보고나 예하부대 지시를 할 때 이왕이면 현실감 있게 영상을 보여주면 효과가 크다. 따라서 포토샵프로그램을 활용하여 보고를 하면 실제적으로 글로만 표현하거나 말로만 하는 보고나 지시보다는 사실적이고 시각적인 효과를 기대할 수 있다. 이렇듯이 포토샵 프로그램을 활용하는 것이 보고를 받는 사람이나 피교육생을 이해시키는데 유용하므로 비용대 효과 면에서 효과가 크다 할 수 있다. 따라서 부사관은 포토샵프로그램 운용 능력을 구비해야 한다.

나. 강인한 체력과 간부다운 정신력 구비

(1) 강인한 체력

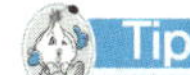

강인한 체력과 정신력은 부사관의 필수이다.

부사관은 외부로 드러나는 모습을 통해서 군복에 대한 자부심과 긍지를 상관과 부하, 민간인들에게 보여주어야 하며, 기준에 맞는 적당한 체격과 체중, 그리고 강인한 체력을 유지해야 한다.

강인한 체력관리를 위해서 항상 군에서 요구하는 체력 측정 기준치의 최고 수준을 유지해야 하고, 자신만이 아니라 병들도 함께 실시할 수 있는 체력단련프로그램을 개발하여 실천함으로써 부대원 모두가 강한 전사가 되도록 해야 한다.

(2) 간부다운 정신력

투철한 충성심과 책임지는 자세를 유지하고, 올바른 일에는 강한 실천력으로 추진하고, 군대는 개인의 이익을 위하여 모인 집단이 아니라 공동의 목표 달성을 위해서 모인 공공집단이기 때문에 자기 양보를 바탕으로 부대원들이 단결해야 한다. 또한 법과 규정대로 모든 업무를 처리하되 사람으로서의 인정은 잃지 말아야 하고, 청렴함을 생활화하여 병들이 군 복무를 하는 동안 이들을 직접적으로 지휘 및 관리하는 사람인 부사관을 본받아 대한민국 국민 모두가 청렴해 질수 있도록 해야 한다.

임무를 수행함에 있어서 부하의 입장에서 부하를 이해하고, 상관의 입장에서 상관을 이해하려는 역지사지(易地思之)의 자세를 지녀야 하며, 병들을 직접적으로 지도하는 부사관이 명예를 생명과 같이 소중히 여겨야 하고, 항재 전장 의식으로 일일신 우일신(日日新 又日新)의 근무자세를 유지해야 한다.

제2절 교육자로서의 역할과 책임

1. 교관으로서의 능력 구비

부사관은 교관이다!

부사관의 역할 중에서 중요한 것 중의 하나는 부하들이 적과 싸우면 반드시 이길 수 있도록 병기본훈련을 직접적으로 가르치고 평가해야 하며, 병과별로 부여된 전문화된 교육훈련을 실시할 수 있는 능력을 갖추는 것이다. 이를 기초로 병들을 강한 전사로 육성해야 하며, 병들을 강한 전사로 육성하기 위해서는 부사관들이 먼저 병기본훈련 분야의 전문가답게 교육을 실시하고 지도하며 평가하는 교관 능력을 갖추어야 한다.

가. 실전과 같은 병기본훈련 실시

병기본훈련을 실시하는 방법은 신병교육기관에서는 아무 것도 모르는 장정을 군인으로 만드는데 초점을 맞추어 이론 및 실기교육을 병행하여 훈련병 전원이 군에서 요구하는 합격 수준을 달성할 수 있도록 해야 한다. 그리고 각 부대별로 실시하는 자대교육은 이미 신병교육 과정에서 교육받은 내용과 부대별 임무에 맞도록 추가적으로 부여된 과목을 교육한다. 따라서 자대교육은 부하들의 병기본훈련 수준을 평가하여 그 수준에 맞는 교육훈련 계획을 수립하고 준비하여 전투상황에 맞는 조건반사적 행동을 반복적으로 숙달시켜야 한다.

나. 전문화된 주특기훈련 실시

주특기훈련은 개인 및 팀 단위로 상세하게 지도하여 자기가 맡은 임무를 완벽하게 수행할 수 있도록 전문화된 교육을 실시해야 한다.

다. 교육훈련 평가

병기본훈련이나 주특기훈련 종료 후에는 반드시 평가를 실시하여, 잘 하는 인원은 조교로 활용하거나 휴식, 또는 포상을 실시하며, 교육훈련 결과가 저조한 자는 휴식시간 및 일과 후 시간을 활용하여 보충교육을 실시하고, 경우에 따라서는 기본권을 제한하는 등의 조치를 통해 부하들이 적극적으로 교육훈련에 참여하도록 동기유발을 해야 한다.

라. 교관 능력 향상

부사관은 병과에 관계없이 모두가 병기본훈련과 주특기훈련의 교관 임무를 수행해야 하기 때문에 평소에 관련 교범 및 참고서적을 탐독하여 전문적인 지식을 갖춰야 한다. 그리고 교관 능력을 향상시키기 위해서는 다른 교관이 교육할 때 적극적으로 참여하여 견학을 실시하고, 서로 잘하는 점과 개선이 필요한 점을 보완하는 등의 노력으로 교관 능력을 향상시켜야 한다. 인간의 속성은 편한 것을 추구하는 경향이 있기 때문에 힘든 교육훈련을 잘 받으려고 하지를 않고 적당히 시간만 때우려는 성향이 있을 수 있으므로, 어떻게 하면 부하들의 흥미를 유발하면서 실전적으로 교육훈련을 시킬 수 있을까를 항상 생각함으로써 최선의 교육훈련 실시 방법을 찾는 노력을 해야 한다.

병들의 진급측정은 병기본 및 주특기훈련 평가를 통해 이루어진다. 그리고 교관 임무를 수행하는 부사관들의 교관 능력 향상을 위하여 행정보급관 및 주임원사 등이 적극적으로 지원 및 지도를 하여 부사관들의 권위를 스스로 지켜야 한다. 또한 평가방법은 항상 적이 있는 실전 상황을 조성하여, 부하들이 전장 상황에 부합되는 교육훈련을 실시하는가에 초점을 맞추어 평가를 하며, 단 한번을 하더라도 평시 교육훈련을 하면서 흘린 땀 한 방울이 전시에 자기와 전우의 생명을 살리는 길이고 적을 섬멸할 수 있는 길임을 인식하도록 실전과 같이 강하게 해야 한다.

또한 부사관들의 교관능력 향상 책임자인 주임원사는 지휘관에게 건의하여 주임원사 책임 하에 부사관단 차원에서 자율적으로 부사관들의 교관능력 수준을 파악하여 교관 능력 수준이 미흡한 부사관은 개별지도를 실시하고, 필요시 교관 소집교육도 실시해야 한다. 또한 교관 임무수행 능력이 부사관 인사관리에 반영될 수 있도록 제도적으로 시스템을 만들고, 주임원사 본인 스스로도 교관 및 교육훈련 지도감독 능력 구비를 위한 전문적인 지식과 능력을 갖춰야 한다.

2. 인성교육자로서의 능력 구비

부사관이 많은 부대원들을 모아놓고 정신교육을 실시하는 경우는 사실상 적은 편이나, 부사관이 하는 말이나 행동을 보고 병들은 따라하게 되어 있기 때문에, 병들에 대한 부사관의 언행은 대단히 중요하다. 따라서 부사관은 병들의 인성교육을 지도함에 있어서 최선의 방법은 행동으로 솔선수범을 하는 것이다. 부사관은 본인 스스로 부대정신을 유지하고, 명예를 지키며, 전투력 발휘의 중추라는 인식을 갖고, 병기본 및 주특기 훈련의 전문가가 되어야 하며, 병들을 지도함에 있어 교육훈련간 전장군기을 엄격히 준수하면서 실전적으로 강한 교육훈련이 되도록 하고, 평소 병영생활을 할 때는 군 기강을 유지를 하면서 절도있고 예절 바른 군인이 되어 겉은 부드러우면서 안으로는 강한 외유내강(外柔內剛)형의 이미지를 갖추도록 해야 한다. 부사관은 얼굴 표정을 항상 밝게 하며, 말은 부드러우면서 간단명료하게 해야 하고, 자세는 바르고 씩씩하게 하며, 상관이나 동료, 부하 등을 대할 때는 군대예절을 철저하게 준수해야 한다.

또한 부사관은 병들을 직접적으로 관리하기 때문에 부하들의 인성함양에 관심을 가져야 한다. 그 이유는 훌륭한 군인을 만들기 위해서는 먼저 훌륭한 인간을 만들어야 하기 때문이다. 너무나 바쁜 사회 일상과 대학 입학 시험 위주의 지식 교육과 핵가족 시대의 자기중심적 사고 및 행동을 하도록 하는 환경 속에서 성장하였기 때문에 제대로 된 인성교육을 받아보지 못하고 입대하는 사람이 대부분인 것이 현실이다. 따라서 이러한 부하들을 인성교육의 도장인 군에서 전인적인 인격체를 갖춘 군인으로 육성하여 사회로 내보내면 저절로 훌륭한 민주시민이 될 것이기 때문에 부사관들은 자기 자신부터 인성 개발을 위해 부단하게 노력해야 한다.

가. 인성교육 시 적극적으로 참가

사람은 '두 사람 이상 모이면 그중에는 반드시 리더가 있고 스승이 있다'고 하였다. 이 말의 뜻은 잘하는 사람을 보면 잘하는 모습을 배울 수 있고, 못하는 사람을 보면 나는 그렇게 하지 말아야지 하는 반면교사(反面教師)를 통해 배울 수 있기 때문이다.

부대와 사회의 어느 조직이든 인성교육 형태의 교양강좌, 정신교육 등을 많이 하고 있으나 사람의 특성상 교육을 받으려고 하는 것을 피하는 경향이 있는데, 부사관들은 남이 하는 좋은 말을 많이 들어보는 것이 자신 및 부하 인성 함양에 큰 도움이 되므로 인성교육에 적극적으로 참여하고, 병들에게도 열외 없이 인성교육을 받도록 여건을 조성해 주어야 한다.

나. 인성교육의 목적 이해

교육의 의미로 "교(敎)"는 '상소시 하소효야'(上所施 下所效也)로 상소시(上所施)란 '위로부터 베푼다', 또는 '모범을 보인다'는 뜻으로 교육자의 역할을 의미하고, 하소야(下所也)란 '본받는다'는 뜻으로 아랫사람이 윗사람이 베푸는 모범적인 언행이나 태도를 본받아서 기대하는 인간으로 자란다는 것이다. "육(育)"은 '양자사작선야'(養子使作善也)로 '자녀로 하여금 착한 일을 하도록 기른다'는 뜻이다. 다시 말해서 교육은 인간에게 잠재해 있는 능력을 끌어내는 계발(啓發)이 곧 교육이라는 것을 우리들은 알고 있으면서도 제대로 실천할 수 없는 것이 안타까운 실정이다. 따라서 일반 사회에서 실시하지 못한 인성교육을 군에서 실시해야 하는 것이고, 그 교육의 책임은 병들에게 직접적인 영향을 미치는 부사관에게 있는 것이다.

근래에는 일반 사회에서도 비록 초기 단계 이기는 하나 지식 위주 사회에서 인간성 위주로, 지능지수 보다는 감성지수 및 더불어 살아가는 사회성 연대지수를 더욱 중요시하는 추세로 나가고 있는 것은 바람직한 현상이라 할 수 있다.

다. 사회에서 바라는 인재로 육성

Tip
군대생활 잘하는 사람은 사회생활도 잘한다.

부사관은 병들이 평생을 직업군인으로 있을 사람이 아니라는 것을 유념해서 인성교육을 해야 한다. 병들은 병역의무를 수행하기 위하여 사랑하는 사람들과 헤어져서 하고 싶은 일들을 못하며 군에 복무하는 사람들이다.

이들은 병역의무를 마치면 일반 사회로 돌아가서 각자 개인의 능력과 적성에 맞는 역할을 찾아서 국가와 사회 발전을 위하여 공헌하는 삶을 살아갈 사람들이다. 따라서 병들의 인성교육을 실시해야 하는 부사관은 사회에서 어떠한 사람을 원하는지 또는 싫어하는지 〈표-6〉를 알고 맞춤식 교육을 실시해야 한다.

사회에서 좋아하는 사람은 군에서도 좋아하게 되어있고, 군 생활을 잘하는 사람은 사회생활도 잘하게 되어있다. 군생활과 사회생활이 마치 각기 다른 것처럼 생각하는 것은 오산이다. 군대나 사회나 살아가는 이치는 같으며, 다만 개인이나 조직이 수행하는 임무의 성격이 다를 뿐이다. 따라서 부사관은 부하들의 인성교육을 시키고 행동을 지도할 때 사회에서 좋아하는 사람을 만들어야 하며, 사회에서 꺼려하는 사람을 만들면 안 된다.

〈표-6〉 사회에서 좋아하는 사람과 꺼려하는 사람

구분	내용
사회에서 좋아하는 사람	• 자기 나름의 생활방식이나 생각이 뚜렷한 사람 • 조직의 일원으로서 목표달성에 이바지 할 수 있도록 협조를 잘하는 사람 • 난관을 뚫고 나갈 수 있는 패기가 있는 사람 • 일의 본질을 파악하고 거기에 융통성 있게 대응할 수 있는 사람 • 자신의 감정을 자제할 수 있는 사람 • 소박하고 성실하며 품위가 있는 사람 • 예의범절이 몸에 배어있는 사람 • 장점을 키우고 단점을 솔직하게 인정하고 고치려고 노력하는 사람 • 말과 행동이 공손하고 부드러운 사람 • 웃는 얼굴이 환하고 명랑한 사람
사회에서 꺼리는 사람	• 문제의식이 없고 수동적인 사람 • 타성에 젖은 생활을 하는 사람 • 단체행동에 어울리지 못하고 자기중심적인 사람 • 회사나 단체에 지망동기가 뚜렷하지 않은 사람 • 자존심은 강하나 실력이 따르지 못하는 사람 • 발랄한 젊음이 없고 가능성이 엿보이지 않는 사람 • 사교성이 없고, 남은 남, 자기는 자기식인 사람 • 사람을 끌어당기는 매력이 전혀 없는 사람 • 성적밖에는 내세울 것이 없는 사람 • 겉으로 건강이 안 좋아 보이는 사람

제3절 관리자로서의 역할과 책임

부사관은 부대의 제반 시설과 장비, 보급품, 급양 등을 직접 관리하며, 부대원들이 먹고, 입고, 자고, 생활하는데 불편함이 없도록 해야 한다. 이를 위해 부사관은 항상 주인의식을 갖고 어떻게 하면 저비용 고효율의 경제적인 기법을 적용하여 관리할 것인가를 고민하고 최선의 방법을 찾아서 실천해야 한다.

1. 병력관리자로서의 능력 구비

무엇이든지 처음부터 잘하는 사람은 없다. 특히 군 조직에 처음 들어온 사람은 계급과 신분을 떠나 모두 다 조금씩은 어려움을 겪기 마련이므로 군 경험이 상대적으로 많은 부사관들이 적극적으로 이들을 도와주어 조기에 임무수행이 가능하도록 해야 한다.

가. 상담자로서의 능력 구비

부사관은 리더로서 부하들과 밀접한 인간관계를 유지해야 한다. 그리고 자기 소속부대는 물론 대외적으로도 폭 넓은 대인관계를 유지하여 부하들의 고민을 해결해 줄 수 있는 상담 및 조치능력이 있어야 한다. 부사관이 효과적인 상담을 하기 위해서는 부하들로부터 평소에 존경과 신뢰를 받아야 하며, 다음 세 가지 사항을 염두에 두고 상담에 임해야 한다.

(1) 진실성

부사관은 말과 행동이 일치해야 한다. 자신의 권위와 체면에 얽매이지 않고 있는 그대로 인정하고 표현함으로써 부하들로부터 신뢰를 얻어야 한다. 이를 위하여 부사관은 부하를 대할 때 늘 진실하며 정직하게 대해야 한다. 그 이유는 부하가 존중받는 경험과 함께 진실성을 느껴야만 부사관을 신뢰하여 자신의 모습을 있는 그대로 가식없이 편안하게 드러내기 때문이다.

부사관이 부하들에게 나쁜 영향을 주는 경우는 부사관이 부하에게 성실하지 않고 정직하지 않게 대한다는 것을 부하가 발견할 때이다. 따라서 부사관 본인의 말에 부하의 부정적인 반응이 예상된다면 부사관은 자신의 진실성이 부족하다는 것을 깨달아 상담을 중단하고, 자신의 진실성을 부하가 받아들일 수 있는 방안을 찾아낸 다음에 다시 상담에 임해야 한다.

(2) 긍정적 관심

부하를 있는 그대로 받아들이고 남다른 점을 존중하며, 남과 다르다고 해서 비교하거나 평가하려 하지 말고, 그가 나타내는 어떤 감정이나 행동의 특성을 있는 그대로 수용하여, 그를 존중하는 태도를 보여주면 부하는 자연스럽게 부사관을 존경하게 될 것이다. 따라서 부하를 대할 때 인간으로서의 존재 자체를 존중해야 한다. 부하들은 대부분 긍정적인 자아실현의 동기를 가지고 있고, 선(善)한 본바탕을 가지고 있지만 군의 특수한 환경과 내면의 미묘한 갈등 때문에 적응하지 못할 때가 있음을 이해해야 한다.

(3) 공감대 형성

부사관은 부하의 입장에서 생각하고 감정을 이해하려는 자세를 가져야 한다. 역지사지(易地思之)의 자세로 부사관의 경험과 감정을 활용하여 이해하려고 노력한다면 부하들과의 공감대는 충분히 이끌어낼 수 있다. 이를 위하여 부사관은 부하와 상담 시 공감대를 형성하려면 진지하게 듣고 공감을 전달해야 하는데, 진지하게 듣는다는 것은 부사관이 부하의 모든 행동 및 반응의 목적과 의미에 항상 주의를 기울이고 있다는 것을 나타내야 한다.

부사관은 부하와 상담 시 부하의 생각과 감정에 머무르며, 그보다 조금 앞서거나 또는 뒤에서 보조를 맞추며 따라가는 것이 필요하다. 부하의 생각과 감정보다 훨씬 더 앞서 나가거나 자신의 생각에 빠져버리면 제대로 된 공감을 할 수 없게 되기 때문이다.

나. 법과 규정 관리 생활화

> **Tip**
> 부사관은 법과 규정을 관리하는 원리 원칙주의자이다.

모든 부사관은 본인 스스로 법규와 규정을 준수하고, 병들의 지도자다운 품위 유지와 도덕성을 행동으로 실천하여 솔선수범의 표상이 되어야 한다. 그리고 부사관단 차원에서 군기순찰을 실시하여 병들의 군기위반 사례가 발생하지 않도록 해야 하고, 군기교육대 운용은 육체적인 고통보다는 본인 스스로 잘못을 반성하고 앞으로는 잘못을 되풀이 하지 않겠다는 결심을 하는 계기가 되도록 해야 한다. 또한 반복적으로 2~3회 이상 군기위반자는 징계위원회에 회부하여 엄중하게 처벌해야 한다.

다. 원칙 중심의 자기 및 부하 관리

부사관은 부하들을 지도함에 있어서 원리 원칙에 바탕을 둔 품성과 역량을 계발하고 모범을 보여야 한다. 그렇게 해야만 병들은 그 사람을 신뢰하고 따를 것이며, 원칙이 있는 세상을 만드는 중심에 부사관들이 역할을 하게 되는 것이다. 이렇게 해야 하는 이유는 대한민국의 남자는 대부분 의무적으로 군복무를 해야 하고, 여성들도 군복무에 대하여 관심이 높기 때문이다. 따라서 군 기강이 곧 사회의 기강임을 명심하여 원칙중심의 자기 및 부하 관리를 해야 한다. 구타 및 가혹행위 우려자, 자살 및 탈영 우려자, 면담 시 관심을 요하는 자에 대해서는 특별관리를 해야 한다, 예를 들어 결손 가정환경에서 성장한 자, 정상적인 교육을 마치지 못한 자, 입대 전 유흥업소 근무한 자, 이성관계로 고민하는 자, 고질적인 질병을 보유하고 있는 자, 언어 장애 및 내성적인 성격을 지닌 자 등 관심 및 보호가 필요한 병사를 지도하는 방법으로는 다음과 같은 내용을 참고할 필요가 있다.

첫째, 다양하고 창의적인 면담기법을 적용하여 집중 관리를 해야 한다. 예를 들어 정기 및 수시 접촉(훈련, 근무, 작업 등)을 통한 면담을 실시하고, 간접

면담(군종장교, 군의관, 동기생, 부모, 애인, 사회의 친한 친구 등)을 통하여 확인하며, 개인수첩 및 수양록 등에 대한 불시점검을 통한 실태를 확인하여, 지도대상자로 파악하여 지도를 해주고, 본인의 능력을 초과할 때는 전문가에게 조언을 구하는 한편 지휘관에게 보고를 한다.

둘째, 보호 및 관심이 필요한 유형에 따른 적극적인 조치 방법 중 이성문제와 성격장애는 문제의 핵심을 파악하여 1 : 1 조치를 해주고 비밀을 보장해 주어야 하며, 신체허약 및 질병보유자는 자신감 부여 및 치료를 받을 수 있는 방법을 강구해 주어야 한다. 구타 및 가혹행위, 병영생활 부조리 등 부대의 구조적인 문제점을 파악하여 시정 조치를 해주고, 가정문제인 빈곤가정이나, 부모불화 및 갈등, 형제간의 갈등, 편부 및 편모(계부 및 계모)인 자 등은 수시로 접촉을 하여 면담 및 교육을 실시하고, 부모 및 형제와 연락 여건을 보장해줘야 한다.

셋째, 관심이 필요한 자는 다수의 인원이 중첩된 신상관리를 해주어 상호보완이 되도록 해야 한다.

넷째, 관심이 필요한 자가 영외출타(휴가, 외출 및 외박, 기타)시 정신교육 및 지속적인 추적관리시스템을 구축해야 한다.

다섯째, 전입신병의 신상관리는 마치 엄마가 아기를 돌보듯이 세밀한 관리로 조기에 적응하도록 해야 한다. 예를 들어 전입신병 도착 시 잘못된 관행이 일어나지 않도록 해야 한다. 행정병에 의한 신고연습, 분대 및 소대의 반복된 신고, 비공식 조직에 의한 신고 등이 있을 수 있음을 유념해야 한다. 지도 및 조치 방법은 환영 및 개인면담을 실시하고, 중대장에게만 신고를 하도록 하며, 이때 소대장과 분대장은 배석시켜 이것으로 소대와 분대 신고를 겸하도록 하고, 분대장이 신병의 의류대를 메고 소대 생활관으로 이동을 하여 소대장(또는 부소대장)이 소대원에게 신병을 소개한다. 또한 병영생활에 익숙해져 홀로서기를 하기 이전에 병영 부조리 및 인격모독 행위가 발생하지 않도록 해야 한다. 신병에 대한 지도 요령으로 부대 전통, 시설 배치, 위험 지역, 규정, 임무수행 방법 등을 알려주고, 이들의 애로사항을 파악하여 조치해 준다. 전입신병이 심리적으로 불안한 이유는 새로운 환경에 홀로 서있는 것과 같이 느껴져 모든 것이 낯설 수밖에 없다. 예를 들어 전입을 와서 2주 정도는 임무를 부여받지 못하므로 소속감을 못 느끼고, 앞으로의 생활이나 소대원의 특성 파악이 안되며, 무엇을 어떻게 해야 할지 모르기 때문에 안절부절 하게 되고, 이러한 심리적 불안 요인으로 인하여 신병일 때에 군무 이탈이나 자살사고가 많이 일어난다는 것을 유념해야 한다. 신병에게 자신감을 부여하는 방법으로는 신병의 장점을 발견하여 신병능력으로 쉽게 할 수 있는 임무를 부여하고, 그 결과에 대해 공개적으로 칭찬과 격려를 해주어 성취감을 고취시키고, 체육활동 등을 적극적으로 권장하되 운동을 잘 못하면 오히려 괴로울 수도 있으므로 개인의 특성에 맞는 운동을 실시하도록 해야 하며, 가정과 연계된 신상관리로 가족에 대한 걱정을 덜어주어야 한다.

라. 병영 부조리 제거 방법

군 생활은 다양한 성장과정을 거친 젊은이들이 함께 생활을 하기 때문에 예기치 못한 부조리 요인이 발생할 수 있다는 점에서 간부들의 세심한 지도관리가 요구된다. 특히 병들과 직접 접촉하며 지도하는 것이 부사관의 주요임무 중 하나라고 할 수 있으므로 항상 명랑하고 활기찬 병영생활이 되도록 다음과 같은 방법을 적용할 수 있다.

첫째, 모범생활관 및 생활자를 선발하여 포상 조치를 한다. 모범생활관 및 생활자를 선발하는 방법은 개인 위생 상태(복장, 두발, 용모 등), 장비 손질 및 관리 상태, 개인보급품 관리 상태, 생활관 청결 및 환경 개선 상태, 제 규정 준수 및 지시사항 이행 실태 등을 확인하여 반영한다.

둘째, 병영생활 우수자에 대한 선발은 생활관 검사 결과와 수시 및 불시 순찰을 실시한 결과, 점호행사나 장비정비 시간 등 모든 부대활동 간의 확인 결과를 종합적으로 분석하여 반영한다.

셋째, 제반 요소에 대한 세밀한 확인을 통하여 공정한 포상을 실시하는데, 포상 방법으로는 모범병사 선발 및 조기 진급, 분대장 및 부분대장요원 선발

시 우선적으로 선발, 포상휴가 및 위로휴가, 외출, 외박자 선정 시 우선권을 부여한다.

넷째, 병영생활 이외에도 군기 및 안전사고 예방과 전투력 발전에 기여한 인원에게도 포상을 실시해야 한다. 부대별 특성에 맞게 지시된 사고예방 지침에 의한 예방 활동을 하여 일정기간 무사고 부대활동에 기여한 자에 대하여 포상을 실시한다. 예를 들어 각종 수범사례를 접수하여 선발 심의를 실시한 후 결과를 지휘관에게 보고를 하고, 각종 설문이나 현장 지도방문 등을 통하여 선발하며, 탄약고, 무기고, 경계초소, 유류고, 취사장, 보일러실, 군사통제 및 보호구역 등 각종 중요시설 순찰 결과를 바탕으로 선발하고, 각종 간담회 시 의견수렴을 통하여 우수자를 선발한다.

다섯째, 언로(言路)의 활성화를 위하여 제대별, 계층별 간담회를 활성화하여 우수자를 선발하여 포상한다. 예를 들어 부사관을 대상으로 하는 간담회, 또는 계급별 간담회 등을 부대 운용 주기를 고려하여 가용 시간에 실시를 하고, 실시 결과를 분석과 예정사항을 전파하며, 명확하게 활동 지침을 알려주고, 활동 우수자를 선발하여 포상 건의를 하며, 보고를 받은 지휘관과 주임원사, 행정보급관은 적절한 조치를 한다. 그리고 병을 대상으로 하는 간담회도 이등병, 계급별, 분대장, 불우병사, 보호 및 관심필요병사, 특수지역 근무자 등을 대상으로 실시하여 지휘관 관심사항을 전파를 해주고, 주요 사고사례 전파 및 예방활동 방법을 교육하며, 부대운용과 관련된 사고예방 차원의 활동 방법과 참석인원의 애로 및 건의사항 등 의견을 수렴하여 조치가 가능한 사항은 곧바로 조치를 해주고, 시일이 소요되는 사항은 조치 시일이 걸림을 알려주어야 하며, 조치가 불가능한 사항은 안 되는 이유를 설명해 주는 등 애로 및 건의사항에 대한 조치 결과의 신뢰성을 확보한다.

명언 

16. 사람은 덕(德)보다도 악(惡)으로 더 쉽게 지배된다. – 나폴레옹

2. 물자관리자로서의 능력 구비

가. 일반물자 관리

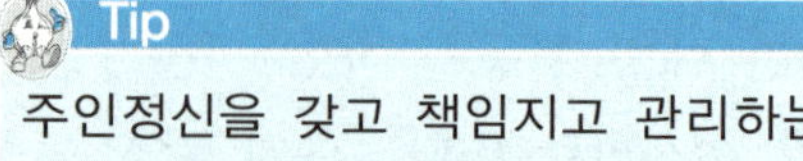

주인정신을 갖고 책임지고 관리하는 관리실명제를 실시해야 한다.

부사관들이 일반물자를 관리함에 있어서 주인의식을 갖고, 용도에 맞게 사용하도록 지도해야 하며, 꼭 필요한 물품만 창고에 보관할 수 있도록 창고를 경량화하고, 모든 물자관리는 개인별 관리실명책임제를 철저하게 실시하여 상·벌점제도와 연계된 관리가 되도록 하며 특히 용도 이외에 사용하여 비정상 마모가 발생하지 않도록 해야 한다.

나. 전투물자 관리

부사관들이 전투물자를 관리함에 있어서 항상 사용 가능 상태를 유지해야 한다. 장기간 창고에 입고되어 사용 불가 및 정비 요구 상태가 되지 않도록 수시로 확인하여 운용물자와 교체를 해주고, 탄약이나 보급품 등은 주기적으로 치환작업을 실시하며, 주임원사 및 행정보급관은 전투물자 관리 실태를 주기적으로 확인하여 미흡한 점은 조치를 하고 활동결과를 지휘관에게 보고해야 한다.

3. 시설관리자로서의 능력 구비

군부대에는 각종 시설이 많이 있다. 병들이 생활하는 생활관, 전투 및 전투근무지원시설, 간부들이 퇴근 후 휴식을 취하는 독신간부 숙소 및 기혼간부 숙소, 목욕탕, 이발소, 복지회관 등은 전문적인 관리를 필요로 하는데, 관리책임이 대부분 부사관들에게 있으므로 시설물 관리에 대한 전문성을 갖추어야 한다.

가. 시설물 관리 공통사항

Tip
저비용 고효율의 관리기법을 적용해야 한다.

시설물 관리는 부사관들의 전담 업무로서 합리적이고 경제적인 관리를 위하여 월 1회 이상 점검을 실시하고, 점검 결과를 토대로 격별 및 소규모 보수가 신속하게 이루어지도록 해야 한다. 이를 위해 합리적인 예산 집행 후 예산 집행 결과를 건물이력카드 및 전산부대일지에 기록하고, 시설물의 수명을 연장시키고 쾌적한 환경을 유지하는데 중점을 두고 관리해야 한다. 또한 실제로 직접 관리를 담당해야 할 사람에게 명확하게 임무를 부여하고, 책임과 권한을 함께 행사할 수 있도록 관리실명제를 철저하게 시행해야 한다.

나. 생활관 및 전투근무지원 시설 관리

(1) 생활관

생활관 내부는 항상 밝고 깨끗하게 관리되어야 하며, 특히 창문 쪽은 비품으로 밖을 가리지 않도록 해야 한다. 그 이유는 창문을 비품으로 가리게 되면 생활관 내부가 어두워지게 되어 낮에도 전등을 켜게 되며, 비품 뒤에는 청소를 하기가 불편하여 항상 지저분하고, 커튼을 걷거나 닫기가 어려워 힘으로 당기기 때문에 커튼 네루나 커튼이 빨리 망가지며, TV나 오디오 등 가전제품이 햇빛에 장기간 노출되어 조기에 훼손되기 때문이다. 그리고 생활관의 관물대나 바닥, 벽체 등은 밝고 깨끗하게 관리해야 한다. 그 이유는 내부가 어두우면 그곳에서 생활하는 병들의 마음도 자연적으로 어두워지게 되고, 청결하게 관리해야 한다는 인식도 없어지기 때문이다. 침대형 생활관은 가능한 침대를 2층으로 배치하지 말고 단층으로 배치해야 한다. 그 이유는 침대를 2층으로 배치하면 2층 침대를 선임병이 사용하면 후임병이 아래에서 잠을 잘 때 2층 침대에서 나는 소음 때문에 잠을 설칠 수 있고, 휴식 시 선임병이 후임병 침대에 걸터앉으면 후임병이 쉴 수 있는 여건이 안 되며, 반대로 후임병이 2층을 사용하면 잠을 잘 때 조심스럽게 행동해야 하고, 휴식 시 불편하기 때문이다.

육군의 경우에는 "생활관 내부가 비좁다."고 대부분 이야기하고 있지만 실제로는 공간 활용을 잘못하기 때문이다. 예를 들어 생활관에서 사용하는 각종 가전제품(텔레비전, 오디오 등)은 리모컨(remote control : 원격조작)을 이용하여 작동하게 되어 있으므로 생활관 벽체 상층부의 공간을 활용하는 방안을 찾아보면 생활관을 보다 넓게 활용하는 방안을 다양하게 강구할 수 있을 것이다. 그리고 생활관을 관리하고 가꾸는 과정에 생활관 요원 전원이 참여하여 아이디어를 내고, 함께 관리하는 방법을 강구해야 한다. 예를 들어 모든 것을 예산을 투입하여 관리하는 것에는 한계가 있으므로 생활관 별로 어느 정도의 예산 범위 내에서 창의적인 아이디어를 내서 밝고, 깨끗하고, 아늑하게 꾸미기를 목적으로 생활관별 경연대회 등을 실시하면 참여의식도 고취할 수 있고, 생활관별로 결속력도 다지는 일석이조의 효과를 얻을 수 있다.

(2) 화장실

화장실 관리는 밝고, 깨끗하고, 향긋한 향기가 나고, 잔잔한 음악이 흐르도록 관리해야 한다. 예를 들어 고속도로 휴게실의 화장실은 하루에 수천 내지 수만 여 명이 이용하는데 관리 인원은 한·두 명이 하고 있음에도 불구하고 항상 밝고, 깨끗하게 운용되고 있다. 그런데 군부대는 그보다 훨씬 적은 병력이 이용을 하고 관리하는 인원은 더 많음에도 불구하고 관리가 잘 안 된다는 것은 관리 기법이 잘못되었기 때문이다.

군 부대내 화장실 관리는 관리실명제를 실시하고, 변기(대·소변기)나 출입문이 망가지면 즉각 고쳐야 하며, 행정보급관은 자주 망가지는 부품(예 : 고무마킹, 배수손잡이, 경첩, 걸고리, 손잡이 등)은 미리 여유분을 확보를 해두고, 초기보수 능력을 갖추고 있어야 한다. 화장실을 밝게 관리하는 방법은 건물 밖에서 안이 보이지 않도록 하는 범위 내에서 커튼이나 선팅을 밝은 것으로 설치하고, 바닥이나 벽의 타일도 밝은 것으로 하며, 변기, 출입문, 벽체, 천정 등은 밝은 색으로 하고, 곰팡이가 낀 곳은 휴지에 락스를 적셔서 덮어두었다가 제거하는 방법으로 한다. 화장실에서 인분이나 암모니아 냄새가 나지 않도록 환기시설의 작동 여부를 매일 점검하며, 대·소변기 사용 방법에 대하여 사용자 교육을 실시하고, 방향제를 설치해야 한다. 대변기도 비데기능을 갖춘 것으로 설치하고, 대·소변기 막힘을 방지하기 위하여 흡연은 못하도록 하고, 휴지도 물에 쉽게 녹는 것을 보급하여 주되 대변보는 곳의 밖에 비치하여 한 번에 많이 가져가 낭비하는 사례가 발생하지 않도록 해야 한다. 화장실 조명은 최대한 밝게 하고, 전등을 사람인식 시스템으로 바꿀 필요가 있다.

(3) 창고

창고 관리는 물품을 보관하고 필요시에만 출입을 하는 곳이므로 근본적으로 전기가 들어가지 않도록 해야 하며, 전기가 필요한 곳은 반드시 누전차단기를 설치해야 하고, 외부에 전기를 차단할 수 있는 두꺼비집을 설치해야 한다. 창고 밖에는 손전등과 예비건전지를 항상 비치해 놓아야 하며, 창고 내부로 들어갈 때는 창고 밖에 반드시 인화물질은 놔두고 들어가도록 해야 한다.

또한, 환기 시설을 설치하여 보관 물품이 상하지 않도록 해야 하며, 환기 시설을 통하여 도둑이나 쥐 등이 들어오지 못하도록 철망을 견고하게 설치해야 한다. 창고에 보관하고 있는 물품은 품목별로 분류하여 보관함으로서 보관과 불출을 쉽게 할 수 있도록 해야 하고, 보관 물품은 품명, 단위, 수량, 상태, 용도 등을 나타내는 현황판을 설치해 놓아야 한다. 창고에 보관하고 있는 물품이 습기에 상하는 일이 없도록 물품 적재를 창고 외벽으로부터는 최소한 20cm이상, 바닥으로부터는 10여cm이상 이격시켜 적재할 수 있도록 해야 한다.

창고에 보관하고 있는 물품은 자주 사용하는 것은 출입구 쪽에 보관하고, 사용빈도가 적은 것은 안쪽에 보관하도록 하며, 소모성 품목은 먼저 들어온 것은 먼저 사용하는 선입선출(先入先出)을 준수하여 장기간 보관으로 물품이 상하여 사용하지 못하는 일이 없도록 해야 한다. 창고에 보관하고 있는 물품을 장기간(1년 이상) 보관해야 하는 것은 주기적(월 또는 분기)으로 치환작업을 필히 실시해야 한다.

창고는 통상 병력이 생활하는 공간과 떨어져 있어서 사고우려자(폭행, 자살, 자해, 탈영 등)가 악용할 수 있는 곳이므로 순찰코스에 반드시 포함하여 점검을 해야 하며, 화재 발생 등 만약의 사태에 대비하여 방화훈련을 주기적으로 실시해야 한다. 따라서 창고에 대하여 창고별로 관리책임자를 임명하여 책임제관리를 하고, 유사시 책임자를 빨리 찾을 수 있도록 창고 외부에 관리책임자 정·부 표시 및 비상연락처를 잘 보이는 곳에 부착해 놓고, 열쇠 관리는 지휘통제실에 통합 보관해야 한다. 창고출입자의 현황을 알 수 있도록 출입자기록대장을 비치해 놓고 기록을 해야 하며, 물품의 증 · 감 현황에 대하여 기록유지를 해야 한다. 창고 주변은 항상 제초작업과 청소를 깨끗하게 하고, 동계에는 제설작업을 실시 사용에 불편함이 없도록 해야 하며, 사계절 습기가 없도록 하고, 사용가능 품목과 정비 및 사용불가 품목을 함께 보관하는 일이 없도록 해야 한다.

(4) 탄약고

탄약고는 주변에 화재가 발생할만한 요인을 사전에 제거하기 위하여 사계청소를 폭넓게(울타리로 부터최소 50여m이상)해야 하며, 우천 시 낙뢰의 피해를 입지 않도록 탄약고 규모에 맞게 피뢰침을 설치하고 중간에 접지선이 접지판과 끊어져 있는 일이 없도록 수시로 확인해야 한다.

탄약고 경계근무를 위하여 경계근무병은 반드시 복초로 편성하여 24시간 근무 체제를 갖추어야 하고, 가능한 지휘통제실에서 탄약고 근무자의 근무 실태 및 출입자를 이중 통제할 수 있도록 감시용 카메라를 설치해 놓아야 하고, 탄약고에 불순분자가 침입하지 못하도록 이중 철조망을 설치해야 하며, 출입문 잠금장치도 이중으로 설치하고, 탄약고 열쇠는 한사람이 관리하지 않고 최소한 두 사람 이상이 분리하여 관리할 수 있도록 해야 한다.

탄약고 주변에서 담배를 피우거나 화기(火器)를 사용하는 일이 없도록 해야 하고, 탄약고에 들어갈 때는 반드시 인화물질을 가지고 들어가지 못하도록 인화물질을 모두 회수하여 통합 보관하며, 출입자에게 탄약고 내 주의사항에 대하여 교육을 실시한 후, 출입자기록대장에 반드시 자필기록 및 서명을 하도록 해야 하고, 탄약 수불현황이 모두 기록유지 되도록 해야 한다. 탄약고 시설은 환기가 잘 되도록 설계되어야 하며, 전기 등 화재발생 예상요인은 사전에 제거해야 하고, 탄약고 밖에 손전등과 예비건전지를 확보해 놓아야 한다.

탄약보관은 탄약 종류별로 분리하여 보관해야 하며, 특히 수량이 적다는 이유로 여러 종류의 탄약을 한 상자에 통합하여 보관하는 일이 없도록 해야 한다. 탄약고 내부에는 탄약의 종류, 단위, 수량, 상태, 입고일 등을 나타내는 현황판을 항상 비치해 놓아야 하며, 보관하고 있는 탄약은 먼저 들어온 탄약을 먼저 사용하도록 선입선출(先入先出) 제도를 준수해야 한다. 그리고 경계용, 교육용, 전시용을 구분하여 보관해야 하고, 교육용과 전시용처럼 수량이 많은 탄약은 박스 단위로 보관하되 주기적(월 또는 분기)으로 치환작업을 실시하고. 이때 관리자 및 감독자에 의한 재물조사를 병행하여 실시해야 한다. 탄약은 습기에 취약하므로 탄약고에 보관할 때 벽으로 부터는 최소한 20여cm, 바닥으로부터는 15cm이상 이격시켜 보관하여야 한다. 탄약고에 화재나 불순분자에 의한 사고가 발생하면 대형사고가 일어날 수 있으므로 소화기를 비치하고 방화대를 편성하여 방화훈련을 반복적으로 해야 하고, 유사시를 대비하여 탄약고 경계증강 및 불출훈련을 주기적으로 실시해야 한다.

소규모 부대에서 관리하는 간이탄약고는 습기와 화기(火器)로 부터 보호받을 수 있도록 간이탄약고를 설치하고, 탄약 종류별로 탄통 또는 박스 단위로 분리하여 보관하며, 간이탄약고 잠금장치는 이중으로 설치를 하고, 열쇠 관리는 간부들에 의하여 두 사람 이상이 분리하여 관리하며, 만약에 간부가 부족하면 간부와 분대장(모범병)이 분리하여 관리하도록 하고, 아주 작은 규모의 소초나 출동대기조 등에서 관리되는 탄통 단위의 탄약보관은 간부가 직접 잠자고 생활하는 곳에 보관하도록 해야 하며, 이때 잠금장치 및 열쇠 관리는 이중으로 설치 및 관리를 해야 한다.

(5) 식당

식당 관리는 가장 중요한 것이 식중독 예방이라 할 수 있다. 그 이유는 군 조직 특성상 많은 인원이 동시에 식사 준비와 식사를 해야 하고, 식중독이 발생하면 많은 인원이 동시에 피해를 당하게 되기 때문이다.

식중독 예방을 위해서는 먼저 식자재 관리가 잘되어야 한다. 양질의 식자재가 납품되도록 납품 단계에서부터 수령, 분배, 조리준비까지 전반적으로 위생관리에 항상 관심을 집중하여 검수를 철저히 해야 하며, 수령한 식자재는 종류별로 분리하여 보관을 하고, 냉동이나 냉장 보관이 필요한 식자재는 곧바로 냉장고에 보관을 하도록 하며, 냉장고의 적정 온도 유지 여부를 수시로 확인해야 한다. 조리기구는 항상 청결하게 관리해야 하며, 특히 도마와 식칼은 식자재별로 다른 것을 사용할 수 있도록 준비해야 하고, 행주, 도마, 식칼, 조리기구 등은 매일 끓는 물에 삶고 햇빛에 말리는 등 소독을 철저히 해야 한다.

취사병은 항상 복장상태를 청결하게 하고, 매월 정기적으로 병원 및 의무대에서 신체검사를 실시하며, 몸이 아픈 사람은 조리를 하지 않도록 조치해야 하고, 특히 피부병이나 손에 상처를 입은 사람은 조리를 못하도록 조치해야 한다. 조리병은 다른 병들에 비하여 새벽에 일찍 기상하여 조리를 하고, 늦은 밤까지 다음 날 아침식사 준비를 한 뒤에 생활관으로 돌아가게 됨으로 이들에 대한 사기 앙양과 건강 관리에 각별한 관심을 갖고 조치를 해야 한다. 조리병은 항상 화상이나 화재사고, 조리도구를 다루는 과정에서 다치는 사고 위험에 많이 노출되어있기 때문에 이에 따른 안전조치를 해야 하고, 비교적 독립적인 행동을 하므로 선·후임병간 불미스러운 일이 발생하기 않도록 당직근무자 및 간부들이 현장 위주의 점검 활동을 해야 한다.

식사를 항상 청결하고 맛있게 하도록 하기 위하여 식기, 숟가락, 젓가락 등은 보관함에 위생적으로 보관하고, 보관함 청결상태를 매일 확인하여 미흡한 점은 곧장 시정 조치를 해야 하며, 식사 전·후에는 반드시 손을 씻을 수 있도록 식사 인원이 움직이는 동선(動線)에 세면장을 꼭 설치하고, 식사 열외 인원이 없도록 불식자(不食者) 확인 프로그램을 운용해야 하며, 보초 및 상황근무자나 단시간 영외로 출타하여 식사를 늦게 해야만 하는 사람을 위하여 근무자 식사는 별도로 청결하고 따뜻하게 보관하며, 이 때 반찬이 부족한 일이 있을 수 있으므로 마지막으로 식사를 하는 사람까지 골고루 먹을 수 있도록 조치를 해야 한다.

부식 관리도 일일 부식과 장기 사용 부식을 구분하여 보관 및 관리하고, 특히 장기간 사용하는 고추장이나 된장, 간장, 건부식(乾副食) 등은 곰팡이가 끼거나 해충이 들어가지 않도록 철저하게 위생 관리를 해야 하며, 고춧가루는 뜨지 않도록 해야 하고, 식용유를 비롯하여 참기름, 들기름 등은 흐르지 않도록 하며, 실수로 음식물을 바닥에 흘렸을 경우에는 곧바로 닦아내어 바닥이 얼룩지거나 미끄럽지 않도록 해야 하고, 폐식용유는 별도의 용기에 모아서 위생적으로 처리해야 한다. 쌀을 비롯하여 곡식은 종류별로 구분하여 보관하며, 품명, 단위, 수량, 입고일 등을 기록한 현황을 유지해야 하며, 모든 곡식은 먼저 입고된 것을 먼저 사용하는 선입선출(先入先出)방식을 철저히 준수하고, 보관 시 창고 벽체로부터는 20cm, 바닥으로 부터는 15cm 이상 이격시켜 보관해야 한다.

(6) 독신간부 숙소

독신간부 숙소 관리는 군 특성상 신분을 고려하여 신분별로 건물 동 또는 통로별로 배정을 하고, 방 배정은 군대생활 기간이 비슷하고 계급이 같은 사람끼리 생활할 수 있도록 배정해야 하며, 가능한 개인의 사생활 보장을 위하여 1인 1실 사용을 원칙으로 독신간부 숙소를 확보해야 한다. 그리고 독신숙소에 거주하는 간부들이 간단하게 간식 정도는 해먹을 수 있을 정도의 통합 주방시설을 설치해야 하며, 가능한 간부식당과 체력단련장, 휴게실 등을 설치하여 독신간부 숙소에서 생활하는데 불편함이 없도록 해야 한다.

독신간부 숙소에서 선배가 후배에게 부당한 행위를 할 염려가 있으므로 지휘관 및 참모, 주임원사, 행정보급관 등은 수시로 독신숙소 거주자들의 생활실태를 확인 지도해야 하고, 이들이 건전하게 생활하도록 지도는 해주되 지나치게 간섭을 하는 사례는 없도록 해야 한다. 그 이유는 독신간부 숙소 생활자들에게 생활실태를 확인한다는 명분으로 지나친 통제 및 간섭을 하게 되면 독신간부 숙소 입주를 꺼리거나 밖으로 나가려고 하며, 그렇게 되면 사생활이 문란해질 우려가 있기 때문이다.

또한, 독신간부 숙소는 밖의 날씨가 추울 때는 항상 따뜻하고 아늑하여 편히 쉴 수 있도록 조치하고, 더울 때는 시원하게 생활하도록 조치를 해야 한다. 채난 기간을 준수한다는 명분으로 춥게 생활하도록 하면 비인가 전열기구 사용으로 화재 발생 위험이 높으며, 독신간부들이 일과 후에 독신간부 숙소로 돌아가 편히 쉬지를 못하게 되면 그들은 병들에게 짜증을 내게 되어 명랑한 병영생활을 할 수 없게 된다. 그렇게 되면 병들의 사고가 증가하는 요인이 되고, 독신간부 본인들도 부대 밖으로 나갈 생각만 하게 되어 간부 사고도 증가하게 된다.

따라서 지휘관 및 참모, 주임원사, 행정보급관 등은 독신간부들이 잘 먹고, 잘 자고, 편히 쉴 수 있도록 독신간부 숙소 관리에 만전을 기해야 하며, 항상 독신간부 숙소 내부와 외곽 주변이 깨끗하게 관리되도록 해야 하고, 특히 명절이나 공휴일 등 휴무일에 독신간부 숙소 거주자들이 식사를 못하는 일이 없도록 조치해야 한다.

(7) 기혼간부 숙소

기혼간부 숙소 관리는 사실상 개인의 사생활 영역으로 숙소 내부 관리는 개인이 알아서 할 일이지만 기혼간부들의 복지와 사기앙양 차원에서 기혼간부 숙소를 깨끗하고 청결하며 살아가는데 편리하도록 체계적으로 관리를 해야 한다. 기혼간부 숙소는 일반 사회의 민간인들과 함께 살아갈 수 있도록 민간아파트를 매입하여 기혼간부 숙소로 활용하는 것이 제일 좋은 방법이며, 이때 도배 및 장판, 전등 등 소모성 물품은 주기적으로 교체를 해주어야 하고, 사용자는 자기 집처럼 주인의식을 가지고 보수가 요구되는 초기 단계에 본인 스스로 관리를 잘해야 하고, 전문적인 보수가 요구되는 것은 관리비에서 지원을 해야 한다. 그리고 지리적인 여건으로 인하여 군인들만 살아야하는 군 관사나

아파트는 미래를 내다보고 대단위로 군 복지시설 타운을 만들어 생활하는데 편리하고 관리가 용이하도록 해야 한다. 또한 여러 부대의 간부들이 함께 어울리며 살아가도록 함으로써 화합과 단결할 수 있는 계기가 되도록 해야 하고, 기혼간부 숙소 건립형태는 주변의 건축물에 비하여 생활 공간 규모도 크고, 외부 및 내부시설도 고급스럽게 해야 한다. 그 이유는 직업군인들과 가족들의 사기를 앙양하고, 우수한 자질을 갖춘 사람들을 직업군인으로 획득하는데 도움이 되어 궁극적으로 전투력 증강에 기여하기 때문이다.

기혼간부 숙소는 도둑이나 잡상인이 출입하지 못하도록 부대시설 경계에 준하는 경비시스템을 갖추어야 한다. 그 이유는 기혼간부들은 대부분 부대업무나 야외훈련 등으로 퇴근을 제때에 못하는 사례가 많으며, 군인가족들이 안전하고 편안하게 생활을 할 수 있어야 군 간부들이 가족걱정을 안하고 오직 군 본연의 임무에만 충실할 수 있기 때문이다.

기혼간부 숙소 입주대상자를 선정하는 기준은 가족 수 및 가족의 성비(性比), 신분, 계급 등을 고려하여 생활 공간의 넓이를 정하는 것이 좋으며, 가능하면 신분별로 동이나 통로를 달리하는 것이 좋다. 또한, 기혼간부 숙소 관리비는 적립만 해 놓을 것이 아니라 제때에 투명하게 꼭 필요한 곳에 사용을 하여 항상 최상의 건물 상태를 유지하도록 해야 하고, 거주자들은 모두가 주인의식을 갖고 자기 집처럼 관리해야 한다.

(8) 복지회관

군 복지회관 이용자는 현역 군인이나 예비역 및 직계가족, 면회객 등으로 한정하여 이용대상자를 엄격하게 관리하지 않으면 주변 상인들과 마찰 요인이 생길 수 있으며, 특히 주류나 공산품 등 일반인들이 판매하는 물품들과 가격차이가 많이 나는 것은 구매 횟수와 수량을 제한하고 구매자의 신분을 철저히 확인해야 한다.

복지회관을 운용함에 있어서 금전부조리 사고예방을 위하여 현금 거래보다는 의무적으로 신용카드를 사용하도록 하고, 관리관은 청렴결백한 모범부사관이나 군무원을 활용하며, 관리병도 부대에서 가장 모범적인 병사 중에서 선발하여 보직을 부여해야 한다.

또한, 군 복지회관의 근무병들은 대부분 별다른 통제를 받지 않고 자체적으로 생활하게 되어있으므로 선·후임병간의 갈등으로 인하여 폭언, 구타 및 가혹행위, 병영 부조리, 사생활 문란 등의 군기 위반 사고, 지정 판매시간 이후 물품 판매 등이 발생할 수 있으며, 항상 화재 발생 위험을 안고 있다는 것을 유념하여 당직근무자 및 일반 간부들의 순찰 코스에 필히 포함하여 현장 위주 확인지도를 해야 한다.

복지회관은 다수의 인원이 이용하게 됨으로 인하여 건물의 관리나 청소에 어려움이 있다는 이유로 관리가 소홀하여 식중독이나 질병 발생의 발원지가 되지 않도록 항상 밝고, 깨끗하고, 위생적으로 관리해야 하며, 복지회관의 취약한 곳은 보일러실, 근무병들의 생활관, 세탁물 건조실, 화장실, 조리시설, 관리관실, 창고, 계단 밑, 옥상, 건물 뒤, 객실 및 목욕탕 등 매우 많으므로 관리관은 근본적으로 부지런하고 성실한 사람을 보직시켜 매일 확인점검을 하도록 하고, 시설이 조금 망가졌을 때 곧바로 보수를 하며, 순찰자도 세부적인 점검표를 만들어 현장위주 확인을 안 하고는 안 되도록 해야 한다.

(9) 유류고

유류고 관리는 먼저 유류고 주변의 잡초를 완전히 제거하고 방화벽을 설치해야 한다. 유류고 내부는 종류별로 분류하여 보관을 해야 하고, 유류보관시 드럼통은 가능한 수평으로 적재하여 빗물이 드럼통 안으로 스며드는 것을 방지해야 한다. 드럼통은 지면에 닿지 않도록 깔판을 깔아주어야 하며, 깔판은 목재나 폐타이어를 깔아주는 것이 적당하다. 그 이유는 드럼이 지면과 충돌 시 마찰로 인하여 화재기 발생할 위험이 있고, 드럼통 부식 방지를 위해서이다.

유류고에는 항상 만약의 사태에 대비하여 유류 화재 진압용 소화기를 비치해 놓아야 하며, 소화기 사용방법에 대하여 사용자 교육을 반드시 해야 하고, 방화훈련을 주기적으로 실시하여 만약의 사태발생 시 초기 대응을 잘하도록 해야 한다.

유류고 출입 전에 인화물질은 반드시 반납을 받아서 통합 보관하도록 하고, 유류고의 출입자 기록대장을 만들어 승인된 자만이 출입할 수 있도록 해야 하며, 울타리 외곽주변 50m이내에서는 흡연이나 취사행위 등 기타 회재를 일으킬만한 요인은 절대 하지 못하도록 해야 한다. 또한, 장기간 보관(약 3개월 이상)해야 하는 유류는 드럼통이 태양의 직사광선으로부터 보호를 받을 수 있도록 지붕 을 설치해야 하고, 벽은 환기가 될 수 있도록 해야 한다. 그리고 전투예비량유류처럼 장기간 보관을 해야 하는 유류는 3개월 마다 치환 작업을 해야 하며, 이때 휘발성이 강한 유류는 드럼통이 노후되어 미세한 구멍만 있어도 자연증발로 인하여 유류가 손실될 수 있으므로 발견 즉시 운영용과 교체를 해야 하고, 지하 저장용 유류 탱크에 저장하여 관리되는 대단위 부대나 지원시설의 유류 관리는 상기 관리지침에 준하여 관리해야 한다.

(10) 보일러실

보일러실은 부대 시설 중 군기 및 안전사고가 많이 일어날 수 있는 취약지역이라 할 수 있다. 그 이유는 보일러실을 관리하는 인원이 소수이고, 보일러실은 그 분야의 전문가만이 출입을 하며, 통상 건물의 지하실이나 뒤편 등 인적이 드문 곳에 위치하고 있어서 순찰자의 발길이 잘 미치지 않는 곳이기 때문이다.

보일러실 주변이나 내부에서 선임병이 후임병에게 폭언, 구타 및 가혹행위 등이 일어날 가능성이 높은 곳이며, 병영생활에 적응하지 못하는 자가 자살이나 자해를 하기 쉬운 곳 중의 한 곳이기도 하다. 따라서 보일러실은 근무자만 출입할 수 있도록 평소에 잠금장치 관리를 철저히 해야 하고, 그곳에 근무하는 자가 바람직스럽지 못한 행위(라면을 끓여먹는 등의 취사 행위, 부대 근무 불성실자 등에 의한 도박 행위, 장비 가동 시간에 취침 등)를 못하도록 일과시간에는 관리책임자 및 부사관단에 의한 순찰 활동을 강화하고, 일과 이후나 공휴일에는 당직근무자에 의한 순찰 활동을 필히 실시해야 한다.

또한, 보일러실은 항상 유류 등 인화물질에 의한 화재사고, 보일러탱크의 고압에 의한 폭발이나 화상사고 등의 우려가 있으므로 열쇠관리를 규정에 맞도록 관리하고, 출입자 기록대장을 만들어 출입자를 엄격하게 통제하고, 항상 안전 점검을 생활화해야 한다.

(11) 세탁물건조실

세탁물건조실 관리는 우선 환기가 잘되고 햇빛을 잘 받도록 설치해야 하며, 분대단위로 세탁물을 건조하는 곳을 지정하여 주는 것이 좋다. 세탁물건조실 외벽은 비나 바람으로부터 보호를 받을 수 있도록 유리 또는 아크릴, 비닐 등으로 벽체를 설치하는 것이 좋으며, 벽 전체를 막지 말고 바닥과 천정 쪽을 약간 띄어주어 환기가 잘되도록 하고, 지붕도 가능하면 햇빛을 잘 흡수하는 소재로 하면 좋으며, 신축하는 병영생활관에는 일반 아파트와 같이 베란다를 설치하고 베란다에 이중문을 설치하여 세탁물건조실과 방풍 역할을 겸할 수 있도록 해야 한다.

또한, 세탁물건조실 주변에서 선임병이 후임병에게 폭언, 구타 및 가혹행위 등 바람직스럽지 못한 행위를 할 우려가 있으므로 간부들에 의한 순찰코스에 반드시 포함해야 하며, 세탁물을 널고 걷는 시간을 정하여 놓고 잠금장치를 해야 한다.

(12) 충성클럽

충성클럽 관리는 깨끗하고, 밝고, 위생적으로 관리해야 하며, 충성클럽의 진열 상품은 가끔씩 진열 장소를 순환해야 한다. 그 이유는 특정상품을 한 곳에 장기간 진열하면 물품판매 시 특정 품목이 잘 팔리거나 안 팔릴 수 있으며, 관리병이 바쁘다는 핑계로 물건의 선입선매(先入先賣)원칙을 지키지 않을 수 있기 때문이다.

충성클럽은 이용자 편의 중심으로 판매 구조가 이루어지도록 해야 하며, 판매품목도 이용자 선호 품목 위주로 납품을 받아 판매를 함으로써 실질적으로 군부대 구성원들의 복지 및 사기앙양에 이바지 하도록 해야 한다. 인력이 부족하여 관리관 1명이 여러 곳의 충성클럽을 관리해야 하기 때문에 관리병에 의한 금전 부조리사고가 유발될 수 있으므로, 관리병은 그 부대에서 가장 모범적인 자를 보직시켜야 하고, 관리병에 대한 복지 및 사기 대책을 별도로 강구해야 한다.

주임원사 및 행정보급관, 관리관 등은 관리병이 항상 위생적이고 이용자들에게 직위 및 계급 고하를 막론하고 똑같이 친절하고 예의바르게 대하도록 교육 및 지도 감독을 해야 하며, 판매시간 이후 또는 휴업시간에 충성클럽에 위치하며 바람직하지 못한 행동을 하는 사례가 발생하지 않도록 순찰코스에 포함시키고, 출입문 열쇠관리는 당직사관이 직접 관리하도록 해야 한다. 그리고 도난이나 화재 등에 취약할 수 있으므로 현금으로 거래를 가능한 하지 않고 신용카드를 의무적으로 사용하도록 하며, 부득이 하게 현금으로 거래를 하였을 경우에는 당일 판매 대금은 당직 계통에서 보관을 하고 익일 관리관이 곧바로 입금을 하도록 해야 한다.

(13) 경계 시설물

경계 시설물 관리를 함에 있어서 겨울에는 추위를 막아주는 방풍막을 투명유리 또는 비닐로 설치하고, 여름에는 제거를 하고 모기장을 설치하여 바람이 잘 들어오도록 해야 한다.

경계 초소 설치는 경계가 용이하게 시계(視界)가 확보되도록 설치하고, 유사시 은폐(隱蔽) 엄폐(掩蔽)가 용이하며, 지휘통제실과 인접 초소 등에 신속한 연락이 기능하도록 통신 대책이 강구되어야 하고, 가능한 지휘통제실에서 초소 근무자의 경계근무 실태를 확인할 수 있도록 감시카메라를 설치해야 한다.

블록 담장이나 철조망으로 경계용 울타리가 설치된 부대는 울타리 밖의 주변 여건을 고려하여 소총 유효사거리까지 사계청소를 실시하며, 내부는 울타리를 연하여 순찰로를 설치하고, 순찰로 상의 취약지역(급경사, 급커브, 인적이 드문 사각지대 등)은 안전 대책(안전로프 설치, 가로등 설치, 미끄럼 방지

계단 설치 등)을 강구해야 한다.

부대원들에게 애대심(愛隊心)과 체력단련, 경계의 중요성 등을 함양하기 위하여 울타리를 연하여 순찰로를 만들고, 순찰로를 따라 매일 걷고, 뛰는 시스템을 구축해 놓으면 좋으며, 울타리 소재도 철조망이나 시멘트 블록보다는 가능한 관광형 펜스로 설치하는 것이 미관상 보기도 좋고, 민간인들이 군을 바라보는 시각도 좋으며, 부대원들이 경계근무를 하는데 도움이 되고, 장병들의 정서 순화에도 도움이 될 것이다.

토의

1) 부사관의 위상과 일반적인 역할에 대하여 발표해 봅시다.
2) 부사관의 3가지 역할에 대한 차이점과 중요성에 대한 우선순위에 대하여 각자의 의견을 발표해 봅시다.

명언

17. 위대한 리더가 되려면 현명한 이론과 인격을 겸비하여야 한다. – 죠미니
18. 용기 중에서도 도덕적인 용기는 최고의 미덕이다. – 클라우제비츠

제4장 부사관 제도의 연혁과 관계 법규

제1절 부사관 제도 및 연혁

1. 부사관 제도의 기원

가. 대한민국

Tip

대한민국의 실질적인 부사관 제도 시작은 1895년 대한제국 시절부터이다.

대한민국 부사관 제도의 기원은 조선시대부터인 것으로 알려져 있다. 조선시대 무관계급은 정1품에서 종9품까지 총 18개의 계급체계(예 : 정1품〉종1품〉 정2품〉종2품〉~정9품〉종9품)로 되어있는데, 이중 정8품, 종8품, 정9품, 종9품이 지금의 부사관 신분에 해당된다. 대한제국 시절인 1895년에 칙령 제10호에 의해 구식 군대에서 신식 군대로 개편되면서 장교, 부사관(당시 하사관), 병 신분으로 제정되었다.

나. 유럽

서양의 부사관 제도는 로마시대부터 시작되었다고 볼 수 있다, 로마시대는 병들 중에서 우수한 자를 선발하여 장교를 보좌하는 업무를 담당하도록 하였으며, 신분 명칭은 프린서펄(Principal)이라 하였고, 이들이 담당하는 주요임무는 소규모 단위의 부대를 지휘하는 지휘자로서의 역할수행, 병들의 교육훈련지도 및 감독, 인사행정 및 군수업무 수행, 캡틴(Captain : 중대급 지휘장교)을 보좌하는 역할을 수행하였다. 로마군의 이러한 부사관 제도는 오늘날까지 유럽 전역에 걸쳐 시행 중에 있고, 특히 독일군은 장교가 되기 위하여서는 반드시 부사관 양성반 교육과정을 이수해야만 하는 특수성을 가지고 있다.

다. 미국

미국은 독립전쟁 당시부터 부사관 신분을 정하여 병들 중에서 우수한 자를 선발하여 운영하고 있으며, 이들의 주요 임무는 병들의 교육훈련 지도, 보급 및 행 정지원, 기능 분야 등을 담당하고 있다. 미국의 부사관들은 미국의 독립전쟁 당시 승리를 쟁취하는데 결정적인 역할을 하였고, 남북전쟁과 세계제2차대전과 6·25전쟁, 베트남전쟁, 중동전쟁, 그 외 평화유지 활동 등을 수행하는 과정에서 그들의 역할은 더욱 더 증대되어 이제는 미군이 세계 최강의 전투력을 발휘하는데 중추적인 역할을 수행하고 있다.

2. 대한민국 부사관 계급 및 신분 제도의 변천

군인사법 제3조[18]에 계급을 보면 〈표-7〉 과 같으며, 부사관 계급 제도의 변천은 너무도 빈번하게 바뀌어 왔다. 이렇게 빈번하게 계급 체계가 바뀐 배경에는 부사관의 계급이 장교와 같이 다단계로 구성되어 있는 것이 아니라 많을 때는 6계급, 적을 때는 3계급으로 구성되어 있어, 한 개의 계급에 정체되어 있는 기간이 길어서 부사관들이 타성에 젖은 복무가 우려된다는 판단하에 심도깊은 계획과 분석이 없는 상태에서 축소와 확대를 반복하여 왔다고 볼 수 있다.

〈표-7〉 대한민국 국군 계급체계

- 장 교 : 장관(대장, 중장, 소장, 준장), 영관(대령, 중령, 소령), 위관(대위, 중위, 소위)
- 준사관 : 준위
- 부사관 : 원사, 상사, 중사, 하사
- 병 : 병장, 상등병, 일등병, 이등병

18) 군인사법 제2장 계급과 분과 제3조(계급), 2000년 12월 26일 원사계급 신설.

가. 부사관 계급 제도

(1) 조선시대

조선시대 군인의 계급은 정1품부터 종9품까지 18개 계급으로 나눠기는 했어도 신분 명칭이 따로 있는 것은 아니었다. 그러나 당시에는 병역 의무가 지금처럼 개인별 병역의무제가 아니고 지원제 성격이었기 때문에 군인들은 모두 직업군인이라 할 수 있으며, 이중 정8품, 종9품, 정9품, 종9품 등 4계급이 현재의 부사관 계급에 해당된다.

(2) 대한제국 시절

대한제국 시절 구식 군대에서 신식 군대로 개편을 하면서 직업군인인 간부의 신분을 장교와 부사관(당시 하사관)으로 구분하고, 장교의 계급은 대장(大將), 부장(副將), 참장(參將), 부령(副領), 참령(參領), 정위(正尉, 부위(副尉), 참위(參尉) 등 8개의 계급으로 하였으며, 부사관의 계급은 정교(正校), 부교(副校), 참교(參校) 3계급으로 하였는데, 이때부터 장교의 계급은 다단계로 하고 부사관의 계급은 소단계로 하는 시발점이라 할 수 있다.

(3) 광복군 및 국방경비대 시절

일제 식민지 시절 36년 동안 조국의 해방을 위하여 조직된 광복군의 부사관 계급은 특무상사(特務上士), 정사(正士), 부사(副士), 참사(參士) 등 4계급이었으며, 1945년 8월 15일 광복이후 부터 1948년 8월 15일까지 3년 동안 대한민국은 공식적인 정부는 아니지만 미 군정체제의 승인 하에 군대의 기능을 지닌 국방경비대가 있었다. 국방경비대 초기에는 부사관 계급을 대특무정교(大特務正校), 특무정교(特務正校), 정교(正校), 특무부교(特務副校), 부교(副校), 참교(參校) 등 6개 계급으로 하다가, 1946년 12월 1일 이후부터는 부사관 계급을 특무상사(特務上士), 일등상사(一等上士), 이등중사(二等中士), 일등중사(一等中士) 등 4계급으로 조정하였다.

(4) 6 · 25전쟁 및 1970년대

대한제국의 국력 약화로 일본에게 강제 합방을 당하여 대한민국은 36년 동안의 식민지 생활을 하게 되어 우리나라의 국토와 경제는 황폐화가 되고, 국민들의 기본 생계조차 어려운 시기를 맞이하였다. 설상가상(雪上加霜)으로 미국을 주축으로 하는 민주주의 체제와 소련(현 러시아)을 중심으로 하는 공산주의 체제의 대립으로 인해 1945년 8월 15일 광복은 되었으나 대한민국은 38°선을 경계로 모든 국민들의 반대에도 불구하고, 남한은 민주주의 체제로 북한은 공산주의 체제로 분단되고 말았다.

일제의 식민지로부터 광복된 지 불과 5년 후 소련(현 러시아)과 중국의 사주와 지원을 받은 북한의 김일성이 1950년 6월 25일 일요일 새벽 4시에 불법기습 남침을 감행하여 동족상잔(同族相殘)의 비극적인 전투를 3년간 진행되었으며, 1953년 7월 27일 종전(終戰)이 아닌 휴전(休戰)협정을 맺음으로써 현재의 휴전선이 남북의 분단선이 되고 말았다.

이때 대한민국 국군은 제대로 된 장비 및 인적 구성도 갖추지 못한 상태에서 전쟁을 하였으며, 부사관 계급체계는 국방경비대 시절인 1946년 12월 1일부터 시행한 특무상사(特務上士), 일등상사(一等上士), 이등중사(二等中士), 일등중사(一等中士) 등 4계급을 그대로 유지하며 전쟁을 수행했고, 휴전 이후 부터 8년간 더 유지해 오다가 1971년 부사관 계급을 상사(上士), 중사(中士), 하사(下士)의 3계급으로 조정하였다.

(5) 1980년대부터 현재까지

현재의 부사관 계급은 원사, 상사, 중사, 하사이다!

1971년부터 18년 동안 시행하여 오던 부사관의 3계급 체계를 1989년부터는 일등상사(一等上士), 이등상사(二等上士), 중사(中士), 하사(下士) 등의 4계급 체계로 바꾸었다. 기존의 3계급 당시의 상사를 이등상사로 하고, 상사 위에 부사관 계급을 하나 더 신설하여 일등상사로 계급 명칭을 부여한 것이다. 그 후 이등상사와 일등상사로 호칭되는 상사계급을 일·이등으로 나눠 부르는 어감(語感)이 좋지 않다는 여론에 의하여 1994년부터 일등상사를 원사, 이등상사를 상사로 계급 명칭을 바꿔서 2013년 오늘날까지 부사관 계급은 원사(元士), 상사(上士), 중사(中士), 하사(下士) 등으로 하고 있다.

부사관의 계급체계는 앞으로 부사관의 역할이 증대되고, 부사관의 복무 의욕 고취와 군조직의 운영의 활성화를 위하여 현재의 4계급 체계에서 5계급 체계로 바꾸어야 한다는 의견이 제기되고 있다.

나. 부사관 신분 제도

군인사법 제3조 계급에 의하여 군인의 신분은 장교, 준사관, 부사관, 병으로 구분되어 있으며, 부사관보다 상위계층의 신분은 장교와 준사관이고, 하위계층은 병이다. 그러므로 군 간부나 민간인들이 부사관과 병을 함께 통칭하여 사병(士兵)이라고 호칭하는 것은 잘못된 표현이므로 정확하게 사용해야 한다.

부사관의 신분 명칭이 과거에는 장교(將校)의 아래라는 뜻으로 하사관(下士官)으로 하였으나 부사관의 역할과 책임이 증대됨에 따라서 2001년 3월 27일 종전의 하사관에서 장교에 버금간다는 뜻의 부사관(副士官)[19]으로 신분 명칭으로 바꿔서 오늘날까지 사용하고 있으나, 과거 1950~1970년대 군대처럼 부사관들이 수행하는 임무가 일상적인 부대관리나 장교의 업무를 단순하게 보좌하는 기능에서 전투력 발휘의 중추적인 역할을 수행하는 계층으로 바뀌었다. 따라서 자기가 전담하고 있는 분야의 최고 전문가 역할을 수행하고 있고, 장교들이 부사관에게 요구하고 있는 능력 또한 전문가의 수준을 요구하고 있다는 점에서 새로운 신분 명칭을 검토해 볼 필요가 있다. 예를 들어 일반사회에서는 과거에 천하다는 인식하에 불리어져 오던 미용사, 식모, 가정부 등의 직함들이 이제는 헤어디자이너, 영양사, 가사도우미 등 전문가 호칭으로 변경함에

19)군인사법 개정법률 제6290호, 2013. 3. 27 (하사관에서 부사관으로 개정).

따라 갈등 요인도 줄어들고 그 직업에 종사하는 당사자 및 가족들이 자부심을 가지고 열심히 업무에 종사도 하며, 사기도 앙양되는 것을 볼 때 장교에 버금간다는 부사관 신분 명칭에서 전문인으로 인정받는 신분 명칭으로의 개정이 필요하다는 의견이 제기되고 있다.

다. 주임원사 인사관리제도

현재 부사관 신분의 최고직책이라고 할 수 있는 주임원사제도는 1967년 3월 15일부터 시행되어왔다. 2013년 현재 대대급 이상 주임원사의 전투복에는 포제로 신분휘장을 왼쪽 가슴에 부착하게 되어있으며, 정복 및 근무복에는 금속제품의 신분휘장을 왼쪽 가슴에 패용하고, 여단급 이상 부대의 주임원사 휘장에는 근무제대를 나타내는 별표시가 되어있다. 예를 들어 육군 소속의 주임원사인 경우에 여단 주임원사는 은색별 1개, 사단 주임원사는 은색별 2개, 군단 주임원사는 은색별 3개, 야전군 주임원사는 은색별 4개, 육군주임원사는 금색별 4개가 표시되어 외형상으로 주임원사 휘장을 보면 연대급 이하부대의 주임원사인지, 여단급 이상 어느 제대급의 주임원사인지 알 수 있도록 되어 있다. 주임원사 휘장은 직책휘장으로 그 직책을 수행하는 기간만 착용하도록 되어있는데, 주임원사 임기가 끝나면 휘장은 패용하지 않더라도 제대별 주임원사 약장을 만들어 어느 제대의 주임원사 직책을 수행했는지 나타낼 수 있도록 해야 한다는 의견도 제기되고 있다.

라. 부사관 종합발전계획 추진

부사관 제도 발전을 위하여 육군의 경우 건군 이래 최초로 1988년 7월 9일(당시 육군참모총장 대장 김동신) 부사관 종합발전 과제 14개를 선정하여 육군 종합발전계획에 부록으로 추가하여 시행하여 왔으며, 그 이후부터 오늘

날까지 지속적으로 보완 발전시키면서 추진하여 오고 있으나 앞으로 개선하고 발전시켜야 할 과제들이 대단히 많다고 할 수 있다.

부사관 제도 발전은 법과 규정에 의하여 지속적으로 발전시켜야 하고, 이러한 부사관 발전 제도를 계획하고 시행함에 있어서 수혜 및 피해의 당사자인 부사관이나 부사관 출신들이 부사관 종합발전계획을 수립하는 초기 단계부터 시행하는 모든 과정에 참여해야 한다.

마. 부사관의 정년 전역제도

군인사법 제8조[20] 현역의 정년에 의한 부사관의 정년 전역 제도는 1980년 12월 4일 이전까지는 만 45세에 상사로 정년전역을 하도록 되어있었으나, 1989년 일등상사 계급이 신설되면서 1989년 3월 22일 일등상사의 정년 전역 연령을 만 53세로 조정하였고, 1994년 1월 1일 부터는 일등상사의 계급 호칭을 원사로 바꿈과 동시에 원사의 정년 전역 연령을 만 55세로 조정하여 오늘에 이르고 있다. 참고로 장교를 비롯하여 준사관, 부사관 등 직업군인의 정년 전역 연령은 〈표-8〉에서 보는 바와 같다.

〈표-8〉 군인의 정년 전역 연령

계급	원수	대장	중장	소장	준장	대령	중령	소령
정년연령	종신	63세	61세	59세	58세	56세	53세	45세
계급	대위이하 (중위 · 소위)			준위	원사	상사	중사	하사
정년연령	43세	43세	43세	55세	55세	53세	45세	40세

20) 군인사법 제3장 복무 제8조 현역정년, 개정 1989년 3월 22일, 1993년 12월 31일, 2005년 3월 31일 등

바. 부사관 계급장 형태 및 부착 위치

부사관 계급장 형태는 1996년 9월 30일 이전에는 병들과 마찬가지로 국방색 바탕에 노란색의 포제 재질이었으며, 계급장 모양은 아래에 병장계급장 모양 위에 “V”모양의 계급장을 하사 1개, 중사2개, 상사 3개, 원사는 상사 위에 ⌒ 모양을 하였다. 부착위치도 병과 동일하게 가슴에 부착하였고, 방한복 상의에는 양팔에 국방색바탕에 붉은색의 계급장을 부착하였으며, 크기는 계급에 따라 원사의 경우 7×12cm 정도였으나, 1996년 10월 1일 부터 현재의 계급장과 동일한 형태와 부착위치로 바뀌었고, 철제 계급장 색상이 장교는 은색, 부사관은 금색이다.

사. 부사관의 의무 복무 기간

군인사법 제3장 제6조[21] 복무의 구분에 따라 부사관의 의무 복무 기간은 1980년 12월 3일 이전까지는 임관 후 4년이었으며, 본인이 전역을 희망하지 않으면 자동으로 장기복무 부사관이 되었다. 그러나 1980년 12월 4일부터 단기 및 장기복무 부사관으로 구분하여 단기복무 부사관은 4년, 장기복무 부사관은 7년으로 의무복무 기간을 차별화하였다. 이렇게 된 배경에는 과거엔 장기복무 부사관 선발 경쟁비율이 매우 낮은 편이었으나 1996년 이후부터 사회의 경제경기불황과 IMF(International Monetary Fund)의 지원 통제를 받는 사태를 겪으면서 부터이다. 일반 사회의 직장에는 평생 직장 개념이 사라지고, 강제 퇴직이 빈번하게 일어나게 됨으로 인하여 직업군인이 법적으로 정년을 보장받는 안정적이라는 인식이 새롭게 인식되면서 부사관 지원율이 획기적으로 늘어나게 된 것이다. 이로 인해 장기복무 부사관 지원율이 향상되었고, 장기복무 부사관 선발 비율이 향상되자 육군의 경우에는 2000년 5월 1일 장기복

21) 군인사법 제3장 복무 제7조 의무복무기간, 개정 1963년 9월 24일, 1980년 12월 4일, 1981년 12월 17일, 1983년 12월 31일, 1989년 12월 30일, 1992년 12월 2일, 1993년 12월 31일, 1994년 12월 31일, 2000년 12월 26일.

무 선발 방침을 개정하게 되었다.

장기복무 부사관 선발 경쟁비율이 향상되자 장기복무 부사관 우수자 선발에는 어느 정도 성과달성을 하였다고 볼 수도 있으나 근래에 들어서서는 다수 획득, 단기간 활용, 다수 유출의 문제점이 대두되어 장기복무 부사관 선발 경쟁 비율을 완화시켜야 한다는 의견이 제기되고 있으며, 앞으로 우수 부사관을 획득하는데 장애 요인으로 작용할 우려가 있기 때문에 장기복무 부사관 선발 경쟁 비율을 완화시키는 방향으로 개선되어야 할 것이다.

아. 부사관 교관 능력 향상

훈련부사관은 병양성교육기관의 교관 임무를 수행하며, 각종 인사혜택을 받는다.

부사관들의 평시 기본 임무 중 가장 중요한 첫 번째가 병들을 필승의 전투원으로 육성하는 것이고, 두 번째가 남과 더불어 살아가는 사람이 되도록 충효예를 바탕으로 한 군대윤리를 가르치는 것이며, 세 번째가 부대원들이 잘 먹고 잘 입고 잘 자고 생활하는데 불편함이 없도록 지원해 주는 역할이다. 그런데 그동안 우리나라 군대가 적은 예산으로 많은 인력의 부대를 운영하다보니 부사관들이 수행하는 임무 중 가장 중요한 교관 임무 수행 능력보다는 부대관리에 더 관심을 갖도록 해온 것이 사실이다.

부사관들의 교관 능력 향상에 관심을 갖게 된 것은 1979년 2월 1일 육군제1부사관학교(구 육군제1하사관학교 : 1984년 10월 14일 해체)에서 당시 제1야전군사령관(대장 정승화)의 지시에 의하여 제1야전군 지역 내에서 복무하고 있는 부사관들 중에서 가장 우수하다고 판단되는 부사관들을 후보생 교육중대 당 2명씩 선발하여 2개월 정도 집중적으로 교관화 교육을 시킨 다음 연구강의 합격성적 순으로 부구대장으로 임명하여 중대별 담임제 교관제도를 시행하였었다. 교관으로 활용하는 방법은 부구대장으로 보직된 부사관은 담당 구대를 책임지고 교육훈련을 시키고 평가는 학교 본부 평가실에서 실시하는 방법이었으며, 담당 과목은 구대장(중위)은 전술학, 부구대장(중사~상사)은 일반학, 화기학, 전술학 중에서 각개전투를 전담하여 교관 임무를 수행하도록 하였었다.

1981년 10월 강원도 원주의 육군 제1부사관학교(현 보병36사단사령부)와 경기도 가평의 육군 제3부사관학교(현 보병66사단사령부)가 해체되면서 전북 익산의 육군 제2부사관학교(현 육군부사관학교)로 통합되면서 교관 임무도 장교와 부사관이 각각 절반정도 보직되어 장교는 전술학, 부사관은 일반학 및 화기학을 가르쳐왔고, 야전부대의 신병교육대나 각 부대에서도 유사하게 부사관 교관 제도를 운영하여 왔으며, 2011년부터 현재까지 각 군사교육기관에서는 담임제 교관 제도를 다시 시행 중에 있다.

2000년 10월 1일부터 육군에서는 부사관들의 교관능력 향상을 위하여 훈련부사관 제도를 시행하게 되었으며, 육군부사관학교에서 실시하는 훈련부사관반 입교 대상을 초기에는 전투병과에 한하여 시행하여 왔으나, 교육훈련의 중요성을 감안하여 2008년부터는 모든 병과를 대상으로 실시하고 있다. 또한 훈련부사관 요원으로 선발되게 되면 12주 동안 육군부사관학교 훈련부사관반 교과 과정을 이수한 후 육군부사관학교, 육군훈련소, 전·후방 각지의 사단 신병교육대와 그 외 군사교육기관 등에서 병기본훈련 과목 및 분·소전투 일부 과제를 가르치는 교관 임무를 수행하게 된다. 교육기관에서 교관으로서의 임무수행을 마치게 되면 일반 부대에 배치되어 근무를 계속하고, 훈련부사관 개인적으로는 진급 및 장기복무 선발, 교관 임무 종료 후 차후 보직 선택 등 각종 혜택이 주어지며, 이들의 자긍심 고취를 위하여 훈련부사관 임무가 종료되더라도 훈련부사관 휘장을 영구 패용하도록 하고 있다.

자. 부사관 역할과 책임 정립

부사관의 역할과 책임 분야에 있어서 과거에는 간부이고 직업군인이지만 장교보다는 병에 준하여 시행해 온 면이 있다. 그러다가 2002년 1월 1일부터 부사관에 대하여 직책별로 명확하게 역할과 책임을 명시하여 전담과 지원 업무 개념을 정하여 운용해 오고 있으며, 병과와 주특기를 혼용하여 병들과 같이 주특기 개념으로 운용하여 오던 것을 장교와 같이 병과 개념의 운영을 도입하여 시행하고 있다.

앞으로 부사관들의 역할과 책임을 보다 명확하게 정립하기 위해서는 장교 및 부사관들의 인식이 획기적으로 달라져야만 하는데 과거처럼 부사관들의 주요 임무가 평시의 부대관리나 장교들의 보좌 기능의 인식에서 전시 위주로, 그리고 담당 분야의 최고전문가로서의 역할을 담당하도록 하여 실제적으로 전투력발휘의 중추가 되도록 해야 한다.

부대관리 임무가 중요하지 않아서가 아니라 병들의 숫자가 줄어들어 간부 위주로 군이 운영되게 되면 필연적으로 전투근무지원 분야는 민간인들에게 이양을 할 수 밖에 없고, 전시에는 민관군 인력과 자본, 물자 등을 모두 다 동원하는 민관군 총력 체제로 승리를 쟁취해야 하는 것이 너무도 당연한 것이다. 그렇기 때문에 평시부터 전투근무지원 분야를 민간인에게 과감하게 이양하고, 부사관의 역할과 책임은 군 전투력 발휘의 중추로 전환하여 전투의 달인이 되도록 해야 한다.

차. 부사관 인사 교류

과거에는 부사관을 한 지역의 고정 장비처럼 붙박이식 인사 관리 개념으로 운용하여 왔으나 2008년부터 육군규정에 명시하여 변경된 인사 교류를 적용하고 있다. 장교들처럼 빈번하게 인사이동을 하지는 않으나 한 보직에 5년 이내, 한 지역에서 10여 년 이내로 정하여 한 부대 한 직위에서 장기간 복무하였거나 또는 상위 계급으로 진급 시 전·후방 및 측방 지역 간 인사 교류를 시행하고 있다.

이러한 부사관 인사 교류 제도 시행으로 인하여 부사관의 단결력과 정체성 유지면에서 약화되었다는 시각과 부대의 '개인주의가 늘어났다'는 등의 지적이 있으나 궁극적으로 보면 바람직한 제도로 볼 수 있다. 그 이유는 부사관 뿐만 아니라 모든 사람들이 한 직책에서 장기간 같은 업무를 수행하면 숙련도는 늘어날지 모르지만 무사인일과 타성에 젖은 근무행태가 늘어나는 것은 어쩔 수 없는 현상이며, 특히 군대는 싸우는 방법이나 무기를 다루는 교리가 획기적으로 바뀌는 것도 아니고 단지 교육시켜야 할 병들만 지속적으로 바뀌는 것이기 때문에 무사안일이 일반사회에 비하여 더 빠른 속도로 고착화될 우려가 있기 때문이다.

그리고 부사관들이 과거처럼 한 지역에 부대 배치를 받은 다음 전역할 때까지 한 곳에서만 장기간 복무를 하게 되면 형평성에도 문제가 있다. 예를 들어 운이 좋아 도시지역이나 후방지역에 부대 배치를 받고 근무하는 사람은 본인 및 가족들이 문화 생활, 가족들의 부업, 자녀교육, 자기 계발, 재테크 등에 유리하다. 반면에 전방 및 격오지와 해·강안에 근무하는 부사관들은 앞에서 언급한 모든 사항들이 불비하고 진급도 결코 유리하지 않으며, 수당 체계도 미흡한 실정이다.

따라서 부사관의 인사 교류는 빈번한 이동으로 경제적 부담이 늘어나는 단점은 있으나 장기적인 안목에서 보면 반드시 필요하며, 앞으로는 부사관들의 인사관리를 병들과 같이 부관 병과에서 할 것이 아니라 장교 인사 관리와 통합하는 것도 검토해 볼 사안이다. 부사관은 간부이며 전투력 발휘의 중추인데 전쟁에서 이기려면 전투 계획을 수립할 때부터 통합적으로 검토가 되어야 하며, 부사관과 중·소대장 요원은 함께 전시 인력운영판단을 해야 소대장이나 중대장이 유고되는 상황이 발생하면 부사관들이 그 임무를 대행할 수 있게 되고, 그렇게 되려면 평시부터 인력관리시스템이나 양성 및 보수교육시스템이 연계되어야 하기 때문이다.

카. 부사관 계통의 상향식 결산 제도

우리군의 인사관리시스템은 미군의 제도를 벤치마킹하는 경향이 매우 강한데 미군은 일주일 중 하루를 부사관의 날로 정하여 해부대 주임원사 통제 하에 부사관들이 병을 지도하는데 필요한 병기본훈련 및 주특기훈련, 소부대 전투 분야 등의 미흡한 점이나 부대관리의 미흡한 점, 부사관단이 자체적으로 판단하여 보완이 필요한 점 등을 집중적으로 실시하고 있다. 이러한 사례를 참고하여, 육군의 경우 2003년 8월 1일부터 부사관 계통의 상향식 일일결산제도를 시행해 오고 있다.

부사관 상향식 일일결산을 효과적으로 시행하려면 미군들처럼 부사관의 날을 시행할 필요가 있으며, 일주일에 하루가 어렵다면 현재 실시하고 있는 지휘관 시간 중에서 2주일에 1일 정도라도 부사관들이 자유롭게 주제를 선정하여 부대 발전을 위해 계획을 수립하고 시행하며, 시행결 과를 지휘관에게 보고하도록 하면, 부사관들의 현장 감각과 지휘 능력, 창의력 및 책임감 등을 향상시킬 수 있다. 이렇게 되면 장교들도 시간적인 여유를 갖고 어떻게 하면 적과 싸워 이길 수 있을까를 더욱 더 진지하게 연구할 수 있는 여건 조성도 되고 권위 신장에도 도움이 될 것이다.

타. 부사관의 공무원 급수

부사관의 신분은 특수직 공무원으로 일반 공무원에 준하는 직급을 부여받아 그 직급에 따라 봉급 및 수당, 예우, 인사관리 등의 적용을 받고 있는데, 2005년 12월 30일 부사관의 공무원직급 개정을 하면서 당사자인 부사관들의 의사와는 전혀 관계없이 원사는 7급, 상·중사는 8급, 하사 9급으로 정하여졌는데, 이것은 현실에 맞도록 조속히 법을 개정해야만 한다.

하사가 9급이면 중사는 8급, 상사는 7급, 원사는 6급으로 해야 타당한 것이다. 그 이유는 중사에서 상사로 진급도 하고, 중사와 상사 2계급을 달고 있는 정체 기간이 짧게는 12년(인사법에 제6장 진급 제26조 〈진급최저복무기간〉에 의한 중사 5년, 상사 7년)으로 되어있지만 실제적으로는 20여 년간 정체되며, 중사에서 상사로 진급까지 했는데 같은 급수에 묶어 둔다는 것은 형평성과 논리적으로 맞지를 않기 때문에 현실에 맞게 전투력 관리 및 운영 차원에서 검토되어야 할 사안이다.

파. 부사관의 새로운 직군 도입

과거의 농경사회에서 산업사회로, 산업사회에서 지식정보화시대로 변함에 따라 군대도 1980년대 초반까지는 정보화시스템이 아주 미미한 수준이지만 도입되었고, 그에 따라서 각종 소프트웨어의 개발과 관리의 필요성을 느끼게 되었으나 전산 분야는 전문 분야라 하여 장교들과 일부 군무원에게만 전산 관리를 전담시켜 왔다.

그러나 일반사회의 정보화시스템 발전을 따라가지 못하는 군에서 잦은 보직이동으로 체계적인 소프트웨어분야의 자료 관리 및 유지 발전이 어렵게 되자 군에서는 전산 체계가 도입된 지 20여년이 지난 2006년 7월 24일 부사관 전산직군 선발방침 제정을 제정하여 시행중에 있다. 또한 간호 병과도 전시에는 여군보다 남군 간호사가 더 필요할 것임에도 불구하고 간호 업무 분야에서는 위생병(衛生兵)만 운영해오다가 2006년 9월 27일부터는 장교들에게만 개방하여 오던 간호병과를 부사관들에게도 의무병과 간호특기 신설 방침을 제정하여 개방하였다.

하. 부사관 문화 혁신 추진

창군 이후부터 장교아래의 신분으로서 장교의 지시사항에 대해서만 임무를 수행하는 소극적이고, 피동적이며, 이른바 패배주의적인 부사관들의 복무 자세를 일신하자는 붐이 일어나 2007년 12월 27일 부사관 문화 혁신을 역할과 책임을 다하는 당당한 부사관상 확립에 목표를 두고, 실천 중점으로 병기본훈련과 주특기훈련은 실전과 같이, 부하 관리는 내 가족 같이, 부대 관리는 자기 것 같이, 자기 관리는 선구자 같이 실시하여, 상관과 국민으로부터는 신뢰를 받고, 부하들로부터는 존경을 받는 위국헌신(爲國獻身)의 부사관 상을 만들 것을 계획하여 오늘날까지 시행해 오고 있다. 따라서 앞으로는 더욱 더 보완 발전을 시켜 현역은 군 전투력 발휘의 중추적인 역할을 다하고, 예비역은 일반 사회에서 안보후원자의 역할을 성실히 수행하는 바람직한 부사관 문화를 만들어 나가야 한다.

거. 전문하사 제도 도입

대한민국 국군은 부사관들의 직업성 보장을 위한 장기복무 부사관 선발 비율 향상과 병들의 의무복무기간 단축에 따른 숙련된 전투원들의 확보, 단기복무 부사관 획득의 부담완화 등을 위하여 2008년 4년 28일부터 전문하사 제도를 시행하여 오고 있다. 전문하사 제도는, 병역의무를 마친 병들을 대상으로 6개월 단위로 18개월까지 복무 연장 희망을 받아들여 하사로 임관시킨 뒤, 단기복무 하사에 준하는 보수를 지급하는 제도인 유형Ⅰ과 입대할 때부터 전문하사를 지원하여 의무복무병 기간이 종료되면 하사로 임관하여 병과 전문하사 복무기간을 모두 포함하여 3년 동안 군복무를 하는 유형Ⅱ가 있다.

전문하사인 당사자로서는 전역 이후 대학에 복학하기까지의 공백 기간을 효과적으로 활용하고, 하사로 임관된 이후에는 단기복무 하사와 동일하게 보수를 받음으로써 대학등록금이나, 취업 및 창업 준비를 할 수 있으므로 전문하사제도는 군과 당사자가 모두 Win-Win 할 수 있는 제도라 할 수 있다.

너. 부사관 근속진급 제도 도입

과거 육군의 경우에는 장·단기복무 부사관에 관계없이 일정기간(2년 이상)이 지나면 하사에서 중사로 진급을 하였다. 그러나 해군 및 공군의 경우에는 장기복무 부사관으로 선발이 안 되면 하사에서 중사로 진급을 시키지 않았었다. 그리고 육군의 경우 일부병과(예 : 군악, 의무, 경리, 보급 등)의 경우에는 중사에서 상사로 진급이 오랜 기간 정체되어 당사자들의 근무의욕이 저하되고, 가족들에게는 실망감을 주며, 군 조직 운용에 장애요인으로 작용한다는 판단에 따라 2008년 5월 30일 부사관 근속승진 제도를 시행하여 하사에서 중사로 근속 진급하는데 8년, 중사에서 상사까지 근속 진급하는데 12년이 경과하면 특별한 하자가 없는 한 상사까지 진급을 할 수 있도록 하였다. 이러한 부사관 근속진급 제도 시행으로 당사자들의 근무 의욕을 고취시키고, 가족들에게 기쁨을 주는 장점도 있으나, 무사안일을 조장하고, 상사로 정년 전역하는 53세까지 부사관 인력 적체가 될 수 있으므로 부사관 정원 관리에 어려움이 있다는 부정적인 의견도 있는 것이 현실이므로 실시 결과를 면밀히 분석하여 부사관 근속진급 제도를 보완 발전시킬 필요가 있다.

더. 부사관의 정체성 재설정

대한민국 국군이 창설된 이후 60여 년 동안 부사관은 교육훈련 및 전투 전문가 보다는 부대관리 전문가로 인식되어 왔으며, 장교들도 부대관리 분야는 부사관들의 몫으로 생각하는 경향이 있다. 그러다보니 부사관들 역시 그러한 현상을 당연하게 수용하는 전통이 이어져 온 것이 사실이나, 2011년 당시 국방부장관의 지시에 의거 2011년 12월 1일부터 부사관 역할과 책무를 재정립하게 되었다. 주요 내용으로는 평시 부대관리 위주에서 교육훈련 위주로, 부대의 전통을 유지하고 명예를 지키는 간부에서 군 전투력 발휘의 중추로 정하여졌는데, 그 배경은 당시 부사관을 전투력의 중추라고 하는데 논란이 있었으나 군 통수권자인 당시 17대 대통령이 육군부사관학교 개교 60주년을 맞이하여 기념 휘호로 "군 전투력발휘의 중추"라는 글을 하사함에 따라 기정 사실화되었다.

부사관들이 평시에는 병기본 및 주특기훈련과 소부대전투훈련을 전담하고, 전시에는 병들을 직접 진두지휘하여 전투의 승리를 가져올 수 있도록 하는 전투력 발휘의 중추 역할을 하는 것으로 너무도 당연한 것이다. 따라서 만시지탄(晩時之歎)의 감은 있지만 대한민국 국군이 부사관의 정체성을 바람직한 방향으로 설정하였다고 할 수 있다. 즉 이제는 핵가족시대와 저출산·고령화 사회 환경을 고려하여 지금까지 부사관들에게 전담시켜온 전투근무지원 분야 중에 민간인에게 이양할 수 있는 것은 과감하게 이양하고, 현역군인은 오직 교육훈련과 전투 준비에만 전념하도록 할 필요가 있다. 그렇게 함으로써 만에 하나 북한군 또는 제3국의 도발로 전쟁이 발발하게 되면 민관군총력대응체제를 확립하여 승리를 할 수 있도록 해야 하며. 그렇게 하기 위하여 부사관의 정체성을 군 전투력 발휘의 중추로 정하였다는 것으로 이해하면 된다.

러. 기타 부사관과 관련된 사항

부사관은 군전투력 발휘의 중추(中樞)이다.

부사관들과 관련된 정책을 수립하는 과정에 수혜(受惠) 및 피해(被害) 당사자인 부사관이나 부사관 출신이 적극적으로 참여해야 한다. 그래야만 실질적으로 부사관들에게 도움이 되고 모든 계층이 단결과 화합하여 전투력 창출과 연계되도록 해야 할 수 있다. 그리고 국가 경제가 어렵다 보니 국방비 부족을 이유로 하사에서 중사로 진급하는데 진급 최소 복무 기간인 2년이 경과해도 중사로 진급이 잘 안되고, 단기복무 부사관의 의무 복무 기간인 4년이 경과하여 장기복무 부사관을 지원해도 선발이 잘 되지 않아 하사로 전역하는 사례가 발생하고 있다. 상황이 이렇게 되자 당사자 및 가족들의 근무의욕이 저하되고, 군을 불신하는 풍토가 만연할 소지가 있어 육군에서는 하사 전역 최소화 방안을 마련하여 시행 중에 있는데, 장교들과 비교하면 형평성에 문제가 있다. 예를 들어 장교의 경우 소위에서 중위로 진급하는데 1년, 중위에서 대위로 진급하는데 2년으로, 특별한 하자가 없는 한 100% 진급이 된다. 장교는 소위로 임관해서 대위로 진급하는데 3년밖에 소요를 되지 않는데, 장교보다 아래 신분인 부사관은 4년을 복무하고도 하사로 전역을 하는 것은 재고되어야 한다.

제2절 군인사법 관련 규정

1. 관계 법규 체계

대한민국의 법 체계는 최상위법이 헌법이다. 그 다음이 법률 그 다음이 대통령령, 그 다음이 국무총리 및 부령, 그 다음이 행정규칙인 조례, 훈령, 규정, 예규, 내규, 방침, 지침, 지시 순이며, 하위법과 상위법의 내용이 상충될 경우 상위법의 내용을 따르도록 되어 있다.

이러한 법 체계는 모든 국민들이 반드시 지켜야할 최소한의 행동 범위를 정하여 놓은 것으로 국민의 군대인 대한민국 국군의 구성원이자 병들의 관리자인 부사관은 반드시 법과 규율을 행동으로 실천해야 한다.

가. 부사관은 법과 규율의 관리자

부사관은 병들의 관리자로서 법과 규율을 행동으로 실천 및 지도해야 한다.

법은 보편타당성을 지닌 사람들이 반드시 지켜할 내용을 개략적으로 만들어 놓은 것이며, 규율은 법 테두리 내에서 행위의 준칙이 되는 본보기를 말하는 것이다. 따라서 부사관은 직업군인이자 간부이며 병들을 직접 지도하는 임무를 수행하기 때문에 군 복무 중 수행하는 모든 업무는 법 테두리 내에서 이루어져야 하고, 후배 부사관 및 병들에게 행동으로 법과 규율을 실천하도록 지도 감독하는 관리자 역할을 해야 한다.

나. 부사관은 군대윤리 실천자

법과 규율이 강제성을 띤 행동 절차라면, 군대윤리는 군인으로서 당연히 이렇게 사고(思考)하고 행동해야 한다는 것을 약속한 일종의 관습이자 문화라 할 수 있다. 따라서 군 구성원의 일원이자 직업으로 군을 선택한 부사관은 법과 규율의 관리자 역할을 넘어 후배부사관 및 병들에게 임무를 부여하거나, 부사관 자신이 자발적이거나 상급자의 지시에 의하여 임무를 수행할 때 적법성 여부를 따져보아야 한다. 그리고 위법성이 들어나거나 세부적으로 법규에 명시되어 있지 않다 할지라도 군대윤리에 반하는 결과가 나타날 우려가 있을 때는 즉각적으로 임무수행을 중단해야 한다.

(1) 충효예는 군대윤리의 근간

군대윤리가 군인으로서 당연히 지켜야 할 도리라면 충효예는 모든 사람이 당연히 지켜야할 도리로서 군대윤리에 비해 충효예는 보다 큰 영역이며, 군인에게 있어서는 같은 성격의 개념으로 마땅히 실천해야 할 정신적 행동적 가치라고 할 수 있다. 그 이유는 윤리가 사람으로서 마땅히 지켜야 할 도리이므로 군대윤리는 군인으로서 마땅히 지켜야 할 도리이고, 충은 국가에 충성을 하는 것이고, 효는 부모에게 효도하는 것이며, 예는 국민에게 예의를 다하는 것이기 때문에 충효예는 군인뿐만 아니라 모든 사람이 행복해지기 위하여 당연히 지켜야 할 도리기 때문이다.

(2) 부사관 역할과 군대윤리

> Tip
> 군인복무규율을 준수하는 것이 군대윤리를 실천하는 것이다.

부사관들이 전·평시 맡은 바 역할을 수행함에 있어서 법의 테두리 내에서 복무하도록 하기 위해 군인사법, 군형법, 군행정법 등 각종 법률을 제정하게 되어있다. 그리고 법의 테두리 내에서 좀 더 세분화된 행동 지침으로 만들어진 것이 대통령령의 군인복무규율이다. 그렇기 때문에 부사관은 평소에 군인복무규율을 준수하고, 군인복무규율에 세부적으로 명시하지 않은 것은 각 군의 규정 및 지침, 지시 등에 명시된 행동지침을 이행해야 한다. 따라서 부사관이 관련법과 군인복무규율대로 근무를 하면 법과 규정을 준수하고 군대윤리와 충효예를 실천하는 것이고, 반대로 관련법과 군인복무규율을 위반하면 불법 및 탈법을 저지르는 것이다. 그러므로 모든 부사관은 군 관련법과 군인복무규율을 생활화하며, 본인뿐만 아니라 병들도 법과 규율을 준수하도록 지도해야 한다.

2. 군인사법 적용 범위

헌법 제5조 2항은「국군은 국가의 안전보장과 국토방위의 신성한 의무를 수행함을 사명으로 하며, 그 정치적 중립성은 준수된다」라고 하여 국군의 사명과 정치적 중립성 준수를 규정하고 있다. 또한 헌법 제74조 제1항은「대통령은 헌법과 법률이 정하는 바에 의하여 국군을 통수한다. 국군의 조직과 편성은 법률로 정 한다」라고 하여 국군통수권 및 국군조직 및 편성을 규정하고 있다.

이 외에도 군 관련 조항으로 군인의 국가배상청구권(29조 2항), 상이 및 전몰군인유가족의 우선적 근로권(32조 6항), 국가안전보장을 위한 국민의 기본권 제한(37조 2항), 국방의 의무(39조), 선전포고나 국군의 외국에의 파견 또는 외국군대의 대한민국 영역 안에서의 주류에 대한 국회동의권(60조 2항), 긴급처분 및 명령권(76조), 계엄선포권(77조), 국무총리 및 관계 국무위원의 군사에 관한 부서제(82조), 국무총리 및 국무위원의 문민원칙(86조 3항, 87조 4항), 군사에 관한 주요사항 국무회의 심의(89조 6항), 국가안전보장에 관련되는 군사정책 수립에 관한 국가안전보장회의 자문(91조), 군사재판을 관할하기 위한 특별법원으로서의 군사법원 설치(110조), 국방상 필요한 경우 사기업의 국·공유화(126조)등이 있으며, 이러한 헌법의 규정에 의하여 각 법률을 만들고 대통령령을 만들고 국무총리령을 만들며 규정에서 지시까지 만들어 군을 운용하고 있는 것이다.

군인사법은 위에서 열거한 헌법에 근거하여 군인의 책임 및 직무의 중요성, 신분 및 근무 조건, 특수성을 고려하여 그 임용, 복무, 교육훈련 및 신분 보장 등에 관하여 국가공무원법에 대한 특례를 규정한 법이다. 이는 대한민국 국군 소속의 군인에게 적용하는 법으로 모든 군인은 〈표-9〉와 같이 군인사법을 적용받으며, 군인사법 제2조[22]에 의하여 신분을 보장받는다.

22) 군인사법 제1장 총칙 제2조(적용범위), 1963년 9월 23일 전문개정

〈표-9〉 군인사법의 적용 범위

• 현역에 복무하는 장교, 준사관, 부사관, 병 • 사관생도(육군 · 해군 · 공군 · 국군간호사관 등), 사관후보생(3사관, 학군사관, 학사사관 등), 부사관 후보생 • 소집되어 군에 복무하는 예비역 및 보충역

3. 기타 관계 법규

군인에게 가장 밀접한 법은 군인사법이라 할 수 있지만 이외에도 군인도 국민이자 공무원 신분으로서 적용받는 법은 법률과 대통령령, 국무총리령, 국방부장관령, 규칙, 각 군 규정, 야전부대의 내규, 그 외 방침, 지침, 지시, 계획 등 대단히 많은데 최소한 다음 내용에 관해서는 알고 있어야 한다.

가. 국군조직법

국군조직법은 국방의 의무를 수행하기 위한 국군의 조직과 편성의 대강을 규정한 법률이다.

나. 군형법

국가 형벌권의 실체를 규정하는 법규로써 군의 전력(戰力)을 침해하는 범죄의 태양과 그에 대한 법률적 효과로써의 형벌의 범위를 규정한 법체계이다. 이는 부사관 본인 및 병들과 밀접한 관계가 있으므로 부사관이 군형법을 위반해서도 안 되고, 병들이 군형법을 위반하지 않도록 지도해야 한다.

다. 행정법 및 기타

이 외에도 행정법, 군사시설보호법, 군수물자관리법, 군사법원 운영법 등과 대통령령인 군인복무규율, 국방부장관령인 보안업무시행규칙, 각 군 본부의 규정, 야전군 이하의 내규 등은 부사관 본인은 물론 병들이 반드시 준수해야 할 내용들이다.

Tip
전시에도 생명과 인권을 중시하고 문화적 가치가 있는 것은 보존해야 한다.

라. 전쟁 도덕

(1) 전쟁 도덕 준수의 필요성

사람을 죽이고 시설 및 장비, 물자 등을 파괴하는 전장에서 전쟁 도덕 준수가 필요하다고 하면 사람들이 의아해 할지 모른다. 그러나 전쟁 도덕은 반드시 준수해야 한다. 그 이유는 도덕은 인간으로서 마땅히 지켜야 도리이며, 전쟁은 병력에 의한 국가상호간 또는 국가와 교전단체간의 투쟁인데, 전쟁의 목적도 크게 보면 국민의 생명과 재산을 보호하고 행복을 지키기 위해서 하는 것이라 할 수 있다. 그런데 전쟁이라 하여 사람으로서 지켜야 할 기본 도리마저 지키지 않는다면 전쟁을 할 이유가 없는 것이다.

전시에도 사람의 생명은 소중히 여겨야 하고 인권을 중시해야 하며, 문화 및 자연적 가치가 있는 것은 보존해야 한다. 전쟁을 하는 당대 및 후손들에게 폐허와 질병, 무질서와 가치관의 혼돈만 있다면 전쟁에서 승리를 한들 무가치한 일이 되고 만다. 때문에 어떠한 이유로 전쟁을 하든 전쟁 당사국 및 당사자들이 전쟁 도덕을 준수해야만 전쟁기간 중 비록 많은 것을 잃었더라도 종전 후에는 전쟁 목적을 달성할 수 있는 것이다.

(2) 전시에 지켜야 할 규칙

전투 중인 군인에게도 반드시 지켜야 할 규칙이 있다. 그것은 바로 교전 당사자끼리 지켜야 할 룰(Rule)로 해적 행위의 무제한 사용을 금지하는 헤이그

법과 무차별 대량살상을 가능케 하는 핵무기나 화생방무기의 사용이 금지되는 제네바법[23]이 있다.

이러한 전쟁법은 미래전에서는 더욱 중요시 되고 있다. 전장에서 전투원은 사람을 죽이는 것이 아니라 적의 전투 의지를 무력화 시키는 것이며, 부사관은 전장의 최일선에서 병들을 직접적으로 지휘 및 관리해야 하기 때문에 부사관의 의지에 따라서 전시 규칙의 준수 여부가 판가름 나는 것이다.

전쟁에서 승리하는 것이 목표이기는 하지만 그래도 전시에 지키도록 되어있는 규칙을 준수하면서 이겨야 하는 것이다. 즉 스포츠 경기에 룰을 위반하고 반칙을 하면 안 되는 이치와 같기 때문이다.

토의

1) 부사관 제도의 기원을 설명하고, 대한민국 육군의 부사관 제도 변천과정에 대하여 발표해 봅시다.
2) 직업군인에게 적용되는 관련 법규 체계를 설명하고, 군인사법과 기타 법규의 적용범위에 대하여 발표해 봅시다.

명언

19. 썩은 나무에 조각할 수 없고 진흙담에 그림을 그릴 수 없다.
    – 공자
20. 열매가 많이 열린 나무는 바람에 흔들리지 않는다. – 탈무드

---

23) 조승욱, 이택호, 박연수, 조은영, 정은진 공저 「군대윤리」, 집문당, 2010, 48~50쪽.

제5장 부사관의 자질과 윤리

제1절 지향해야 할 가치

Tip

부사관이 지향해야 할 가치는 충성, 용기, 책임, 존중, 창의이다.

부사관들이 역할과 책임을 다하려면 가장 먼저 어떠한 가치 기준을 갖고 있어야 한다. 가치관이란 무엇을 위해 어떻게 군 복무를 해야 하고, 어떤 부사관이 되어야 하며, 어떻게 행동해야하는가를 결정해주는 중요한 요소이다. 따라서 부사관들이 갖추어야 할 가치관은 직업군인이자 간부인 장교와 다르다 할 수 없으며, 2001년 5월 1일에 제정된 국군의 5대 가치관 〈표-10〉을 기본으로 하면 될 것이다.

〈표-10〉 국군의 5대 가치관

충성(忠誠), 용기(勇氣), 책임(責任), 존중(尊重), 창의(創意)

1. 충성

가. 충성의 개념

충성(忠誠)에 대하여 학자들마다 다양하게 정의하고 있는데, 군에서 내린 정의에 의하면 충성이란 '국가와 국민, 상관에 대하여 마음에서 진정으로 우러나오는 희생과 봉사정신으로 정성을 다하는 것'이라 하고 있다. 그러나 충성은 동료 및 부하까지도 포함해야 하므로 "충성이란 국가와 국민, 상관과 동료, 부하 등에 대하여 진정으로 우러나오는 희생과 봉사정신으로 정성을 다하는 것"

이라 할 수 있다.

충성의 대상에 국가와 국민, 상관에 추가하여 동료 및 부하를 넣어야 하는 이유는 군대의 리더십도 과거에는 '나를 따르라'이었다면 이제는 '함께 하자'이며, 상관에 대한 절대적인 복종도 중요하지만 동료와 부하에 대하여 희생과 봉사를 다함으로써 동료의 협력과 부하의 자발적인 복종을 끌어낼 수 있기 때문이다.

나. 충성을 실천하는 방법

부사관은 상급자를 진심으로 존경하고 상급자의 명령과 지시를 정성을 다하여 수행해야 한다. 이때 상급자는 법과 규정의 범위 내에서 명령과 지시를 해야 하며, 부사관은 상급자의 정당한 명령과 지지에 대하여 최선을 다해 완수해야 하며, 충성을 하는 방법은 다음과 같다.

첫째, 부사관은 솔선수범과 진솔함을 바탕으로 동료 및 부하사랑을 통해 골육지정(骨肉之情)에 의한 신뢰를 형성해야 한다. 지금은 감성의 시대이다. 상급자는 부하의 감성을 자극하지 않고 계급에 의한 강제성의 지시만으로는 임무수행이 불가능한 시대이다. 궂은 일과 위험한 일일수록 상급자가 솔선수범하여 부하들이 상급자를 부모나 형제처럼 의지하고 따르도록 해야 한다.

둘째, 부사관은 점호 및 각종 의식행사 시 국가에 대한 희생과 헌신을 다짐해야 한다. 모든 일은 생각만 한다고 이루어지는 것이 아니다. 생각을 말로 표현하고 말을 반복하다 보면 그것이 의식화되고, 그 의식을 행동화 하다보면 습관이 되는 것이다. 이것이 바로 반복학습의 효과라 할 수 있다. 즉 세뇌교육이 필요한 것이다. 특히 오늘날과 같이 개인주의가 강한 시대에서 성장하는 병들에게는 반드시 규정에 의한 점호행사가 필요하다.

셋째, 부사관은 재해·재난 시 대민지원활동에 적극적으로 참여해야 한다. 군의 존재 목적이 조국의 영토를 보존하고, 국민의 생명과 재산을 보호하는데 있으므로 재해·재난이 발생하면 자기 일처럼 빠른 시간 내에 현장으로 출동하여 어려움에 처한 국민들을 도와주어야 한다. 이것이 국민을 위하는 군대로서 존재 가치를 갖는 것이다.

넷째, 부사관은 국가를 위해 자기 목숨을 기꺼이 바칠 수 있는 사생관이 확립 되어있어야 한다. 국가가 위기상황에 처했을 때 국가를 위하여 죽는 사람은 여러 계층이 있을 수 있겠지만 군인은 전적으로 국가를 위하여 살고 국가를 위하여 죽는 사람들이다. 전투 시에는 뻔히 죽을 수 있다는 것을 알면서도 기꺼이 적진을 향하여 공격을 해야 하며, 적이 쳐들어오면 그 자리에서 비록 죽을지언정 상관의 명령 없이는 전장을 떠날 수 없는 것이다. 군인들이 국가를 위해 내 생명을 바칠 수 있는 사생관을 정립하기 위하여 평소부터 꾸준히 정신교육을 실시하여 "내 생명 조국을 위해" 기꺼이 바치겠다는 각오가 되어있도록 해야 한다.

다섯째, 부사관은 국가보훈대상자와 참전용사에 대한 관심과 배려를 해야 한다. 국가를 위하여 헌신한 보훈대상자나 6·25전쟁 및 베트남전쟁, 대침투작전, 그 외 해외 평화유지 활동 등의 전투에 참가하여 국가의 명예를 드높이고, 자유민주주의 체제를 수호한 옛 전우들을 보살피는 것은 군인으로서 당연한 의무이다.

여섯째, 부사관은 부대인근 충신이나 애국지사의 공적을 기리기 위하여 조성되어있는 유적지 및 전적지를 답사하고 깨끗하게 관리해야 한다. 사람은 태어나면서 부터 모든 것을 아는 동물이 아니다. 반복적인 학습을 통하여 의식이 바뀌고, 반복적으로 생각함으로써 이해를 하게 되고, "이러한 행동이 정말 옳은 일이다."라는 생각이 마음속에 굳어지면 그것이 신념화가 되는 것이다. 충신이나 애국지사 등의 유적 및 전적지를 답사하고 관리함으로써 조국을 위하여 위국헌신(爲國獻身)해야 한다는 마음을 스스로 갖도록 하는 것이 효과가 크기 때문이다.

일곱째, 부사관은 부여된 임무를 어떠한 악조건 하에서도 완수해야 한다. 충성은 모든 조건을 갖춘 상태에서 조국을 위하여 하는 것이 아니다. 군과 군인은 오직 부여된 임무를 완수하는 것만이 해야 할 일이며, 임무 완수를 위하여 유리한 조건을 스스로 만들이 나가야 한다. 특히 진장에서는 악조건의 연속이라고 할 수 있다. 우리가 어려우면 적도 어려운 법이다. 승리는 각종 악조건을 극복하고 부여된 임무를 완수하겠다는 필승의 신념과 과감한 행동에 달려있다는 것을 명심해야 한다.

2. 용기

가. 용기의 개념

용기(勇氣)란 스스로 자제력과 분별력을 가지고 정의감에 따라 자신의 신념대로 행동하는 힘이다. 진정한 용기는 두려우면서도 그것을 억누르고 자기임무를 완성하는 것으로 시기와 장소, 대상을 분별하고 항상 명령과 규율 아래서 발휘되는 것을 말한다.

용기는 전장에서 공포심을 최소화하고, 전쟁에서 승리하게 하는 군인정신의 중요한 요소로 사리분별을 분간하지 아니하고 함부로 날뛰는 말과 행동을 하는 만용과는 확연히 다른 개념이다.

나. 용기를 실천하는 방법

부사관은 강인한 체력과 불굴의 정신력으로 야전기질을 구비해야 한다. 체력이 강해도 정신력이 약하거나 정신력이 아무리 강해도 체력이 약하면 용기를 실천할 수 없다. 따라서 군인은 강인한 체력과 불굴의 정신력을 스스로 배양하여 야전기질을 구비하고 있어야 한다. 특히 군 구조상 하위제대에서 병들과 늘 함께 생활하고 행동하는 부사관들에게는 더욱 더 강인한 체력과 불굴의 정신력이 필요하며 용기를 실천하는 방법은 다음과 같다.

첫째, 부사관은 어렵고 힘든 임무나 고된 훈련에 대한 도전의식을 견지해야 한다. 힘들고 어려운 임무일수록 달성하고 나면 성취도가 더 올라가며 사기도 따라서 오르게 된다. 군의 존재 목적이 유사시 최소한의 피해를 감수하면서 적에게 승리를 거두는 것이므로 평소의 고된 훈련은 전시에 승리를 보장해 주는 절대적인 요소이므로 힘들고 고된 임무를 회피하지 말고 적극적으로 도전하는 의식을 가져야 한다.

둘째, 부사관은 어떠한 경우라도 불의 및 부정과 타협하지 않는 자세를 견지해야 한다. 간부의 행동은 24시간 부하들이 주시하고 있다. 마치 어항 속의 금붕어와 같은 것이다.'안 보는 곳에서 불의 및 부정과 타협하면 아무도 모를 것이다'라고 할지 모르지만 천만의 말씀이다. 단지 시간이 얼마나 걸리느냐의 차이만 있을 뿐 언젠가는 반드시 밝혀지게 되어있는 것이다. 특히 병들을 직접 지도해야 하는 부사관들이 불의 및 부정과 타협을 한다면 그것은 곧 군 조직 전체의 신뢰성에 문제가 발생하게 되어있으므로 어떠한 경우라도 불의 및 부정과 타협하여서는 안 된다.

셋째, 부사관은 자신의 잘못을 솔직히 인정하고 시정하는 자세를 견지해야 한다. 변명은 군인에게 가장 부끄러운 것이다. 군 간부도 사람인지라 본의 아니게 실수를 할 수 있을 것이다. 그러면 즉시 잘못을 인정하고 두 번 다시 같은 실수를 반복하지 말아야 한다. 잘못을 하고 구차하게 자기 변명을 늘어놓게 되면 상급자 및 부하들에게 신뢰를 상실하게 되며, 반대로 스스로 자기 잘못을 인정하고 같은 실수를 반복하지 않을 때 상관은 신뢰를 하며 부하들의 존경을 받게 된다.

넷째, 부사관은 두려움을 알면서도 신념을 갖고 책임 완수를 해야 한다. 어떤 사람이든 처음 해보는 일에는 두려움을 갖게 된다. 그래서 반복 숙달이 필요한 것이다. 전장 상황을 극복하려면 평소에 피눈물나도록 강하게 교육훈련을 시켜야 하며, 간부들은 늘 "교육훈련 책임은 작전성패 책임과 같다."라는 인식을 가져야 한다.

다섯째, 부사관은 위험한 상황에 직면한 부하를 위해 행동으로 도와주어야 한다. 간부들에게 가장 필요한 용기는 "나를 따르라!"이다. 위급한 상황시 부하들에게 전진을 명령하기 보다는 선두에 서서 "나를 따르라 그러면 반드시 승리할 수 있다."라는 인식을 부하들에게 심어주어야 부하들이 믿고 따르는 것이다. 사람의 생명은 누구나 소중한 것이다. 이렇게 소중한 생명을 담보로 하는 전장상황 및 위급상황 발생 시 간부들이 먼저 용기 있는 행동을 실천함으로써 부하들이 믿고 따라올 수 있게 할 수 있으며, 국민들로부터 전폭적인 지지를 얻을 수 있고, 적에게는 두려움을 느끼게 할 수 있는 것이다.

여섯째, 부사관은 고난과 역경을 극복할 수 있는 냉철한 판단력을 구비해야 한다. 위기상황 시 상급자의 판단은 부하의 생명과 직결되므로 최소한의 희생으로 최대한의 성과를 거둘 수 있도록 정확하고 냉철하게 판단을 하여 위기상황에서 진정으로 용기 있는 사람이 되어야 한다.

일곱째, 부사관은 상급자에게 자신의 의견을 당당히 건의할 수 있는 자세를 견지해야 한다. 상급자의 의견과 자기 의견이 다르면 일단 복종을 하고 임무를 수행하면서 좀 더 나은 대안을 찾아서 건의해야 한다. 상급자의 잘못된 지시에 "예! 예! 알겠습니다."하면서 면전에서는 복종을 하는척하고, 뒤돌아서서는 실천을 하지 않거나 불평불만을 하는 행위를 해서는 안 된다. 또한 자기보다 상급자의 명령을 들먹이며 부하들에게 무조건 실천을 강요하는 것도 있어서는 안 되며, 상급자의 명령이나 지시보다 좀 더 좋은 대안이 있으면 용기를 내어 건의를 해야 한다. 이때 건의하는 마음 및 행동은 최대한 공손하게 해야 한다.

3. 책임

가. 책임의 정의

책임(責任)이란 맡은 바 역할과 임무를 완수하겠다는 마음가짐 및 행위이며, 그 결과에 대한 도덕적, 법률적 불이익을 감수하겠다는 것을 말한다. 군에서의 책임은 반드시 수행해야하는 절대적인 것이며, 책임 완수 여부는 국가 운명과 직결되기 때문에 자신의 생명까지도 바쳐서 완수해야 한다. 군인의 책임 완수가 부대 임무의 성패와 직결되기 때문에 군인의 책임은 연대 책임이며, 따라서 직책에 따라 명확한 책임을 부여하고 있는 것이다.

나. 책임을 실천하는 방법

부사관은 어떠한 상황에 처하더라도 기필코 임무를 완수하겠다는 의식을 견지해야 한다. 사람은 누구에게나 책임이 주어져 있다. 그러나 자기에게 부여된 책임을 기필코 완수하겠다는 의식이 없으면 방관자에 불과할 뿐이다. 자기 직책에 맞도록 부여된 임무완수 의지가 약하면 그 직책에 있을 자격이 없으며, 책임의식이 없는 사람은 어떠한 조직이나 사람들로부터 불필요한 존재로 인식될 수밖에 없다. 책임의식은 군인에게 있어서 필수요소인데, 책임을 실천하는 방법에는 다음과 같다.

첫째, 부사관 개인의 책임 완수는 부대 임무 완수와 직결됨을 인식해야 한다. 예를 들어 당직근무 중 순찰시간에 순찰 활동을 적당히 하면 보초근무자가 경계 근무를 태만히 하게 되고, 보초 근무를 태만히 하게 되면 적이 쉽게 침입을 하게 되며, 그렇게 되면 그 부대는 커다란 피해를 입게 되는 것이다. 전투를 함에 있어서도 아무리 장교들이 훌륭한 작전 계획을 수립했다 하더라도 분대원 한명이 전장을 이탈하거나 전투에서 실패하면 분대가 패하고, 분대가 패하면 소대, 중대, 대대, 연대순으로 점점 패하게 되는 것이다. 이렇게 볼 때 한 개인의 책임 완수 여부는 부대 전체 책임 완수 여부와 직결됨을 알 수 있다.

둘째, 부사관은 결과에 대해 책임을 전가하거나 회피하지 않는 자세를 견지해야 한다. 사람은 누구나 책임을 지기 싫어하고 공(功)은 얻으려고 하는 경향이 있다. 어떠한 임무를 수행함에 있어서 결과에 대한 책임과 공은 반드시 있게 마련인데 책임을 지려고하는 사람이 없다면 그 조직은 존재를 할 수 없는 것이다. 결과에 대하여 개인 및 공동의 책임을 명확히 함으로써 조직의 기강을 확립할 수 있고 열성적으로 임무를 완수하려는 의욕도 고취시킬 수 있는 것이다.

셋째, 부사관은 부여된 임무를 완수할 수 있는 직무 지식을 함양해야 한다. 임무를 수행할 능력도 없으면서 책임의식만 있다고 임무를 완수할 수 있는 것은 아니다. 임무 완수를 하기 위하여서는 그 임무를 능히 감당할만한 직무지식이 있어야 하고, 임무 수행에 필요한 직무 지식이 없을 시에는 임무 부여 이

전에 직무 지식 함양을 해야 하고, 불가피한 상황일 때에는 임무 수행을 해 나가는 과정 중에라도 반드시 임무수행자 또는 상급자 책임 하에 임무 수행에 정통하도록 직무 지식 함양에 힘써야 한다.

넷째, 부사관은 병영생활 임무분담제에 제시된 개인 및 공동임무를 수행하도록 해야 한다. 개인이 해야 할 임무와 공동이 수행해야 할 임무를 명확히 구분하여 직책별로 명확하게 임무를 부여해야 임무 수행의 효율성을 가져올 수 있으며, 이렇게 해야만 군 조직 중에서도 말단 제대에 근무하는 사람들의 업무과중 부담을 덜어줄 수 있으며, 개인 및 공동의 책임의식을 고취시킬 수 있다.

다섯째, 부사관은 지나친 간섭 및 통제로 부하의 책임의식을 약화시키는 행위를 지양해야 한다. "가장 멍청한 간부는 자기가 모든 것을 다 알고 있고, 자기가 다 할 수 있다고 생각하는 것이다." 친절하게 가르쳐 주는 것도 부하가 자기 능력으로 할 수 있을 때까지면 족한 것이다. 조언의 단계를 넘어서 지나친 간섭이나 통제를 하게 되면 부하는 상급자가 자기를 믿지 못하는 것으로 섭섭하게 생각할 수 있고, 모든 것을 자기 책임 하에 하려고 하는 의욕을 상실하게 되므로 임무부여 전에 가르쳐 줄 것이 있으면 가르쳐 주고, 명확하게 임무를 부여한 뒤에는 참을성을 가지고 수행 과정을 지켜보아야 한다.

여섯째, 부사관은 "공(功)은 부하에게 책임은 내가 진다."는 자세를 견지해야 한다. 임무를 부여하는 사람은 책임질 일이 있으면 "책임은 나에게서 멈춘다."라는 의식을 명확히 해야 그 조직이 살아있는 조직이 될 수 있다. 직위가 높을수록 책임이 커지는 것이 당연한 것이며, 공을 부하에게 돌림으로써 부하들의 임무수행 의욕을 고취시켜 조직의 목표를 달성할 수 있는 것이다. 그렇게 되면 부하들은 상급자를 존경하고 더욱 더 열심히 임무 완수에 전념할 수 있으며, 따라서 상급자는 저절로 목표 달성이 용이하여 결국에는 더 큰 공로로 돌아오게 된다.

명언 

21. 참나무가 더 단단한 뿌리를 갖도록 하는 것은 바로 사나운 바람이다.

– 조오지 허버

4. 존중

가. 존중의 개념

존중(尊重)이란 모든 사람의 인간적 존엄성과 그 존재가치를 인정해주고 배려하는 것을 말한다. 존중은 부대와 동료를 인격적으로 대우하고 인정과 칭찬을 통해 조직구성원 모두를 화합 단결시키는 가치이다. 존중은 상경하애(上敬下愛), 신뢰구축, 화합단결을 촉진하여 군심(軍心)을 집결시키고 건전한 군대문화 창조와 무형전력 극대화에 기여한다.

나. 존중을 실천하는 방법

부사관은 열린 의사소통(Break All the Walls)으로 격의 없는 대화·보고·회의문화 등을 정착시켜야 한다. 상하급자나 동료 간에 대화를 나누고, 보고 및 대화를 진행하는 과정에 직책과 계급에 따른 예의는 서로 지켜주면서 격의 없이 자신의 의견을 자유롭게 이야기하고 보고할 수 있는 분위기를 만들어 나감으로서 조직과 개인의 발전을 위한 좋은 아이디어가 나오게 되는 것이기 때문인데, 존중을 실천하는 방법은 다음과 같다.

첫째, 부사관은 상대방의 학력과 능력을 인정하고, 종교 활동에 대해 존중을 해야 한다. 학교 공부를 많이 한 사람이 꼭 유능하다고 단정할 수는 없겠으나 객관적인 현상으로 볼 때 저학력자보다는 고학력자가 좀 더 전문적인 지식이 있다고 할 수밖에 없는 것이다. 또한 학력은 낮을 지라도 한 분야에서 장기간 숙련된 근무를 한 사람은 그 분야에 대하여 전문성이 있다고 할 수 있으므로 그러한 능력은 인정을 해주어야 한다. 그리고 사람은 누구에게나 종교의 자유가 있는 것이다. 자기 종교가 중요하면 남의 종교도 중요한 것이므로 상대방의 종교를 존중해주고 종교 활동 여건을 보장해주어야 한다. 사람은 누구나 자기가 남들로부터 존중받고 싶어 한다. 자기가 존중받고 싶으면 상대방을 존중해주고 배려해 주면 그만큼 되돌아오는 것이다.

둘째, 부사관은 계급과 직책에 맞는 올바르고 예의바른 언어를 사용해야 한다. 우리 속담에 "말 한마디로 천 냥 빚을 갚는다." 라는 말이 있듯이 말로 인하여 오해가 풀리기도 하고 생기기도 하는 것이므로 말을 할 때 용어 선택을 잘하여 사용해야 하고 예의바르게 표현해야 한다. 어느 조직이나 젊은 상사와 나이 많은 부하가 있을 수 있다. 나이 많은 부하는 상급자가 자기보다 나이가 어리다 할지라도 예의바르게 상급자를 모시는 마음과 자세로 공손한 언어를 사용해야 하며, 나이 어린 상급자는 자기보다 나이 많은 부하를 대할 때 그 사람의 경륜과 전문성을 인정하여 불가피하게 직책상 명령은 하더라도 부하의 인격을 존중하는 언어를 사용해야 한다. 효율적인 조직운용으로 공동목표를 달성하기 위하여 상·하 계급이 있는 것이지 인간의 존엄성 자체에 상·하가 있는 것은 아니기 때문이다.

셋째, 부사관은 병들의 개인별 능력을 인정해주고, 결과에 대해 질책보다는 칭찬과 격려를 해줘야 한다. "칭찬은 고래도 춤추게 한다."라는 말이 있듯이 그만큼 칭찬의 위력은 큰 것이다. 사람은 누구나 남으로부터 인정받기를 원한다. 그리고 누구에게나 그 사람만이 해낼 수 있는 역할이 있다. 그래서 성철스님도 "산산수수각완연(山山水水各完然)"이라고 하였다. 돌담을 쌓을 때 큰 돌만 가지고는 돌담을 쌓을 수 없다. 그렇게 되면 쉽게 무너지기 때문이다. 집을 지을 때에도 큰 나무만 가지고는 집을 지을 수 없다. 기둥감이 있어야 하는가 하면 대들보감도 있어야 하고, 서까래감도 있어야 하는 것이다. 사람도 마찬가지다. 각자가 맡아서 할일이 따로 있는 것이다. 그런 실체를 인정하고 그 사람이 더 잘할 수 있는 분야를 찾아서 임무를 부여하고, 잘하면 칭찬을 하여 더 잘할 수 있도록 사기를 북돋아주며, 조금 부족하면 잘하는 부분을 찾아서 칭찬을 해주고 미흡한 부분을 자상하게 가르쳐 주어야 한다.

넷째, 부사관은 역지사지(易地思之)에 바탕을 두고 상대방을 포용하고 배려해야 한다. "개구리가 올챙이 때 생각 못한다." 라는 말이 있듯이 인간은 자기가 잘 못하던 초보시절을 잘 기억하지 못하는 습성이 있다. 누구나 처음으로 대하는 생소한 일은 잘 못하는 것이 당연하다. 그러나 상급자 입장에서 보면

"그것도 제대로 못하나"라고 하는 생각을 하게 된다. 그 이유는 자기 수준으로 부하를 평가하기 때문이다. 상급자는 부하에게 임무를 부여할 때 그 사람의 능력과 여건을 고려해야 한다. 임무종료 후 평가를 할 때에도 부하의 능력과 여건을 고려하여 최선을 다했는가에 초점을 맞추어야 한다. 또한 하급자도 상급자가 직책상 임무를 부여할 수밖에 없음을 인식하고 상급자의 의도에 맞게 임무를 완수할 수 있도록 최선의 노력을 경주해야 한다.

다섯째, 부사관은 부하들에게 권한과 책임의 적절한 부여로 임무 수행 여건을 보장해주어야 한다. 그 이유는 권한만 있으면 자기 임무는 수행하지 않고 권한만 행사하려고 하는 월권 행위가 발생하게 되고, 책임만 부여하면 일할 의욕을 잃어버리게 되어 임무수행 자체가 어렵게 되기 때문이다. 그렇기 때문에 권한을 너무 주어도 안 되고 반면에 책임을 너무 주어도 안 된다. 부하가 감당할 수 있을 만큼의 권한과 책임이 어느 정도인가를 정확하게 판단하여 임무를 부여하는 것이 유능한 상급자가 되는 길이라 할 수 있다.

여섯째, 부사관은 영외 출타 시 직책과 계급에 부합된 군인기본자세를 확립해야 한다. 군복을 입은 사람이 호주머니에 손을 넣고 고개를 숙이고 터벅터벅 힘없이 걸으면 마치 패잔병과 같아서 국민들이 씩씩하고 용감한 군인으로 보지 않게 될 것이다. 반면에 사복을 입은 사람이 군복을 입고 큰 걸음으로 걷는 것처럼 걸으면 그것 또한 꼴불견이 될 것이다. 군인은 복장과 신분, 계급, 직책 따라 걸음걸이도 달라야 하는 것이다. 그 이유는 계급이 높은 사람이 바쁘게 설치면 부하들은 불안해 하고, 너무 느긋하면 시간이 많은 줄 안다. 반면에 계급이 낮은 사람이 너무 바쁘게 걸으면 정서가 불안한 사람으로 오해받고, 너무 느리게 걸으면 군기가 빠진 것으로 오해를 받기 때문이다.

일곱째, 부사관은 습관적 야근 문화를 없애고, 능률적이고 즐겁게 일하는 문화를 정착해야 한다. 사람이나 기계 등 모두가 적당한 일과 휴식이 필요한 것이다. 습관적으로 야간 근무를 하게 되면 일하는 본인도 육체적, 정신적으로 피곤하여 일의 효율성과 능률성이 저하되고, 가정생활도 원만하지 못하게 되며, 상급자를 비롯하여 주변사람들로부터 능력이 부족한 사람으로 평가될 수 있다. 업무가 많거나 시간이 제한되는 업무라면 야근을 해야 하는 것이 당연한 일이나 습관적으로 야근을 한다거나 또는 열심히 하고 있다는 것을 보여주기 위한 야근을 하는 것은 조직이나 개인을 위해서 바람직하지 못하다. 정보화시대는 능률과 효과성의 시대이다. 그리고 개인의 삶이 풍요로워야 직장생활도 즐겁고 생산성도 향상되는 법이다. 그렇기 때문에 어떻게 하면 능률과 효과성을 높이는 근무를 할 수 있을까를 고민하여 일과시간 내에 가능한 완료할 수 있도록 해야 한다.

5. 창의

가. 창의의 개념

창의(創意)란 고정관념에서 탈피하여 새로운 생각이나 착상으로 문제점을 찾아 해결하려고 하는 사고력을 뜻한다. 창의는 미래 환경에 능동적으로 대처하는 사고력 개발과 "일일신우일신(日日新又日新)"으로 과거의 잘못된 고정관념과 관행을 혁신하는데 필요한 가치이자 지식·정보화 시대를 주도할 수 있는 역량을 배양하는 기초이다.

나. 창의를 실천하는 방법

부사관은 직책에 맞는 전문성 구비가 자기계발의 기초임을 인식해야 한다. 사람은 모든 분야를 다 잘할 수 없다. 운동선수는 운동을 잘하고, 농부는 농사를 잘 짓고, 장사꾼은 물건을 잘 팔고, 군인은 전투를 잘하는 것이 전문성이다.

부사관은 자기가 분야에 "나보다 더 이상 전문가는 없다."라는 인식과 지식, 행동 실천 능력이 바로 전문성인 것이다. 계급과 직책에 상응하는 탁월한 직무수행 능력이 전문성인데, 이러한 전문성은 하루아침에 완성되는 것이 아니다. 업무를 수행하면서 어떻게 하면 능률과 효과성을 높일 수 있을까를 항상 생각하고 실천하면서, 관련분야에 대하여 꾸준한 공부를 통해서 실천이 가능한데, 창의를 실천하는 방법은 다음과 같다.

첫째, 부사관은 항상 "무엇이 문제이고, 어떻게 해결할 것인가"를 생각하는 자세를 가져야 한다. "모든 답은 현장에 있다."라고 했다. 과업을 수행하면서 어떻게 하면 더 잘할 수 없을까, 어떻게 하면 시간·예산·인력·물자 등을 절약하면서 효율성을 높일 수 있을까를 고민하면 인간의 상상력은 한계가 없기 때문에 반드시 더 좋은 아이디어가 떠오르게 되어 있다.

둘째, 부사관은 평소 긍정적이고 적극적인 사고로 개선 요소를 발굴해야 한다. "안된다고 생각하면 되는 것이 아무것도 없다." 그리고 문제의식을 갖고 생각을 하지 않으면 개선할 것도 없다. 창의력은 문제의식을 갖고 접근해야 한다. 그것도 긍정적인 생각을 가지고 좋은 방향으로 개선하려는 적극성이 없으면 되지 않는다. 조직과 조직구성원을 사랑하는 마음을 갖고 개선요소를 찾아보면 개선이 요구되는 사항은 수없이 많은데 다만 찾지 못하고 있을 뿐이다. 갑자기 새로운 생각을 해봐야지 하면 좋은 아이디어가 안 떠오른다. 평소부터 자기가 맡은 직무분야에 몰두를 하면 불현듯 좋은 아이디어가 떠오르게 되어 있으므로 항상 필기구를 휴대하고 다니는 습관을 가지고 좋은 착상이 떠오르면 곧바로 메모를 하였다가 실무에 적용하면 좋은 결과가 있게 된다.

셋째, 부사관은 지식정보화 시대에 맞는 마인드(Mind) 및 전문지식을 습득해야 한다. 사람이나 동물, 조직 모두가 끊임없이 변화를 추구하고 적응해야 한다. 뒤쳐지지 않으려면 변화를 두려워하지 말고 변화를 선도해야만 한다. "변화를 선도하는 것, 그것이 바로 창의인 것이다." 과거의 농경사회에서 산업사회로, 산업사회에서 지식정보화시대로 변화하여 왔고 앞으로도 끊임없이 변화해 나갈 것이며, 그것도 과거와는 다르게 빠른 속도로 변화가 진행될 것이다. 이렇게 급속도로 변화하는 상황에 맞추려면 시대 상황에 맞는 변화를 추구해야 하고, 그에 따른 전문 지식을 구비해야 하며, 마음자세가 되어있어야 한다. 과거가 좋았다는 생각과 과거의 지식만 가지고는 전문성을 인정받기는 어렵고 오히려 변화의 낙오자로 전락할 수 있기 때문이다.

넷째, 부사관은 문제의식을 가지고 현상을 진단함으로써 부대 발전을 도모

해야 한다. 같은 사물을 보더라도 문제의식이 있는 사람은 미흡한 점과 발전시킬 사항이 보이지만, 문제의식이 없는 사람은 그저 그대로일 뿐이지 문제점을 발견하지 못한다. 그렇기 때문에 항상 긍정적인 사고를 갖고 어떻게 하면 좀 더 잘하고, 편리하며, 보기 좋고, 인력과 예산을 줄일 수 있을까를 고민하면서 사물을 바라보는 습관을 길러야 한다. 모든 것에 완벽이라는 것이 없다. 개선할 점이 분명히 있다는 생각을 갖고 현상을 바라보면 개선할 점이 보이고, 개선할 점이 보이면 곧바로 실천을 하여 부대 발전을 도모하는 것이 국민의 공복(公僕)인 군인으로서는 마땅히 해야 할 일이다.

다섯째, 부사관은 자기계발을 통해 변화를 선도해야 한다. "고인 물은 썩기 마련이고 변하지 않는 개인이나 조직은 망하게 되어있다." 자기계발은 일시적으로 하는 것이 아니라 평생 동안 실천해야 할 중요한 과제이다. 특히 군의 간부는 자기계발이 국가의 운명과 직결됨을 명심해야 한다. "무식한 간부는 적보다 무섭다."라는 말이 있다. 그 이유는 간부의 무능함은 그 개인의 불행으로 끝나는 것이 아니라 부하들의 목숨과 직결되고, 부하들에게 그 무능함이 전수되어 부하까지 무능하게 만들기 때문이다. 세상은 변하는데 자기만 옛날의 능력을 과신하고 변화를 거부한다면 그에 따른 피해는 그 한 사람 개인으로 끝나는 것이 아니기 때문에 조직의 장은 조직구성원의 자기계발 여건을 보장해주고 경우에 따라서는 강제적으로라도 자기계발을 하도록 해야 한다.

여섯째, 부사관은 관리 및 교리 개선에 적극적으로 참여해야 한다. 새로운 아이디어가 떠올랐을 때에는 즉각 메모를 하고 그것을 구체화시켜서 적용을 하는 방법을 찾아야 한다. 그렇게 해야 생각은 생각으로 끝나는 것이 아니라 실제적으로 활용하게 되어 발전을 가져올 수 있는 것이다. 관리개선과 교리발전을 모집하는 시기도 연중 실시해야 하고, 계급과 신분에 관계없이 자유롭게 제시하도록 만들어야 하며, 경우에 따라서는 모든 구성원들에게 개선 과제를 의무적으로 제출하도록 하는 방법도 있을 것이다. 개선 과제의 적절성 여부를 사용자 입장에서 철저하게 검증하여 그 결과에 따른 포상제도도 활성화시켜야 한다.

일곱째, 부사관은 창의적인 훈련 기법 적용과 정보화시대에 부합하도록 업무를 수행해야 한다. 무기는 고도로 정밀화되어 적에게 막강한 타격을 가할 수 있는 체제로 바뀌어 나가고, 감시장비도 적의 움직임을 마치 안방에서 TV를 보는 것처럼 발전되었으며, 통신장비도 소통에 장애요소가 거의 없어졌다. 이렇게 많은 분야에서 첨단화·과학화 되어가고 있는 상태에서 전례만 답습한다거나 현재 것만 고수한다면 그것은 현상유지가 아니라 퇴보인 것이다. "변하지 않으면 생존도 없다." 이것은 영원히 변하지 않는 진리이다.

여덟째, 부사관은 지휘관과의 전술관 공유로 "임무형 지휘능력"을 구비해야 한다. 예를 들어 라디오의 주파수가 정확히 맞아야 음질이 좋고, TV 주파수가 맞아야 화질이 깨끗한 것과 같이 지휘관의 전술 의도를 정확하게 알아야 전투시 승리를 할 수 있는 것이다. 지휘관의 전술관을 이해하지 못하고 있으면 그 작전은 실패할 수 밖에 없는 것이다. 그러므로 평소부터 지휘관의 의도를 명확히 파악할 수 있도록 지휘 주목을 습성화하고, 지휘관은 개인이나 조직의 능력과 임무에 맞게 임무를 부여하며, 부하들은 평소의 활동을 항상 전시 임무 체제를 고려한 임무형 지휘 및 훈련이 체질화되어 지휘관의 눈빛만 봐도 무엇을 원하는지 알아야 한다.

제2절 부사관이 갖추어야 할 자질

자질이란 어떤 일을 하는데 있어서 감당할 수 있는 실력의 정도를 말한다. 부사관은 군에서 추진하고 있는 5대 가치관 이외에 추가적으로 갖추어야 할 기본 자질이 많이 있을 수 있지만 가장 기본적인 것으로 정신적으로는 의지, 자제력, 지력을, 신체적인 면에서는 건강과 신체적 적합성. 군인기본자세를, 감성적인 면에서는 자기 감정 통제와 침착성, 인내심 등을 구비해야 한다.

1. 정신적인 면

가. 의지

"의지는 군인들이 가지고 있는 무기보다 3배 정도 전투력을 강하게 한다."라고 한다. 그만큼 어려운 상황에서 이기려는 내적인 마음은 어떤 무기보다 강한 힘이 되는 것이다. 하지만 강한 의지만 있다 해서 강력한 힘을 발휘하는 것은 아니다. 기본적인 능력이 있어야만 그 힘을 발휘할 수 있는 것이다. 마찬가지로 능력만 있고 강한 의지가 없을 경우 그 능력은 제 힘을 발휘하지 못하고 무용지물(無用之物)이 되는 것이다. 따라서 부사관은 강한 의지를 갖고 업무를 추진해야 하며 그에 따른 능력도 갖추고 있어야 한다.

나. 자제력 구비

부사관은 간부이기 때문에 병들보다는 통제를 덜 받고 자율적인 행동을 할 수 있다. 따라서 자제력이 없으면 본인 한 사람의 피해로 끝나는 것이 아니라 부대원들에게 피해를 가져올 수 있기 때문에 자제력이 필요하다. 자제력은 자신의 충동심을 억제하는 힘으로 이러한 통제력은 옳은 것을 행하여 오는 습관에서 기인한다. 자제력은 리더로서 부사관이 해야 할 일이 올바른 것이라면 행동화 할 수 있도록 도와주는 것이다. 전장에서 자기 목숨에 대한 두려움과 홀로 남겨질지도 모른다는 공포심, 어떠한 지시도 없고 주변 상황도 모르는 채 행동을 해야 하는 극심한 전투스트레스 상황 속에서 리더로서 명료하게 생각하고 분별 있게 행동하지 않으면 안 되므로 자제력은 곧 자아통제의 핵심인 것이다.

이러한 자제력은 평시에는 힘든 훈련을 가능하게 하는 원동력이 되며, 비록 지치고 용기가 떨어진 상황에서도 임무를 완수해야만 하는 목표 달성을 위한 필수 불가결의 힘이 되는 것이다.

다. 지력

우리나라 속담에 "알아야 면장(免牆)을 한다."라는 소리가 있다. 이 말은 밤길을 걸을 때 앞에 담장이 있는 것을 알지 못하면 담장에 얼굴을 다치는 것을 면키 어렵다는 공자(孔子)의 말이다. 아는 것이 많은 부사관은 항상 "어떻게 하면 좀 더 잘할 수 없을까?"를 생각하고 배우며, 배운 바를 적용하여 실천한다. 부사관은 군복무를 하는 동안 실무를 통해 얻어진 경험을 지식과 결합하고, 보다 분명한 결심을 도출하기 위해 생각하는 능력을 키워야 한다. 지적인 부사관은 "왜 그와 같은 방법을 택하게 되었는가?"에 대한 본질적인 물음에 답을 할 수 있어야 하며 그렇게 함으로써 또 다시 반복될 수 있는 실수를 방지하게 되는 것이다.

2. 신체적인 면

가. 건강 유지

부사관은 항상 최고의 건강 상태를 유지해야 한다. 그러기 위해서는 꾸준히 근력 강화 운동을 실시해야 하며, 정기적인 신체검사 실시, 위생관리, 청결유지 등을 통해 자기신체를 항상 건강하게 관리해야 한다. 또한 약물과용을 금지하고, 적정 체중을 유지하며, 과음 및 흡연을 금지하고, 건강을 해치는 것들은 피해야 하며, 자신의 건강은 물론 부하들의 건강 상태를 최고의 수준으로 만들기 위하여 노력해야 한다. 그것은 결국 전장에서의 적응력을 키우는 동시에 오랜 시간 동안 견뎌낼 수 있게 하는 힘을 기르는 것이기 때문이다. 그러므로 흥미롭고 다양한 체력단련 프로그램을 개발하여 적용해야 한다. 그렇게 하여 부사관은 본인을 비롯하여 부하들 모두가 군에서 요구하는 건강 요구 기준을 통과할 수 있도록 해야 한다.

나. 신체적 적합성을 유지

군인은 임무 수행 특성상 위험요 소가 많기 때문에 신체적으로도 임 무수행이 가능하도록 적합해야 한다. 체격이 너무 왜소하거나 너무 비대하면 평균체격조건을 고려하여 만들어 놓은 훈련장 및 교보재, 장비, 보급품, 시설, 피복 등을 사용하는데 여러 가지로 불편한 점이 많고, 군인의 임무수행 여건상 단체로 활동을 해야 하는 경우가 많아 신체적으로 적합하지 않으면 제한사항이 될 수 있으므로 군에 적합한 신체를 유지하기 위하여 부단한 노력을 해야 한다. 따라서 부사관을 모집하는 최초 선발 단계부터 엄격하게 신체적 조건을 적용하는 이유가 여기에 있음을 이해해야 한다.

다. 외형적인 군 기본자세 유지

부사관은 외부로 들어나는 모습을 통해 군복에 대한 자부심과 긍지를 보여주어야 한다. 기준에 맞는 적당한 체격과 체중을 유지하고, 민간인과 접촉 시에는 말쑥한 외모와 청결한 위생 상태를 보여주어야 한다.

부사관은 외부로 들어나는 모습을 통해 군복에 대한 자부심과 긍지를 보여주어야 한다.

또한 걸음을 걸을 때에도 허리를 똑바로 세우고, 가슴을 활짝 펴고, 당당한 모습으로 힘차게 걸어야 한다.

3. 감성적인 면

가. 자기감정 통제

부사관이 지도하는 후배부사관이나 병들은 모두가 동등한 하나의 인격체이며, 개개인 모두가 꿈과 희망을 갖고 있는 존재로서 부사관은 이들을 이해하려고 노력해야 한다. 군의 임무 특성상 자기통제가 어려운 점도 있으나 부사관은 자기의 감정을 잘 통제할 수 있어야 한다. 자기감정을 통제하라는 것은 부하들에게 감정을 밖으로 드러내지 말라는 것이 아니라 적당한 감정 표현을 드러낼 필요가 있다는 것이다.

부사관도 역시 같은 사람이기 때문에 지나치게 자기 통제를 하면 부하들이 오히려 불안한 마음을 가질 수 있다. 적어도 부하들이 불안감을 갖지 않을 정도의 감정 표현을 보여주는 정도의 자기감정 통제를 해야 한다. 왜냐하면 부하들은 매사에 신경질적이고 욕설과 폭언을 하는 등 자기통제를 못하는 부사관과 같이 근무하기를 원하지 않기 때문이다.

나. 침착성

사람은 누구나 위급한 상황에 봉착하게 되면 당황하게 된다. 그러나 같은 위급 상황이라도 어떻게 대처하느냐에 따라서 문제 해결 과정과 결과는 달라지게 되어있다. 마음만 조급하여 제대로 문제점을 파악하지 못하고 섣부르게 행동하면 실패를 하기 쉽다. 그렇다고 시간을 너무 지체하면 적절한 시기를 놓칠 우려가 있다. 그러므로 위급상황 시 부사관의 행동은 민첩하게 하되 마음은 침착해야 한다. 그래야 부하들이 불안해하지 않는다. 위급상황 시 부사관이 불안해하거나 당황하게 되면 병들은 불안해서 평소에 잘하던 행동도 잘못하게 되며, 특히 전장에서는 더욱 더 그러하다. 부사관이 평소 임무 수행이나 위급상황시 침착하게 말과 행동을 하면 상관은 그 부사관을 믿음직하게 생각하여 믿고 임무를 부여하며, 병들은 부사관이 자기 목숨까지도 책임질 수 있을 것이라는 절대적인 신뢰를 하게 된다.

침착성을 기르기 위해서는 평소에 꾸준히 체력단련과 건강관리를 하고, 자기소관 업무에 정통하기 위하여 법과 규정을 공부하며, 관련 서적을 탐독하는 한편 반복적인 연습을 통해 전문성을 길러야 한다. 업무에 정통한 사람은 자신감을 갖고 침착하게 임무를 완수할 수 있을 뿐만 아니라 돌발 상황이 발생해도 침착하게 대처할 수 있기 때문이다.

다. 인내심

군 생활은 인내의 연속이라고 할 수 있으며 부사관은 특히 그렇다고 할 수 있다. 부사관은 병들을 직접 지도하고, 직업군인의 신분상 낮은 계층이기 때문에 윗사람에게 섭섭한 마음이 있어도 참고, 부하에게 섭섭한 마음이 있어도 참아야만 한다.

우리나라 병역 제도는 아직까지 국민개병제를 채택하고 있기 때문에 대한민국 국적을 가진 남자라면 누구나 군에 입대해야 한다. 만약에 이들에게 의무제가 아니라면 군에 자진하여 입대할 사람이 얼마나 되겠는가를 생각해보면 아마 그리 많지는 않을 것이다. 그 이유는 아직까지 우리나라가 경제 여건상 선진국 수준의 직업군인들처럼 대우를 해주기에는 부족한 점이 많은 것이 현실이고, 자기가 원해서 군대 생활을 하는 사람과 원하지 않는 사람이 군대 생활을 하는 것은 근본적으로 의식자체가 다르며, 그에 따라 행동으로 표출되는 양상도 다르다 할 수 있다.

현재 여건을 볼 때 우리나라 부사관들은 대부분 군대 생활을 하기 싫어하는 병들을 데리고 주어진 임무 수행을 해야 한다. 군인의 임무특성상 주어지는 임무는 육체적 · 정신적으로 힘들 수밖에 없으며, 전시에는 상황에 따라서 자기가 죽는 줄 알면서도 목숨까지도 기꺼이 내놓아야 한다. 이러한 어려움을 극복하려면 정신적 · 육체적으로 힘이 들더라도 참아내야 하며, 특히 병들을 직접 관리해야 하는 부사관들에게 인내심은 절대적으로 필요한 것이다.

잠이 와도 부하가 잠들기 전에 먼저 자면 안 되며, 배가 고파도 부하가 먼저 먹도록 해야 되고, 자기 몸이 아파도 부하가 아프면 먼저 치료받도록 해야 하며, 힘들고 위험한 일이 있으면 먼저 앞장서서 나를 따르라 해야 하는 등 여러 분야에서 인내심을 발휘해야만 한다. 따라서 부사관은 부하들과 항상 함께 한다는 것을 명심해야 하고, 부하들과 함께한다는 것은 인내심이 항상 수반되어야 한다는 것을 알아야 한다.

토의

1) 부사관이 지향해야 할 5대가치관에 대한 개념과 정의를 설명하고, 각각의 가치에 대한 필요성에 대하여 발표해 봅시다.
2) 자질과 윤리에 대한 의미를 설명하고, 정신적인 면, 신체적인 면, 감성적인 면에 대한 상대적인 중요성과 우선순위에 대하여 각자의 의견을 발표해 봅시다.

명언

22. 사물의 성패는 반드시 작은 일에서부터 일어난다. - 펠프스
23. 마음으로 보지 않으면 사물이 잘 보이지 않는다. - 생떼쥐베리
24. 아는 것을 안다 하고 모르는 것을 모른다 하는 것이 말의 근본이다. - 순자
25. 네가 한 언행은 너에게 돌아 온다. - 증자

제6장 부사관의 평시 임무

제1절 평시 직책별 임무

1. 분대장

가. 분대원들의 신상 관리

Tip
전입신병이 생활하는데 불편함이 없도록 가르쳐 주고 지도한다.

분대장은 분대원 중에 전역자가 생기면 전입신병이 오기 전에 분대의 임무를 고려하여 신병에게 어떠한 보직이 가장 적당한 지를 판단하여 신병에 대한 보직부여와 그에 따른 분대원 전체의 보직조정 계획을 작성하여 부소대장 및 소대장에게 건의한다. 그리고 전입신병이 도착했다는 연락을 받으면 분대장이 행정반으로 직접 가서 전입신병을 인솔하여 생활관으로 데리고 온 다음에 분대원들에게 신병을 소개시키고, 신병의 관물대 자리를 지정해주며, 신병의 옆자리 분대원에게 신병도우미 임무를 부여하여 전입신병의 관물 확인 및 정리정돈과 생활하는데 불편함이 없도록 각종 편의시설(화장실, 세면장, 세탁실, 식당, 행정반, 창고 등)위치 및 이용 방법을 가르쳐 주도록 조치하고, 이행상태를 확인지도 하며, 분대원들의 신상 및 활동 사항에 대하여 상세히 파악한 뒤 수첩에 기록을 유지하고, 분대원의 애로사항 중 분대장이 조치가 가능한 것은 즉각 조치하며, 분대장 능력을 초과하는 것은 지체 없이 부소대장 및 소대장에게 보고해야 한다.

나. 모범분대원 포상 및 조기진급 건의

분대장은 분대원 중에서 사격, 체력단련, 교육훈련, 진지공사 및 각종 작업, 생활관 생활 등을 모범적으로 하거나, 각종 경연대회 및 측정에서 우수한 성적을 거두어 부대의 명예를 드높인 자에 대한 포상을 건의하고, 조기 진급 사유에 해당되면 조기 진급을 건의는 등 분대원의 사기 앙양을 위하여 적극적으로 활동하며, 분대원의 포상이나 조기진급을 건의할 때는 모든 분대원들이 수긍할 수 있는 객관적인 자료를 분대장 수첩에 기록 유지하거나 생활관 게시판에 공개하여 분대원들의 신뢰를 확보하도록 한다.

다. 군기저해 분대원 징계 및 군기교육대 입소 건의

분대장은 분대원 중에서 군인답지 못한 행동으로 부대의 명예를 실추시키는 행동을 하는 자에 대해서는 징계 및 군기교육대 입소 등을 건의하고, 분대원들을 지휘함에 있어서 상벌권의 권한을 공정하고 적절하게 행사할 때 비로소 분대장의 지휘권이 확립된다는 것을 유념한다. 그리고 분대원들을 지휘함에 있어서 가능하면 질책보다는 칭찬을 많이 해주며, 잘못하는 분대원에 대하여 1~2회 정도까지는 상세하게 가르쳐 주는 차원의 질책은 하되, 반복적으로 잘못된 행동을 되풀이하는 분대원에 대해서는 엄한 처벌을 건의를 하며, 어떠한 경우라도 분대원에게 욕설이나 구타 및 가혹행위 등을 하면 안 된다.

라. 휴가, 외출, 외박 등 건의

분대장은 분대원들의 활동사항에 대하여 모든 것을 상세하게 알고 있어야 하며, 분대원에 대한 외출, 외박, 휴가 등에 대하여 공명정대하게 실시할 수 있도록 계획을 수립하여 건의한다. 그리고 모든 군인은 외출, 외박, 휴가 등에 민감(특히 포상 및 위로 외출, 외박, 휴가 등)하므로 분대장은 분대원들의 외출, 외박, 휴가서열 등을 항상 분대장 수첩에 기록하여 유지하고, 생활관 게시판에 서열을 공개해야 하며, 특히 포상과 관련된 외출, 외박, 휴가 등은 평가 요소에 의한 점검결과를 반드시 공개해야 한다.

마. 교육훈련 실시

분대장은 교육훈련을 하면서 흘린 땀 한 방울이 전시의 피 한 방울과 같다는 생각으로 실전과 같이 강한 교육훈련을 실시하여 분대원들을 강한 전사를 만들어야 할 의무가 있다. 따라서 분대장은 교육훈련에 열외하는 분대원이 없도록 하며, 교육훈련을 실시할 때는 교관 및 조교 임무를 수행하고, 분대원 전원이 실전과 같은 강한 교육훈련을 실시하여 병기본훈련을 완전 숙달하여 전장상황에 따라 자동적으로 상황에 맞는 전투행동을 하도록 하며, 주특기훈련은 개인별 직책과 임무에 맞게 자상하게 지도하여 자기 담당 분야의 전문가가 되도록 하고, 충효예교육은 분대장이 행동으로 솔선수범하여 분대원들이 민주시민 의식을 지닌 전인적인 인격체가 되도록 한다. 그리고 기본적인 정신자세가 확립되고, 병기본 및 주특기교육 훈련이 완성되면 분대전투훈련을 실시하며, 이때 분대원들이 분대장의 표정만 봐도 무엇을 어떻게 원하는지를 알 수 있을 정도로 반복 숙달을 시켜 싸우면 반드시 이기는 강한 분대로 만들어야 한다.

바. 전투 준비

분대장은 항재전장(恒在戰場) 의식을 갖고 분대원들이 전투준비를 잘하도록 확인 및 지도한다.

분대장은 항재전장(恒在戰場) 의식을 갖고 분대원들이 전투 준비를 잘 하도록 확인 및 지도한다. 예를 들어 분대원들이 하시라도 전투에 임할 수 있도록 건강 및 체력 관리를 잘하고, 전투 장비 및 보급품 등은 항상 최상의 사용 가능 상태를 유지하도록 하며, 분대원들이 전시임무에 대하여 숙지를 하고 있는지 확인하고, 분대원들의 전투 임무 수행 능력을 매일매일 평가하여 평시에 분대원들이 자발적으로 전투 준비를 생활화 하도록 한다.

사. 분대 건제 유지

분대장은 분대원들이 항상 건제유지 활동을 할 수 있도록 한다. 분대 건제 유지활동을 해야 하는 이유는 평시부터 분대원들이 전투대형의 건제 단위로 행동을 생활화함으로써 자기도 모르게 분대장의 지시에 의하여 직책 및 조별로 건제 유지 활동이 습관화되어 전시에 분대장의 눈빛만 봐도 분대전투 대형의 건제대로 움직여 전투를 원활하게 하기 위해서이다. 분대 건제 유지 활동을 실시하는 방법은 교육훈련, 작업, 체육활동, 식사, 생활관 생활 등 모든 활동 시 분대장조, 부분대장조, 또는 1조, 2조 ,3조 등으로 구분하여 활동함으로써 평시부터 전투편성대로 행동을 하도록 하며, 생활관에서의 관물대 및 잠자리 배정도 계급 순이 아닌 전시 직책별 건제 순서대로 한다.

아. 애로사항 파악 및 선도

분대장은 분대원의 모든 사항을 상세하게 알고 있어야 하며, 심지어 분대원의 마음까지도 읽을 줄 알아서 분대원이 지금 무엇을 원하고 있는지를 알고, 분대원들과 함께 있지 않아도 분대원들이 무엇을 하고 있는지 알 수 있을 정도가 되어야 하며, 분대원들의 애로사항은 적극적으로 조치해주는 능력과 열정을 가져야 한다. 따라서 분대장은 분대원들과 계급과 직책에 따른 신분 관계만 다를 뿐이지 24시간 생활을 함께하고 있기 때문에 분대장과 분대원간의 관계는 친형제 이상으로 가까운 인간 관계가 유지되도록 한다. 따라서 분대장이 분대원의 애로사항을 파악하는 방법은 시간과 장소에 구애됨이 없이 분대원과 함께하는 과정 속에서 분대원의 생각과 활동사항을 파악하며, 특히 일과 종료 후 자유시간 등을 이용하여 분대 일일결산을 실시하는데, 분

우리 분대원 중에 가혹행위나 욕설, 폭행 등 부당한 행위를 당한 사람은 없는가를 매일 확인한다.

대 일일결산 시 반드시 포함해야 할 사항은 첫째, 우리 분대원 중에 몸이 아픈 사람은 없는가? 둘째, 우리 분대원 중에 다른 분대원이나 우리 분대원에게 가혹행위나 욕설, 폭행 등을 한 사람은 없는가? 셋째, 우리 분대원 중에 다른 분대원이나 우리 분대원으로부터 가혹행위나 욕설, 폭행 등 부당한 행위를 당한 사람은 없는가? 넷째, 분대원들의 개인적인 애로사항은 없는가 등이며, 분대원이 위에서 언급한 것과 같이 불편부당한 일을 당했을 때는 분대원이 자발적으로 분대장에게 반드시 보고를 하도록 해야 하고, 만에 하나 이러한 사례를 당하였거나 보았거나 인지한 분대원이 보고를 하지 않으면 보고를 하지 않은 책임을 반드시 물어야 한다.

여러 과정의 신상파악을 통하여 분대원의 애로사항을 파악한 분대장은 조치가 가능한 것은 즉시 조치를 해주고, 분대장의 능력을 초과하는 사항은 부소대장 및 소대장에게 보고를 하며, 필요시에는 행정보급관 및 중대장에게도 보고를 하고, 사생활 보호가 필요한 내용은 반드시 비밀을 지켜야 한다.

분대장은 특히 신병에 대하여 각별한 관심을 갖고 지도를 해야 한다. 전입신병이 오면 아무것도 모를 것이라는 생각에 2주정도 아무런 임무를 주지 않고 생활관에 대기를 시키는 사례가 빈번한데 이것은 잘못된 것이다. 따라서 분대장은 신병이 쉽게 할 수 있는 일(예 : 생활관 바닥청소, 신발정돈, 각종 생활비품 정돈 등)을 하도록 은밀하게 알려주고 일과가 끝나고 생활관에 들어오면 대기하고 있던 신병을 공개적으로 칭찬을 해주는 방법이 좋다.

처음부터 잘하는 사람은 이 세상에 아무도 없다. 그렇기 때문에 신병은 어머니가 아기를 돌보는 심정과 똑같이 가르쳐 주고 지도한다. 만약에 진입신병의 관물이 기준 숫자보다 부족하게 갖고 왔더라도 나무라지 말고 분대장은 부소대장이나 소대장, 또는 행정보급관에게 보고를 한다.

분대장은 분대원들의 애로사항 중에서 조치가 가능한 것과 불가능 한 것을 판단하여 가능한 것은 본인이 조치를 하고, 분대장의 능력을 초과하는 것은 부소대장과 소대장에게 건의를 하여 조치를 해주되 조치가 불가능 한 것은 사유를 명확하고 신속하게 해당 분대원들에게 알려주어야 한다.

자. 인솔 및 감독 임무 수행

분대장은 분대원에 대한 교육훈련 및 신상관리 이외에도 차량 및 병력 인솔, 작업, 각종 감독 등의 임무를 수행하게 되는데, 이럴 때에는 여건에 따라 다른 분대장과 임무를 조정하여 실시할 수도 있고, 경우에 따라서는 부분대장을 활용하는 방안도 있다. 차량 및 병력 인솔, 작업 감독 등을 실시할 때 분대장이 가장 많이 관심을 가져야 할 분야는 안전 관리와 분대 건제 유지이다. 따라서 분대장은 임무를 부여받으면 안전 위해 요소는 없는지를 사전에 점검을 하고, 필요한 조치를 강구해야 하며, 작업 및 청소 등 분대원이 하기 싫은 임무가 부여되었을 경우 특정 분대원들에게 임무가 편중되지 않도록 분대 건제 유지의 틀 속에서 순서를 정하여 임무 수행을 하도록 한다.

차. 분대원들의 생활예절 준수 지도

"군대 갔다 와야 사람 된다!" 라고 말하는 이유를 알아야 한다.

"남자는 군에 갔다 와야 사람 된다!" 라고 국민들이 기대하는 이유는 또래집단에서 어울릴 줄 알고, 남을 배려할 줄 알며, 윗사람을 모실 줄 알고, 아랫사람을 지도할 줄 아는 등의 행동양식이 몸에 배어 나오기 때문이다. 부대원 상호간 만날 때마다 절도 있게 경례하면서 정다운 인사말을 함께 건네고, 항상 감사하는 마음으로 진솔한 마음을 다정하게 말로 표현하도록 분대장이 솔선수범 하면서 분대원들을 지도한다.

또한, 분대장은 분대원들의 효심을 길러주기 위하여 주 1회 정도는 부모님께 전화도 드리고, 편지도 써서 부치도록 지도하며, 그 외 선생님이나 교수님 등에게도 자주 안부를 전하도록 지도한다. 기본적인 예절의식이 없는 사람은 만에 하나 높은 지위에 올라간다 할지라도 아랫사람들에게 손가락질 받는 사람밖에 될 수가 없으므로 충효예 교육의 본산(本山)인 군에서 법을 엄격히 준수하고 기본 질서 의식을 준수하는 사람으로 만들어야 하며, 분대원들을 예절

의식이 있는 사람으로 육성할 책임이 바로 분대장에게 있음을 분대장은 명심한다. 분대원을 지도하는 방법은 음식은 먹을 수 있는 만큼만 그릇에 담아 와서 먹도록 지도하고, 한 알의 밥이 만들어 지기까지 수많은 사람들이 노력한 것에 대한 감사를 느끼도록 하며, 자기건강뿐만 아니라 전우의 건강까지 해치는 담배는 끊도록 하고, PC방에서 폭력물 게임을 하기 보다는 자기계발을 위한 정보 검색을 하도록 하고, 시설 및 보급품, 장비 등을 사용할 때 내 것과 같이 아껴 쓰며, 다른 사람을 배려하여 깨끗하게 해 놓도록 지도한다.

2. 부소대장

가. 소대원들의 신상 관리

Tip

소대원들에 대한 신상관리를 소대장에게 맡기고 부소대장은 방관자적 입장을 취한다면 그것은 잘못된 것이다.

부소대장은 소대장 유고시 소대장 대리 임무를 수행하고, 소대장의 지시사항을 이행하는 임무를 수행하는 사람인데, 소대원들에 대한 신상 관리를 소대장에게 맡기고 부소대장은 방관자적 입장을 취한다면 그것은 잘못된 것이다. 소대장은 계급과 신분이 소대원들과 다르고, 생각하는 것도 소대원들 보다는 더 큰 차원의 생각을 하기 때문에 소대원들과 공감대를 형성하고 함께 행동하는데 어려움이 있으며, 나이가 소대원들과 비슷하여 나이를 중요하게 생각하는 우리 민족의 특성상 소대장이 소대원들의 마음을 속속들이 이해하는 데는 한계가 있다. 반면에 부소대장은 소대원들 보다 군 경험이 많고, 나이도 대부분 많으며, 병들과 비슷한 군복무 경험을 해 왔기 때문에 병들의 마음을 헤아리고 병들의 세계를 올바르게 이해하는데 소대장 보다 유리할 수 있다.

또한, 병들도 소대장에게는 쉽게 다가가지 못하지만 부소대장에게는 좀 더 편한 마음으로 다가가고 있는 것이 우리 군의 현실이므로 부소대장은 소대원들의 신상 관리에 전적으로 책임을 지고 소대원들을 관리해야 한다.

우선 신병이 전입오거나 분대장의 보직 조정 건의를 받으면 부소대장은 소대전체의 보직 조정 계획을 작성하고, 소대원 보직 조정 계획을 소대장에게 보고한 뒤, 그 결과를 중대행정보급관에게 건의하여, 소대원들이 적재적소에서 제 역할을 다할 수 있도록 해야 한다.

나. 포상 및 징계, 군기교육대 입소 등 건의

부소대장은 소대원 중에서 교육훈련 및 병영생활 간 모범적으로 생활을 하거나 각종 경연대회 및 측정에서 우수한 성적을 거둔 소대원에 대하여 포상 및 조기 진급 등을 소대장과 행정보급관에게 건의하고, 잘못을 한 소대원은 잘못을 되풀이 하지 않도록 세심하게 1~2회 정도는 지도를 해주며, 잘못을 되풀이하는 소대원은 소대장에게 보고 후 행정보급관에게 징계위원회 개최, 군기교육대 입소 등을 건의한다. 이때 가능한 소대장을 위원장, 분대장을 위원, 부소대장은 간사로 상벌위원회를 편성하여 포상 및 징계, 군기교육대 입소 등에 관하여 의견 조율을 한 뒤 그 결과를 중대에 건의하면 포상 및 처벌에 대한 공정성 확보 및 분대장과 부소대장, 소대장의 권위 유지에 도움이 된다.

다. 소대원의 휴가 및 외출·외박 순서 유지

부소대장은 소대원들의 휴가 및 외출·외박순서 등을 작성하여 소대장에게 보고한 후 소대생활관 게시판에 공시하며, 중대 행정보급관에게 소대원들에 대한 휴가 및 외출, 외박 계획을 건의하고, 부대운용으로 인하여 부득이하게 휴가 및 외출, 외박이 제한될 때는 그 사유를 소대원들에게 알려주어야 한다.

라. 교육훈련 지도 및 평가

Tip
부소대장은 교육훈련시 실전과 같이 강도 높은 훈련을 실시해야 한다.

부소대장은 자기가 담당하는 병기본 및 주특기훈련, 소부대전투 등에 대하여 자기 소대원뿐만 아니라 때로는 중대원 전체의 교육훈련을 실시하고 수준 평가를 해야 한다. 실시 방법은 평가 결과를 차기 교육계획에 반영하고, 소대원들에 대한 포상 및 처벌 등의 건의를 하며, 병기본 및 주특기훈련과 소부대 전투에 대한 전문화된 교관 능력을 구비해야 한다.

부소대장은 교육훈련시 실전과 같이 강도 높은 훈련을 실시해야 하며, 소대원 개개인 또는 분대 단위로 훈련 진행 간 평가를 병행하여 실시하고, 합격자에게는 각종 인센티브를 부여하고 불합격자는 요망 수준에 도달할 때까지 기본권을 제한하거나 개인 지도를 실시하여 군의 요구 수준을 달성할 수 있도록 해야 한다. 즉 실전적인 교육훈련을 실시함에 있어서 융통성은 절대로 있을 수 없으며, 소대원들을 나약하게 교육시키면 전시에 소대원들을 죽음의 길로 내모는 것임을 명심하고, 전술훈련 시 전술 담당과목 및 과제에 대한 교관 임무를 수행하며, 교관 임무를 수행해야 하는 과목에 대하여서는 교육훈련 실시 전에 소대원들의 수준을 파악하고, 훈련장을 정찰하며, 교보재와 교탄, 교육장비 등 교육훈련에 필요한 물품을 확인하고, 교범 등 참고자료를 정독하여 이론적 지식을 배양하며, 실전과 같은 실습 계획 및 평가 계획을 작성하는 등 교관으로서의 능력을 갖추어야 한다.

부소대장이 직접 교관 임무를 수행하지 않고, 보조 교관이나 통제관 등의 임무를 수행하게 될 때에는 담당교관이 미처 착안하지 못한 안전위해 요소를 확인하여 미흡한 점은 시정 조치를 함으로써 안전이 보장되는 가운데 실전적인 교육훈련이 진행되도록 해야 한다.

부소대장은 전·평시 소대장이 유고되는 상황에 대비하여 소대장이 전담하는 교육훈련 과목까지 교관 능력을 구비해야 하며, 불시에 소대장 유고 상황이 발생하더라도 아무런 흔들림이 없이 소대원들을 지휘할 수 있는 능력을 구비한다.

마. 전투 준비

군의 존재 목적은 완벽한 전투준비로 적과 싸우지 않고 이길 수 있도록 하는 것에 있으며, 유사시 적의 도발로 전쟁이 발발하게 되면 철저하게 적을 괴멸(壞滅)시켜 전투에서 완벽한 승리를 거두는데 있으므로 평소의 전투준비는 전시의 작전성패와 직결됨을 명심하여 부소대장은 소대원들의 전투준비실태를 매일 확인을 하고 미흡한 점은 곧바로 시정 조치를 한다. 예를 들어 전투장비는 항상 가동상태를 유지하고 있는지, 전투에 필요한 보급품과 장비, 탄약, 유류, 식량 등은 예비량까지 충분하게 확보되어 있고, 최상의 사용가능 상태를 유지하고 있는지, 소대원 개개인의 전투능력 구비는 완벽하게 준비 되어있는지 등을 하루도 빠짐없이 확인하고 지도하는 것을 생활화해야 한다.

바. 부대관리

부대관리는 개인임무분담책임제와 상·벌점 제도를 연계해야 한다.

부소대장은 출근과 동시에 담당구역을 순찰하여 자기가 퇴근한 이후 달라진 것은 없는지 꼼꼼하게 확인하고, 분대장들을 따로 부르지 말고 찾아가서 부소대장이 퇴근한 이후의 이상 유무 등을 보고 받으며, 특히 환자 발생, 병영 부조리, 경계근무 이상 유무 등은 부소대장이 직접 확인한다. 그리고 소대의 시설 및 보급품, 장비 등을 관리함에 있어서 자기가 다하겠다는 생각에서 벗어나 소대원 개개인에게 명확하게 임무를 부여하는 개인별 임무분담 책임제를 실시한다. 이렇게 개인임무분담책임제에 의한 관리 실태를 상·벌점 제도와 연계하여 소대원들의 신상 관리를 하게 되면 소대원들의 애로사항을 쉽게 파악할 수 있고, 소대원들의 책임의식이 고취되며, 소대원들은 부소대장의 리더십에 좋은 반응을 나타내게 된다.

부소대장은 시설 및 보급품, 장비 등을 관리함에 있어서 무엇이든지 조금 망가졌을 때 곧바로 조치하는 초기 조치능력을 갖추어야 하며, 부단하게 현장 확인 위주의 순찰 활동을 실시하여 미흡한 점을 개선해야 한다.

사. 인솔 및 감독임무 수행

부소대장은 차량이나 병력 인솔, 작업 및 교육훈련 감독 등 각종 업무를 수행함에 있어서 안전위해요소는 없는지를 사전에 철저히 확인하고 미흡한 점은 조치를 하며, 부대여건에 따라서 분대장 또는 소대장과 분담을 하여 실시하는 방안을 강구하고, 모든 소대활동 시 소대 건제유지를 필히 준수하여 잘하는 소대원이나 분대에 임무가 가중되지 않고 형평성과 능률성이 적절하게 조화되도록 소대 병력을 운용해야 한다.

3. 참모부담당관

가. 참모부 관리

참모부담당관은 자기가 근무하는 참모부내 병들에 대하여 신상 관리를 하고, 이들이 군 생활을 보람 있게 할 수 있도록 지도하며, 만약에 관심이 필요하거나 문제가 있는 요원은 병영생활을 하는 소속 부대에 통보해주고, 참모부 내부로는 참모부서장에게 보고하여 필요한 조치를 해주어 참모부와 근무병의 소속 부대가 공동으로 책임을 지고 관리되어야 한다.

또한, 참모부담당관은 참모부내 근무병들의 군기를 유지하고, 근무병들이 근무부서 및 상급부대, 예하 부대원들에게 항상 공손한 말과 태도를 유지하도록 지도하고, 참모부요원들을 대상으로 일상적으로 이루어지는 일반적인 행정업무를 지원하며, 참모부내 사무 및 행정 비품, 보급품, 장비 관리 등을 관리하고, 참모부 내외를 항상 깨끗하고 쾌적하게 유지한다. 그리고 비록 자기보다 계급이 높은 간부가 전입오거나 처음해보는 업무라서 잘 모르는 것이 있는 사람에게는 업무를 잘 처리할 수 있도록 필요한 지원 및 조언을 해주어야 하며, 본인 또한 전담하고 있는 업무에 대하여 전문성을 구비한다.

나. 교육훈련 지도 및 평가

참모부담당관은 소속참모부 근무병에 대한 병기본 및 주특기훈련과 소부대전투 등에 대하여 책임을 지고 지도해야 한다. 군복을 입고 있는 부사관은 병과와 임무수행의 내용에 관계없이 기본적으로 병 기본 및 주특기훈련과 소부대 전투훈련을 가르치고 평가할 수 있는 능력은 있어야 하며, 충효예교육도 솔선수범을 통하여 참모부 병들을 지도 및 평가할 수 있는 능력을 구비하고, 참모부 근무병들은 비록 일반 전투병과 똑같은 수준의 교육훈련은 받지 못한다 하더라도 전투에 필요한 기본적인 훈련을 받고 요망수준을 유지하도록 해야 한다.

참모부 근무병에 대한 병기본 및 주특기 훈련과 소부대 전투 등에 대하여 책임을 지고 지도해야 한다.

다. 전투근무지원

참모부담당관은 평시에는 교육훈련 위주의 부대 운용과 전투 준비에 만전을 기하도록 참모부 내외 간부들과 유기적인 업무 협조체제를 유지하며, 참모부 장교들의 지시나 협조 업무를 능숙하게 처리할 수 있는 전문성을 구비해야 한다. 그리고 참모부서 요원들이 평시업무의 타성에 빠지지 않고 항상 전투 위주의 사고와 행동을 하도록 꼼꼼하게 살피고 미흡한 점은 즉각 조치를 하며, 자기능력을 초과하는 사항은 참모부서장에게 보고를 하여 필요한 조치를 받아야 한다.

또한, 참모부담당관은 참모부서장의 별도의 지시가 없더라도 일일결산체제를 유지하여 실시사항, 예정사항, 보완 및 발전시켜야 할 사항 등을 서면 또는 구두로 참모부서장에게 보고를 하고, 지시사항에 대한 조치를 해야 하며, 자기가 수행한 업무는 근무일지 형태로 기록을 유지해야 한다.

4. 행정보급관

가. 중대원 신상관리

> **Tip**
> 중대원을 잘 관리하면 30,000~60,000여명의 많은 사람들을 군의 우호세력으로 만들 수 있다.

부사관의 꽃은 행정보급관이라고 할 수 있다. 그 이유는 참모부담당관이나 주임원사에 비하여 행정보급관은 행동으로 실천할 수 있는 부대원들이 많기 때문이다. 행정보급관이 긍정적인 생각과 적극적인 행동을 하면 전투력 향상과 부대 발전을 위해서 크게 기여할 수 있다. 우선 신병전입 시 신상을 파악하고 필요한 조치를 하며, 분대장과 부소대장이 건의한 내용과 행정보급관의 판단 등을 종합하여 해당 소대장과 상의한 뒤 신병에게 보직을 부여하고, 필요시에는 중대원들의 보직을 조정해 준다.

또한, 행정보급관은 분대장이나 부소대장, 소대장에 비하여 군 생활 경험이 많고 중대원들의 애로사항을 직접 조치해 줄 수 있는 능력이 있으므로 중대원들의 인사관리에 대하여 책임을 지고 관리한다. 분대장이나 부소대장이 관리가 어렵다고 보고하는 중대원을 대상으로 비밀을 유지한 가운데 무엇이 문제인가를 정확하게 알아내는 능력을 갖추며, 행정보급관으로서 조치가 가능한 것은 곧바로 조치를 하고, 만약에 행정보급관의 조치능력을 초과하는 중대원은 군의관 및 군종장교, 헌병 및 법무 등에 자문을 구하여 종합적인 관리를 하도록 한다.

이렇게 중대원들의 신상관리 및 지도에 관심을 가져주어야 하는 이유는 핵가족 시대에 의한 외아들이 대부분이고, 중대원 한명 당 300여명의 인간관계를 대부분 맺고 있기 때문에, 중대원 한명으로 군을 평가하고 끝나는 것이 아니고 중대원 전체를 고려하면 30,000~60,000여명이 중대원들과 인연이 연결되어 있으므로 중대원들의 노력여하에 따라서 많은 숫자의 사람들을 군의 우호세력으로 만들 수도 있고, 반대로 군을 원망하는 세력으로 만들 수도 있다는 것을 알아야 한다. 즉, 중대원들을 잘 관리하면 중대원 숫자 300배 가량의 사람들을 '충효예 전도사'로 만들어 바람직한 국가로 만들 수 있다는 점을 인식하고 부대관리를 해야 한다.

행정보급관은 중대원 중에 모범적이거나 특정분야의 우수자에 대한 포상 및 조기 진급과 잘못한 중대원에 대한 징계위원회 개최 및 군기교육 입소, 휴가, 외출 및 외박서열 유지 등 중대원들의 신상과 관련된 사항을 책임지고 해야 하며, 시행 결과를 중대장에게 보고하고, 활동 결과를 전산부대일지에 입력해야 한다.

나. 교육훈련 지원

행정보급관은 중대원들이 실전적인 교육훈련을 받을 수 있도록 교장, 교범, 교보재, 교탄, 교육장비, 비상식량 등을 지원하며, 경우에 따라서는 병 기본 및 주특기교육 훈련 교관 및 평가관 임무도 수행하고, 소부대 전술훈련 시에는 담당과제에 대한 교관 임무 수행과 소대장 대리임무 수행능력을 갖추며, 소속중대 부사관에 대한 교관능력 구비를 위하여 부사관 개개인을 대상으로 교관능력향상프로그램을 만들어 지도해야 한다.

다. 전투 준비

행정보급관은 군의 존재 목적이 전투준비에 있음을 명심하여 언제든지 전투상황이 발생하면 부대원들이 잘 먹고, 잘 입고, 잘 자고, 잘 싸우는데 지장이 없도록 완벽한 전투 준비를 해 놓아야 한다. 따라서 평소에 전투준비태세가 완벽한지를 점검하여 미흡 한 점을 보완하도록 한다. 예를 들어 중대창고는 전투긴요물자 위주로 관리되도록 과감하게 정리하여 창고를 경량화 시켜야 하며, 전투식량, 탄약, 장비, 사격부수기재, 교보재, 교범 등은 항시 최상의 상태를 유지하도록 해야 한다.

라. 부대관리

행정보급관은 전·평시에 부대원들이 먹고, 입고, 자고, 생활하는데 불편함이 없도록 조치를 해줄 책임이 있다. 따라서 행정보급관은 부대의 보급품, 시설, 장비 등에 대하여 항상 최상의 사용가능 상태를 유지할 수 있도록 일일점검을 하며, 이중에서도 특히 전투 준비와 관련된 것들은 최우선적으로 중점관리를 해야 한다.

행정보급보관은 시설을 관리함에 있어서 초기에 고장 수리 및 부분 보수가 필요할 때 지체 없이 보수를 할 수 있도록 평소부터 조치능력을 구비해야 한다. 예를 들어 수도꼭지 고무마킹 하나가 고장 났다고 가정할 때 즉각적으로 교체해주면 몇 백 원이면 되지만 그대로 방치하면 몇 만원이 들어야 교체를 할 수 있고, 문짝의 경첩하나가 고장 났을 때 곧바로 고치면 몇 천 원이면 되지만 그대로 방치하면 몇 십 만원에서 몇 백 만원이 들어가게 되는 것이다. 이와 같이 부대관리를 잘하면 국민의 혈세 낭비를 막고, 전투력 증강에 도움이 되며 결과적으로 충효예를 실천하게 되는 것이다.

시설, 장비, 보급품 등을 관리하는 방법은 부대원들을 대상으로 개인 관리 실명책임제를 명확하게 실시하여 그 결과를 개인별 상·벌점 제도와 연계시켜 부대원들에게 주인의식을 심어주면 된다. 그렇게 되면 부대원들의 책임의식 고취에도 도움이 되고, 부대관리 예산도 절약이 된다.

행정보급관은 부대원들을 대상으로 모든 행동 절차 이전에 안전 관리를 위하여 위험예지훈련, 사고사례 및 예방활동 방법 등을 반복적으로 교육하고 현장위주로 확인해야 한다. 중대담당구역도 행정보급관 혼자서 다 담당하는 것에는 무리가 따르게 됨으로 소대 및 분대별로 명확하게 담당구역을 지정하여 순찰 활동을 하도록 하고, 순찰 시에는 문제의식을 가지고 미흡한 점을 찾아내어 즉각 조치를 하도록 하고, 순찰자의 조치 범위를 넘어서는 것은 보고를 하도록 체크리스트를 만들어 조치를 안 하고는 안 되도록 해야 한다.

행정보급관은 쾌적한 부대환경을 위해서 부대 편의시설을 항상 깨끗하고, 밝고, 위생적으로 관리하며, 항상 1~2개 분기 정도는 앞을 내다보고 부대를 관리하는 안목과 사전 준비를 해야 한다.

마. 행정근무 편성 및 부대행사 준비

중대행정보급관은 일반적인 행정근무 편성을 직접하며, 이를 통하여 중대원들의 신상변동을 확인하고 조치하는 방안을 강구하고, 전산부대일지에는 중대에서 일어나는 24시간의 활동 사항을 하나도 빠짐없이 입력한다. 그 이유는 전산부대일지 작성을 행정보급관이 직접함으로써 중대의 일상사에 대하여 행정보급관은 세부적으로 자연스럽게 알 수 있기 때문이다.

또한 행정보급관은 일과가 종료되기 1시간 전에는 일일결산을 실시하여 중대 소속 간부들이 정시에 퇴근하여 자기계발 및 여가생활을 즐길 수 있는 여건을 조성하도록 하며, 중대 내에서 이루어지는 일반적인 행정 업무와 상급부대에 보고가 요구되는 행정 업무 등을 전담하여 조치한다.

또한, 자주 있는 일은 아니지만 중대 내 행사를 계획하고 실시하는 업무를 행정보급관이 전담하여 실시하며, 부대행사는 허례허식을 배제하고 중대원의 사기 앙양과 전투력 발전에 도움이 되는가에 초점을 맞추어 규정대로 실시해야 한다.

5. 주임원사

가. 부사관 신상 관리 및 관심보호병 관리

주임원사는 소속부대의 부사관과 병의 대표이자 대변인으로서 관심이 필요한 부사관과 병사의 신상 관리에 대하여 책임을 지고 관리한다. 전입 부사관이 오게 되면 기존에 근무하고 있는 부사관에 대한 보직 조정의 필요성에 대하여 검토를 하고, 필요시 관련 참모부 및 부대장과 협조를 하며, 그 결과를 바탕으로 지휘관에게 건의를 하여 부사관들이 적재적소에서 능력을 최대한 발휘할 수 있도록 해야 한다.

이때 지휘관은 관련 참모부 및 부대에서 부사관 보직 조정 건의 공문이 올라오면 주임원사의 협조가 있었는가를 반드시 확인한 뒤 필요한 조치를 해야 한다. 그 이유는 주임원사는 그 부대에서 장기간 근무를 해왔으므로 누구보다도 해당 부사관의 실정에 대하여 정확하게 알고 있을 것이기 때문이며, 주임원사는 부사관 보직 조정에 협조 및 건의를 함에 있어서 객관적인 사실을 바탕으로 사심 없이 부사관 인사에 관여를 하며 오해를 살 수 있는 언행을 하면 안 된다.

또한, 주임원사는 해당부대의 관심보호병사 관리에 있어서 오랜 기간의 군복무경험을 바탕으로 관리를 하며, 전투력에 도움이 되지 않는 부대원은 과감하게 현역복무 부적합심사에 회부하여 예하부대의 부담을 덜어주어야 한다.

나. 시설 및 환경 관리

주임원사는 부대의 시설 및 환경 관리를 책임지고 관리해야 한다. 특히 시설물 관리는 항상 사용자 편의 위주로 밝고, 깨끗하고, 청결하게 관리되도록 하며, 초기 보수가 요구되면 곧바로 조치를 하고, 환경오염에 각별한 관심을 갖고 부대 시설 전반을 확인조치 하며, 예하부대별로 담당구역 책임제를 실시하고, 매일 관리 실태를 확인하고 미흡한 점은 시정 조치를 해야 한다.

다. 보급품 및 장비 관리

주임원사는 예하부대원들이 보급품 및 장비를 사용함에 있어서 용도에 맞게 사용하고, 항상 최상의 사용 가능 상태를 유지할 수 있도록 지도하며, 특히 전투장비 및 보급품 관리는 철저하게 현장 위주로 확인하고, 부대원들이 생활하는데 필요한 장비 및 보급품의 사용 가능 상태를 확인하여 미흡한 점은 조치를 해야 한다.

라. 군기 및 병영생활 지도

주임원사가 부대원들의 군기 유지 및 명랑한 병영생활을 유도해야 한다. 엄정한 군기 유지는 부사관들의 솔선수범을 통하여 군 기강이 유지되도록 하고,

소속 부대 부사관 전원이 군기선도요원이 될 수 있도록 한다. 명랑한 병영생활을 유지하기 위해서는 잡초처럼 기생하는 병영 부조리 요인이 완전히 제거되도록 문제의식을 갖고 부단하게 현장 위주로 확인지도를 하며, 특히 소속 부대 부대원들이 폭언, 욕설, 비아냥거리는 말 등을 하지 못하도록 하고 미소 짓고, 인사하고, 대화하고, 칭찬하는 '미인대칭' 운동을 꾸준히 전개해야 한다.

군 기강 및 명랑한 병영생활을 하도록 하는 방법은 모든 부대활동에 건제유지를 철저히 준수하도록 하고, 모든 부사관들에게 취약지역 순찰을 실시하도록 독려하며, 최소한 하루에 1건 이상은 부대발전을 위하여 조치를 하도록 하고, 조치결과에 따라 군기교육대 운용, 상·벌점 제도 시행, 부사관 자정활동위원회 운용, 활동 결과 인사관리 반영 등을 실시한다. 특히, 악성 군기위반사고를 유발할 가능성이 있는 부대원은 모범부대원과 의형제 맺기, 부자결연 맺기 등을 통하여 사고 요인을 안고 있는 사람에게 감동을 주어 임무 수행에 충실하도록 유도를 하고, 1~2회의 지도에도 불구하고 반복적으로 잘못을 하는 등 선도가 불가능한 부대원은 법과 규정에 의하여 엄정하게 처리되도록 조치해야 한다.

마. 교육 및 자질 향상

주임원사는 부대원들이 전장 상황을 고려한 실전적인 교육훈련을 실시하고, 체력단련을 지속적으로 실시하도록 지도하며, 모든 것은 행동 위주로 할 수 있도록 지도방문을 강화하고, 부사관들의 수준 향상을 위하여 소집교육 및 수시기회교육 계획을 수립하여 지휘관에게 보고하고 주도적으로 시행한다.

부사관들의 자질향상교육과 인성교육을 강화하여 충효예교육의 이론 및 행동의 전문가로 양성해야 한다.

부사관들의 자질 향상 교육의 중점은 먼저 간부답게 행동을 하도록 인성교육을 강화하여 충효예교육의 이론 및 행동의 전문가로 양성하고, 직무수행 향상교육을 실시하며, 개인별 주특기에 맞는 자격증과 학위취득을 할 수 있도록 자기계발 여건을 조성해주고, 건전하게 사생활을 유지하도록 해야 한다.

바. 복지 및 사기

주임원사는 부대장의 분신(分身)과 같은 역할을 한다. 예를 들어 부대장이 예하부대 지휘관 및 참모 등이 할 일까지 믿지 못하고 바쁘게 돌아다니게 되면 그 부대는 잘 되는 것이 아니라 오직 부대장이 돌아다니는 코스에만 신경을 쓰게 되고 부대원들은 불안해 할 수밖에 없다. 그러므로 지휘관은 크게 보고 크게 생각하며, 주임원사는 지휘관의 의도를 명찰하여 세밀하게 관찰하고 조치하되 겸손해야 하며, 부대원들이 자긍심을 갖고 군 생활에 전념할 수 있도록 해야 한다.

주임원사는 제한된 부대예산으로 부대원들의 복지 및 사기수준을 향상시키는 것은 분명히 한계가 있으므로 여건이 허용되는 범위 내에서 최상의 복지 및 사기가 유지될 수 있도록 계획하고 조치한다. 그 방법으로는 부대원들의 복지 및 사기유지 상태를 수시로 확인하여 관련참모부 및 해당부대와 유기적인 협조를 하고, 지휘관이 조치할 사항은 과제별로 현상, 문제점, 발전방안, 기대효과 등의 요소를 구체화하여 보고를 함으로써 지휘관이 모든 것을 알고 조치할 수 있도록 해야 한다.

사. 의식행사

주임원사는 부대행사시 사전에 준비상태를 확인하여 미흡한 점은 조치를 해주고, 행사 간에는 소속부대의 부사관 및 병의 대표로서 의식행사에 참석한다. 이때 주임원사에 대한 자리 배정 및 의식행사 간 예우는 육군규정에 명시된 것처럼 일반 및 특별참모에 준하는 예우를 한다.

주임원사는 일반 및 특별참모에 준하는 예우를 해야 한다.

또한 주임원사는 상급부대나 인접부대의 지휘관 및 참모, 예하부대의 장이 의식행사나 업무 관계로 부대를 방문할 때 부대원을 대신하여 본관 앞이나 헬기장에 나가 영접을 하고 안내를 해야 한다.

아. 민관군 관계 유지

민관군 관계에 있어서 대부대에는 관련업무 담당자가 있지만 사단급이하 부대에는 담당자가 있다 할지라도 임무수행이 제한되므로 주임원사는 민관군 관계에 있어서 지휘관을 적극적으로 보좌해야 한다. 특히 민원을 해결하기 위하여 부대를 찾아오거나 훈련을 방해하거나 부대활동을 제한하는 것은 주임원사가 조정자 역할을 해야 한다. 그 이유는 주임원사는 부대원에 비하여 한 보직, 한 부대, 한 지역에서 장기간 복무를 하여 민관군 관계 유지가 원만하다고 할 수 있고, 인정상 안면을 무시하지 못하는 우리나라 사람들의 특성을 고려하여 대민 및 대관업무 처리에 적임자라고 할 수 있기 때문이다.

자. 유기적인 업무협조 체제 유지

Tip

지휘관으로부터는 신뢰를 받고 부사관 및 병들로 부터는 존경을 받는 주임원사상을 확립해야 한다.

주임원사는 소속부대장의 개인 및 특별참모역할을 하는 사람으로서 부대장을 대신하여 부대관리 및 교육훈련, 대민활동 등 부대와 관련된 전반적인 업무를 수행한다. 따라서 부대장과 주임원사 간에는 의사소통이 원활해야 하며, 주임원사는 부대장이 부여한 임무를 수행함에 있어서 부대장의 입장을 고려해야 하고, 실시결과에 대해서 가감(加減)없이 있는 그대로 부대장에게 보고를 하여 부대장이 올바른 판단을 할 수 있도록 해야 한다.

또한, 관련 참모부 및 예하 부대장이나 참모들과도 유기적인 업무협조 체제를 구축하여 어떠한 문제점이 야기 되었을 때 후속조치를 하는 개념이 아닌 사건발생이전에 예방조치 차원의 활동을 하며, 특히 예하부대 및 관련 참모부를 도와주는 활동이 되어야 하고, 소속부대 지휘관과 예하부대장 및 관련 참모부를 이간질하거나 예하부대에 군림하는 것처럼 오해받는 행동을 해서는 안 된다.

주임원사는 본인이 활동한 결과를 복무일지 형태로 작성하여 최소한 주 1회 정도는 지휘관에게 대면 또는 비대면 결재를 받고 활동 보고를 함으로써 지휘관에게 적시 적절한 정보를 제공하며, 예하부대 부사관들을 대상으로 상향식 결산을 실시하여 예하부대가 제 역할을 다할 수 있도록 도와주는 활동으로 지휘관으로부터는 신뢰를 받고 부사관 및 병들로 부터는 존경을 받는 주임원사 상을 확립해야 한다.

제2절 주요 훈련 및 준비태세 시

1. 분대장

가. 분대원의 건강상태 파악 및 심리적인 안정화 조치

Tip

주요 훈련에 대한 공포심을 갖는 이유는 선임병들이 훈련의 어려움을 과장하여 표현함으로써 막연하게 불안감을 조성하는데 있다.

부대의 주요훈련 계획이 있으면 신병들은 공포심을 갖게 되는데, 그 이유는 선임병들이 훈련의 어려움을 과장하여 표현함으로써 막연하게 불안감을 조성하는데 있다. 그러므로 분대장은 주요 훈련을 앞두게 되면 가장 먼저 분대원들에게 훈련 간 진행절차에 대하여 자세히 알려주어야 한다. 그리고 선임병들에게 훈련의 어려움을 과장하여 신병들에게 말하지 않도록 주의를 환기시키고, 신병들에게는 다소 힘든 것은 사실이지만 "너라면 충분히 해낼 수 있다."는 자신감을 불어넣어 심리적으로 안정감을 갖도록 해야 한다.

또한 분대장은 분대원들의 건강 상태에 관하여 잘 알고 있어야 하지만, 특히 주요훈련을 앞두면 분대원들의 건강 상태에 대하여 세밀하게 파악하여 훈련에 동참시킬 것인지 아니면 주둔지에 잔류를 시킬 것인가를 판단하여 부소대장 및 소대장에게 보고를 한다. 이때 판단의 기준은 중환자가 아니면 훈련열외를 시켜서는 안 된다. 그 이유는 언제든지 사랑하는 전우와 생사고락을 함께 해야 하기 때문이다.

나. 상황 파악 및 전파

분대장은 주요 훈련으로 전투준비태세 상황이 발령되면 상황 발령 이유와 상급부대 및 인접분대는 상황에 어떻게 대처하고 있는지, 앞으로 상황 변화가 어떻게 전개될 것인지 등을 파악하여 분대원들에게 신속히 전파하고 분대원들이 상황을 정확하게 숙지한 가운데 상황에 적합한 행동을 하도록 지도해야 한다.

다. 훈련 소요물자 확인 및 준비

분대장은 주요훈련시 훈련에 소요되는 장비 및 물자, 교보재, 교탄, 비상식량 등을 분대원 각자가 철저하게 준비를 하도록 한다. 이때 훈련 장비 및 물자, 교보재는 사용이 가능한 상태인지, 부수기재는 소요량만큼 확보되었는지, 교탄은 탄종별로 필요한 수량만큼 수령하였는지, 비상식량은 소요량만큼 수령하였는지 등을 분대장이 직접 확인한다. 이때 주의하여 살펴보아야 할 점은 특정 개인에게 집중적으로 훈련 준비 부담이 가중되지 않도록 해야 한다.

라. 출동준비태세 확인

분대장은 주요훈련이나 전투준비태세 상황을 접수와 동시에 분대의 출동준비태세준비를 꼼꼼하게 점검한다. 먼저 분대원의 건강 상태 확인하고, 출타중인 분대원이 있으면 비상연락을 취하여 신속히 복귀를 하도록 조치하며, 출동을 위한 분대원들의 군장결속 상태를 확인해야 한다.

마. 증가초소 점령 및 통신소통 상태 점검

분대장은 전투준비태세 상황이 발령되면 평시 경계초소에 추가하여 증가초소를 운용한다. 따라서 분대장은 분대에 할당 된 증가초소를 점령하고, 소대 및 중대, 인접분대 등과 통신소통이 잘 되는지 장비 및 선로 점검을 하여 미흡한 점은 시정 조치를 해야 한다.

바. 물자분류 실시

분대장은 전시에 필요한 물자와 불필요한 물자를 평소에 목록과 수량을 작성하여 놓았다가 전투준비태세 상황이 발생하면 부소대장의 지시에 따라 물자분류 기준에 의하여 분대원들이 물자분류(적재, 파기, 방치, 후송 등)를 하도록 해야 한다.

사. 담당구역 순찰 및 훈련장군기 확립

> **Tip**
> 분대원들이 전장군기를 확립하도록 한다.

분대장은 주요훈련을 나가게 되면 반드시 담당구역에 대한 부단한 순찰을 실시하여 분대원들이 전장군기를 확립하도록 한다. 그리고 일부분대원에 의하여 비 전술적인 행동이 이루어지면 현장에서 즉각적으로 시정 조치를 하며, 상황이 여의치 못할 때는 훈련이 종료 후에라도 반드시 책임을 물어야 한다.

아. 임의지형 훈련 시 지형정찰 실시

우리나라가 1980년대 초까지는 나무로 땔감을 사용하여 산에 나무가 적었으나 이제는 가스나 전기, 유류 등으로 난방 및 취사연료로 사용하기 때문에 산악지형이 밀림지대에 버금갈 정도로 산림이 울창하고, 도시지역은 고층건물들이 밀집되어 주요 훈련을 실시할 때 사전에 지형정찰을 실시하지 않으면 전술적인 행동을 하기가 곤란하고 공격훈련 시에는 목표를 찾아가는 것조차도 어렵게 되었다. 임의지형에서 훈련을 실시할 때 분대장은 반드시 사전에 지형정찰을 실시하여 전술 상황에 맞는 행동을 할 수 있도록 해야 한다.

자. 소대장 추가지시 임무수행

주요 훈련 및 전투준비태세 시 상황에 따라 소대장이 평소와 다른 임무를 분대장에게 부여할 수 있으므로 분대장은 어떠한 임무를 부여되더라도 지시된 임무를 수행할 준비와 능력을 갖추고 있어야 한다. 그렇게 하기 위해서는 평소에 부단하게 임의 지형과 우발 상황에 대비하는 훈련을 지속적으로 실시하고, 소대장과 분대장간에 의사소통이 원활하며, 민간인에게 피해를 입히는 상황이 발생하지 않도록 하고, 분대원들의 안전에 유의해야 한다.

2. 부소대장

가. 소대원의 건강상태 파악 및 심리적인 안정화 조치

부소대장은 주요훈련 출동이전에 소대원들의 건강 및 심리상태를 직접 확인한다. 분대장도 자기 분대원들을 대상으로 건강 및 심리상태를 확인하겠지만 모든 것은 이중 삼중으로 체크하는 시스템을 갖추어야 착오를 줄일 수 있기 때문이다. 그리고 분대장의 능력으로 조치가 어렵다고 판단되어 보고를 해온 소대원에 추가하여 부소대장은 자신의 노하우를 바탕으로 분대장이 점검한 사항을 다시 한 번 세밀하게 확인하여 안전하면서도 실전과 같은 훈련을 할 수 있도록 해야 한다.

나. 상황 파악 및 전파

부소대장은 주요훈련과 전투준비태세 상황이 발령되면 소대원들에게 주요훈련을 실시하는 목적과 방법, 전투준비태세 상황발생 이유, 전투준비태세시 행동절차에 대한 것들을 전파하고, 소대원 개개인이 상황을 숙지하고 상황에 부합되는 행동을 하도록 해야 한다.

다. 훈련 소요물자 확인 및 준비

부소대장은 주요훈련을 앞두게 되면 사전에 소대원들에게 훈련준비 사항에 대하여 교육을 실시하며, 야외훈련 출동이전에 소대원들을 대상으로 훈련장비 및 물자, 교보재, 사격부수지재, 교탄, 비상식량 등을 수령 및 분배와 사용가능 상태를 확인하고, 분대장이 경험부족으로 착안하지 못한 것들을 추가적으로 확인하여 미흡한 점은 시정 조치를 해야 한다.

라. 출동준비태세 확인

부소대장은 전투준비태세 명령이 발령되면 소대원들의 건강상태를 확인하여 소대장과 행정보급관에게 보고를 하고 필요한 조치를 하며, 소대원들 중에 출타자가 있으면 신속하게 부대로 복귀할 것을 지시하고, 이들의 출동준비를 다른 소대원들이 미리 해 놓도록 조치를 해야 한다.

또한, 소대원들이 전투를 하는데 소요되는 전투장비 및 사격부수기재, 물자, 탄약, 비상식량 등을 수령하여 소대원들에게 분배하고, 소대원들의 군장결속 상태를 확인 및 지도해야 한다.

마. 증가초소 점령 및 통신소통 상태 점검

부소대장은 전투준비태세 상황이 발생하면 평시에 운용되고 있는 경계초소에 추가적으로 운용하도록 되어있는 소대담당구역의 증가초소를 소대원들이 신속히 점령하도록 조치하고, 중대와 인접소대, 예하분대 등과의 통신소통 상태를 점검한다.

바. 물자분류

부소대장은 전시필요물자와 불필요물자를 분류하도록 소대원을 통제해야 한다.

부소대장은 주요훈련을 실시하기 위하여 훈련 비상상황이 발령되면 소대의 물자분류를 실시하여 전시필요물자와 불필요물자를 분류하도록 소대원을 통제해야 한다. 예를 들어 전투에 당장 필요한 물자는 휴대, 무겁고 부피가 크며 전투에 꼭 필요한 물자 및 비밀문서는 적재, 적의 수중에 들어가면 아군의 피해가 우려되는 물자 및 비밀문서는 파기, 적이 사용하거나 아군이 사용해도 전투력에 별 영향이 없는 물자는 방치로 분류하며, 물자분류를 쉽게 하는 방법은 평소에 모든 물자에 전시 물자분류지침을 적용하여 표시를 해두면 된다. 그리고 부소대장은 물자분류가 완료되면 소대장 및 행정보급관에게 물자분류완료 보고를 해야 한다.

사. 소대 책임지역 순찰 및 전장군기 확립

부소대장은 소대책임지역을 순찰하여 소대원들이 전장군기가 확립된 가운데 실전적으로 훈련에 임하도록 하며, 특히 비전술적인 행동을 하는 소대원은 엄하게 처벌하고, 분대장이 미처 착안하지 못하였거나 분대장의 능력을 초과하는 사항을 확인하여 조치하며, 본인의 능력을 초과하는 사항은 소대장과 행정보급관에게 보고를 해야 한다.

아. 임의지형 훈련시 지형정찰 실시

부소대장은 본인이 잘 모르는 임의지형에서 훈련을 실시할 때는 사전에 지형정찰을 실시하여 소대원들이 전술상황에 부합되는 행동과 함께 안전하게 훈련을 할 수 있도록 조치하고, 훈련 간 대민피해 상황이 발생하지 않도록 유의하며, 훈련지역의 민간인들과 우호적인 협조체제를 유지해야 한다.

자. 소대장이 추가지시 하는 임무수행

부소대장은 훈련 및 준비태세상황 간 소대장이 지시하는 추가임무를 수행하며, 소대장 유고 상황발생 시를 대비하여 소대장수준에 버금가는 훈련지도 및 소대지휘능력을 구비해야 한다.

3. 참모부담당관

가. 훈련예산 관리

> **Tip**
> 훈련예산을 목적에 부합되도록 사용 계획수립을 수립하고, 예산집행 뒤에는 회계증빙서류를 유지해야 한다.

참모부담당관은 주요훈련 시 소속 참모부의 훈련예산을 목적에 부합되도록 사용계획을 수립하고, 예산집행 뒤에는 회계증빙서류를 유지하며, 훈련종료 전후에 참모부서장의 결재를 득해야 한다. 이때 유의해야 할 점은 상급부대에서 지시된 예산항목에 맞도록 사용하며, 예산사용대비 효과성이 증대되도록 예산을 효율적으로 사용하고, 예산사용 실무지침서에 의한 훈련예산을 관리해야 한다.

나. 참모부 요원 비상소집 상태 확인

참모부담당관은 주요훈련 및 전투준비태세 명령이 발령되면 신속하게 상황을 인접 및 예하부대, 참모부 소속요원들에게 전파하고, 상황전파와 동시에 영외 출타 참모부요원들의 비상소집상태를 파악하여 참모부서장에게 보고해야 한다.

다. 상황 유지 및 전파

참모부담당관은 훈련과정의 모든 단계와 준비태세 간 주요상황에 대하여 인접참모부와 상급 및 예하부대, 인접부대 등의 상황을 파악하여 적시에 전파하고, 그에 따른 상황조치체계를 유지하며, 각종 상황을 접수 및 전파한 내용과 관련근거를 상황일지에 기록하여 보존한다. 그리고 훈련 간 각종문서수발업무를 통제하며, 특히 비밀문건을 분실하는 사례가 발생하지 않도록 보안업무시행규칙을 철저히 준수해야 한다.

라. 상황근무체계 유지

참모부담당관은 주요훈련 및 준비태세발령시 24시간 상황근무체제가 유지되도록 상황근무자 편성을 하여 참모부서장에게 보고하고 관련자에게 통보하며, 상황근무실태를 수시로 확인해야 한다.

마. 담당부서 물자분류

참모부담당관은 평시에 참모부가 행정 위주로 임무를 수행하는 곳이기 때문에 전시에 불필요한 물자를 많이 보유하고 있으므로 주요 훈련 및 준비태세시 전시에 꼭 필요한 물자 및 비밀문서는 적재를 하고, 아군의 비밀이 누설되거나 적에게 유익한 물자 및 비밀문서는 파기를 하며, 평시에는 필요하나 전시에는 아군이나 적에게 전투하는데 도움이 되지 않는 물자는 방치를 한다. 이러한 전시물자 물자분류는 주요훈련시마다 실전과 같이 실시하여 최대한 물동량을 줄이는 방안을 강구해야 한다.

바. 전투근무지원실 내부 배치

참모부담당관은 주요 훈련 및 준비태세시 소속 참모부서원들이 임무에 전념할 수 있도록 전투근무지원시설 운용에 필요한 장에 및 물자를 수령하여 전투근무지원시설(사무실, 숙소, 세면장, 화장실, 식당, 휴게실 등)구성 및 배치를 하고, 상황이 종료된 이후에는 전장정리를 해야 한다.

사. 군인가족 보호

참모부담당관은 참모부서 요원들이 심리적 안정감을 갖고 전투준비를 할 수 있도록 참모부서요원들의 가족을 보호할 수 있는 대책을 강구하고, 부대의 군인가족 후송계획 절차에 따라 군인가족 집결장소까지 참모부요원들의 가족을 안전하게 데려다 주고, 조치 결과를 참모부서장에게 보고해야 한다.

아. 안전순찰관 편성 및 현장 지도

참모부담당관은 주요훈련 및 준비태세시 안전관리를 소홀히 하게 되면 부대의 임무수행이 어렵다는 것을 명심하여 인접 참모부 담당관들과 유기적인 협조 하에 안전순찰계획을 작성하여 순찰 활동을 강화하고, 안전위해요소를 발견하였을 때는 즉각적인 조치를 해주고, 전장군기를 위반하는 사람은 관련부서 및 부대에 통보를 해주어 미흡한 점에 대한 시정이 이루어지도록 해야 한다.

전장군기를 위반하는 사람은 관련부서 및 부대에 통보를 해주어 시정이 이루어지도록 해야 한다.

자. 전투물자 관리

참모부담당관은 주요훈련 및 준비태세 소요되는 전투물자를 미리미리 확보하여 놓았다가 필요시 사용을 하도록 적시에 지원을 해주며, 전투물자의 불필요한 낭비가 발생하지 않도록 사용실태를 지도해야 한다.

차. 훈련 간 사용한 비품 및 물자 회수하여 반납

참모부담당관은 주요훈련 및 준비태세시 사용한 각종 비품, 장비 및 물자, 사격부수기재, 교보재, 교탄, 장구류 등을 상황종료 후에는 모두 회수하여 필요한 정비 및 세탁 등을 실시한 후 관련시설 및 부대에 반납을 하며, 수령 및 반납한 근거를 유지하고, 조치결과를 소속 참모부서장에게 보고를 해야 한다.

카. 보완 발전시킬 사항 보존 및 차기훈련 시 활용

참모부담당관은 소속 참모부서의 장교 및 병들에 비하여 상대적으로 장기간 소속 참모부에서 근무하게 됨으로 주요 훈련 및 준비태세 사항에 대한 분석

자료를 잘 보존하였다가 차기 훈련이나 전투 상황에 반영하도록 하여 더욱더 향상될 수 있도록 하며, 이외에도 참모부담당관은 훈련 간 자기업무에 관하여 누가 통제를 하지 않더라도 상황 종료 후 사후평가를 실시하고, 미흡한 점은 보완발전 시킴으로서 본인의 업무수행 능력을 향상시킬 수 있도록 해야 한다.

타. 워 게임 훈련 시 각종 데이터 입력

참모부담당관은 각종 훈련자료를 보존하고 있다가 축적된 자료를 바탕으로 워 게임 훈련 시 각종 데이터를 입력하고, 훈련이 종료된 이후에는 각종 데이터를 잘 보관하여 차기훈련 시 참고자료로 활용해야 한다.

4. 행정보급관

가. 중대원 신상 관리

중대원 전원을 훈련에 참여를 시키면 꾀병환자를 대폭적으로 줄일 수 있다.

행정보급관은 주요훈련 및 준비태세를 실시하기 이전에 분대장과 부소대장이 보고한 병들에 대한 신상 관리와 행정보급관 자신이 관리하고 있는 병들을 대상으로 건강 상태 및 심리 상태를 확인하여 몸이 아픈 사람을 훈련에 참여 가능 여부를 파악하여 중대장에게 보고를 한다. 이때 행정보급관은 가능한 훈련 열외 인원이 없도록 한다. 그 이유는 힘든 훈련장에서의 병력관리에 다소 어려움이 있다할지라도 환자까지 전원 훈련에 참여를 시키면 꾀병환자를 대폭적으로 줄일 수 있기 때문이다.

나. 상황 전파

행정보급관은 상급부대로부터 주요 훈련 및 전투준비태세 상황을 접수하면 신속하게 중대원들에게 전파를 하고, 중대원들이 상황을 정확하게 숙지한 가운데 상황에 부합되는 행동을 하도록 확인 및 지도한다. 그리고 주요 훈련 및 전투준비태세 시 진행되는 모든 사항은 전산부대일지에 상세하게 입력하고, 상급부대의 조치가 요구되는 사항은 적시에 보고하며, 상급 및 인접부대와 예하 부대의 훈련 상황을 파악하여 중대장에게 보고하고 중대원들에게도 전파를 해야 한다.

다. 영외출타자 소집

행정보급관은 주요훈련 및 전투준비태세 상황이 발령되면 신속하게 소속 부대 간부를 대상으로 상황을 전파하여 영외출타 자에게 복귀명령을 하달하여 신속하게 복귀를 하도록 조치하며, 출타자 복귀결과를 중대장과 상급부대에 보고해야 한다.

라. 본부요원 출동태세 확인

행정보급관은 소속중대원들의 전투준비 확인도 중요하지만, 잊지 말고 시행해야 할 업무 중 하나가 본부요원들에 대한 전투준비출동태세 확인이다. 행정보급관은 소속부대 본부요원들을 대상으로 상황전파, 물자분류, 군장검사 등을 실시하고 활동 결과를 중대장에게 보고해야 한다.

마. 중대장의 작전계획 수립 보좌

행정보급관은 중대 내에서 가장 장기간 군 생활을 한 것은 물론이고, 한 지역에서 오래 근무를 하였기 때문에 주변 여건에 대하여 다른 사람에 비하여 상대적으로 잘 알고 있다. 따라서 행정보급관은 중대장이 주요훈련 및 준비태세계획을 수립함에 있어서 책임지역의 지형, 기상, 민간상황, 중대원들의 현황 및 신상관리 실태, 교육훈련 수준, 복지, 사기, 등을 세밀하게 파악하여 보고를 함으로써 중대장이 실전과 같은 훈련계획을 수립하는데 도움을 줄 수 있도록 보좌해야 한다.

바. 증가초소 점령 및 통신소통 상태 점검

행정보급관은 주요훈련 및 전투준비태세 상황이 발생하면 중대원들이 신속하게 중대가 담당하는 증가초소를 점령하도록 조치하고, 증가초소와 중대행정반, 중대와 상급부대 및 인접중대 간 원활한 통신소통이 되도록 통신시설 및 장비 등을 확인하고 결과를 중대장에게 보고해야 한다.

사. 화생방자동경보기 설치

행정보급관은 주요훈련 및 전투준비태세가 발령되면 소속부대에서 보유하고 있는 화생방자동경보기를 적의 화생방공격이 예상되는 지점에 탐지가 용이하도록 설치하고, 설치결과를 중대장에게 보고해야 한다.

아. 물자분류 통제

Tip

전투 물자분류는 물동량을 경량화 하도록 하는데 초점을 맞추어 지도해야 한다.

행정보급관은 주요훈련 및 전투준비태세가 발령되면 소속부대원들의 물자분류실태를 확인하여 필요한 조치를 하고, 소속부대 행정반과 출타자의 물자분류는 행정보급관이 책임을 지고 행정반요원들이 물자분류를 하도록 하며, 이때 부소대장이나 분대장에 비하여 전투준비태세 경험이 많은 행정보급관이 부대원들의 물자분류 시 전투에 꼭 필요한 물자만 휴대 또는 적재를 하여 전투물자물동량을 경량화 하도록 하는데 초점을 맞추어 지도해주고 활동결과를 중대장에게 보고해야 한다.

자. 훈련 및 전투물자 관리

행정보급관은 주요훈련 및 전시의 역할이 그 누구보다도 중요하다. 행정보급관이 평시에 부대관리의 전반적인 사항과 교육훈련지원, 중대원 정신교육, 부대원들의 신상관리 등 다양한 업무를 수행하다보니 주요 훈련준비 및 전시

임무수행이 다소 소홀할 우려가 있는데, 군인의 본분은 전투준비에 있음을 명심하면서 근무를 해야 한다. 따라서 행정보급관은 주요훈련 시 훈련장비 및 물자, 교보재, 교탄, 사격부수기재, 훈련예산 등 훈련에 필요한 소요량을 미리미리 확보를 하여 부대원들이 훈련하는데 지원을 해야 한다.

또한, 행정보급관은 전투준비태세 상황이 발생되면 중대원들이 전투하는데 필요한 전투장비 및 사격부수기재, 물자, 탄약, 비상약품 및 식량 등을 상급부대로 부터 수령하거나 소속부대에서 보유중인 것을 중대원들에게 분배하고 사용방법을 알려주며 조치결과를 중대장에게 보고해야 한다.

차. 책임지역 순찰 및 전장군기 확립

행정보급관은 소속부대의 책임지역에 대하여 순찰 활동을 실시하고, 안전위해요소 제거와 전장군기는 준수 등을 확인하여 미흡한 점은 시정 조치를 해주며, 특히 전장군기를 해치는 행위를 하는 자에 대해서는 현지 시정이 여의치 않을 시에는 주둔지로 복귀한 이후에라도 반드시 책임을 물어 부대원들에게 전장군기 유지의 중요성이 몸에 배도록 해야 한다.

카. 임의지형에서 훈련시 지형정찰 참가

행정보급관은 자기가 잘 모르는 임의지형에서 부대원들이 훈련을 해야 할 때에는 반드시 지형정찰에 참가하여 세밀하게 야외주둔지 편성 및 위치선정, 훈련단계별 주보급로 선정, 안전위해요소 제거, 대민피해 방지방안 등을 강구해야 한다. 그 이유는 행정보급관이 훈련지형에 대하여 잘 알고 있어야 능동적인 전투근무지원이 가능하며, 부대원들이 안전이 확보된 상태에서 실전적인 훈련이 가능하고, 훈련 상황에 부합되도록 중대장 및 소대장이 계획을 수립하고 시행할 수 있도록 조언을 해줄 수 있기 때문이다.

타. 중대장의 추가지시 임무수행

행정보급관은 부대장의 지시에 의하여 숙영지 및 집결지 등에 잔류한 병력을 통제 및 지도하는 임무를 수행하며, 아울러 중대장이 지시하는 특수한 임무를 수행하고, 경우에 따라서는 소대장이 제 역할을 다하지 못하거나 또는 유고상황이 발생하였을 때 지휘관의 명에 의하여 소대장 대리임무를 수행하는 등 지휘관이 추가로 지시하는 임무를 수행할 수 있도록 만반의 준비를 갖추고 있어야 한다.

5. 주임원사

가. 출동준비태세 확인

주임원사는 주요 훈련 및 전투준비태세 상황이 발생하면 지휘관을 대신하여 소속부대의 전반적인 출동준비태세 진행 상태를 현장에서 직접 확인하고, 미흡한 점은 시정 조치를 해주며, 관련참모부 및 부대장에 조언을 해주고, 활동결과를 지휘관에게 보고해야 한다.

나. 지휘관의 주요 훈련 및 준비태세계획 수립 보좌

주임원사는 연간 부대 운용주기에 대하여 사전에 상세하게 알고 있어야 하며, 주요 훈련 및 준비태세계획을 수립하는 단계부터 적극적으로 참여하여 훈련 및 전투상황을 전반적으로 소상히 알고 있어야 하고, 부대원들의 교육훈련 수준, 건강 상태, 사기 및 복지 수준, 전투 및 전투근무지원 능력, 훈련 및 전투지역의 지형 및 기상상태, 대민관계 등을 소상하게 파악하여 지휘관이 실전적인 훈련계획을 수립할 수 있도록 조언을 해야 한다.

다. 부사관들의 임무 확인

Tip
주요 훈련계획 내용을 숙지하고 훈련계획에 부합되도록 부사관단을 운용해야한다.

주임원사는 부대의 주요 훈련계획 내용을 숙지하고 훈련계획에 부합되도록 부사관단 운용계획을 수립하여 평소에 수준이 저조한 부사관은 소집 또는 개별지도를 해주며, 부대가 군 기강과 안전이 확보된 가운데 실전적인 훈련을 실시하여 소기의 성과를 거둘 수 있도록 해야 한다. 그렇게 하기 위해서는 주임원사 본인을 비롯하여 부사관단 구성원 개개인이 제 역할을 다할 수 있도록 활동계획을 수립하여 소속부대 부사관들에게 명확한 임무를 부여함으로서 실전적인 훈련을 하는데 기여하는 활동을 하도록 해야 한다. 이때 가장 중점적으로 실시할 사항은 안전위해요소를 사전에 차단하고, 특히 대민관련 사고가 나지 않도록 하며, 실전적인 훈련을 위하여 전장군기를 확립하도록 하고, 훈련 진행 간 실전적으로 훈련이 이루어지도록 현장위주의 활동계획을 수립하여 시행해야 한다.

또한, 주임원사는 전투준비태세 상황이 발령되면 부대의 출동준비태세를 점검하며 소대장이나 병들 보다 현장경험이 많은 부사관들이 제 역할을 다할 수 있도록 부사관들의 임무수행 상태를 확인하고, 필요하다면 부사관 개개인의 임무를 확인하여 개인별 임무수행 능력을 고려하여 임무 조정을 해주도록 해부대 부대장 및 관련참모부에 조언을 하며, 활동결과를 지휘관에게 보고해야 한다.

라. 지휘부 출동준비 및 지휘소 이동

주임원사는 주요훈련 및 전투준비태세 상황이 발생하면 부대원들은 누구나 소속부대의 전투준비에 초점을 맞추어 활동하기 때문에, 자칫하면 지휘부의 전투준비가 잘 이루어지지 않을 수 있으므로 소속부대 지휘부의 전투준비태세를 확인 및 지도하고, 지휘소가 이동하게 되면 설영대일원으로 본대보다 먼저 이동하여 각 참모부서의 전투근무지원 시설위치 및 내부배치 등을 지도하며, 지휘관실 내부 배치를 책임지고 해야 한다.

마. 전투준비 확인 지도

지휘관이 미처 착안하지 못하였거나 확인하기 어려운 분야를 직접 확인하고 미흡한 점은 시정 조치를 해 주는 활동을 해야 한다.

성공적인 작전을 실시하기 위해서는 철저한 훈련준비가 선행되어야 한다. 따라서 주임원사는 지휘관을 대신하여 전투준비 상태를 꼼꼼하게 점검한다. 부사관단 운용의 적절성, 장비 및 물자 확보, 장비 및 물자의 사용가능 상태, 부대원 개개인의 임무숙지 상태, 교육훈련 수준, 사기 및 복지 상태, 안전관리 상태 등의 체크리스트를 만들어 확인하고, 미흡한 점은 조치를 하고 관련참모부 및 해 부대장에게 통보하며, 해부대의 능력을 초과하는 사항은 지휘관에게 보고해야 한다.

또한, 주임원사는 주요훈련 및 전투준비태세 상황이 발생하면 지휘관이 미처 착안하지 못하였거나 확인하기 어려운 분야를 직접 확인하고 미흡한 점은 조치를 해 주는 활동으로 지휘관을 보좌하며, 특히 전투근무지원 분야의 준비가 잘되고 있는지를 확인하여 필요한 조치를 해주고, 관련참모부 및 부대에 조언을 하며, 활동결과를 지휘관에게 보고해야 한다.

사. 군인가족 철수계획 시행

주임원사는 소속부대 간부들이 오직 전투준비 및 전투에만 전념할 수 있도록 군인가족들의 안전을 관련 참모부 및 부대와 협조하여 필요한 조치를 해주고, 상황에 따라서 필요하다면 후방지역으로 군인가족 철수를 시켜주어야 하며, 민간인들의 동향파악과 민간장비를 지원받는 방안, 피난민들의 관리 및 통제 방안 등을 확인하고 조치하는 등의 활동을 하고, 활동결과를 지휘관에게 보고해야 한다.

아. 예비군 및 근로자 교육

주임원사는 인사 및 작전 등 관련 참모부와 협조하여 전투준비태세 상황으로 인하여 소집된 예비군 및 근로자에 대한 정신교육, 전장에서의 행동 절차 등을 교육하여 이들이 심리적인 안정감을 갖고 임무 수행을 할 수 있도록 해야 한다.

자. 전장군기 및 사기앙양 대책 강구

주요 훈련 및 준비태세시 지휘관은 여러 가지 상황조치를 해야 하기 때문에 주임원사는 지휘관을 대신하여 부대원들이 전장군기는 유지되고 있는지, 훈련 간 안전위해 요소는 없는지, 부대원들이 전투하는데 필요한 전투 및 전투근무지원은 잘되고 있는지, 부대원들의 사기 및 복지 실태 등을 확인하여 필요한 조치를 하고, 관련 참모부 및 부대에 알려주며, 활동결과를 지휘관에게 보고해야 한다.

차. 작전간 안전통제단 운용

전시에는 불가피하게 인명피해나 각종 사고 등이 발생할 우려가 있다 할지라도 평시에는 안전이 확보된 가운데 모든 부대활동이 이루어 져야 하는데, 그 이유는 실전적인 훈련을 하고 싶어도 안전사고가 발생하게 되면 사고처리 관계로 훈련을 제대로 할 수 없게 되고, 부대원들의 사기는 저하되기 때문이다. 따라서 주임원사는 주요 훈련 간 부대원들이 오직 실전적인 훈련에만 전념할 수 있도록 부대원들의 안전관리에 만전을 기한다. 그렇게 하기 위해서 관련 참모부서 및 부대 등과 유기적인 협조체제를 구축하고, 필요시에는 민간기관과도 협조체제를 구축하며, 부사관단을 적극적으로 활용하여 현장순찰을 강화하는 활동을 한다.

카. 상황종료 후 사후강평 실시

공부를 잘하는 방법은 예습과 복습을 잘하고 수업시간에 딴 짓을 안 하는 것과 마찬가지로 전투를 하려면 전투준비를 철저히 하고, 훈련 간에는 오직 조건반사적인 실전적인 훈련에 전념하고, 훈련이 종료된 이후에는 사후평가를 철저히 하여 다음 훈련계획에 반영하는 것이다. 따라서 주임원사는 상황이 종료된 이후 최종적으로 전장정리 상태를 확인하여 대민피해 사건이 발생하지 않도록 하며, 상황을 종료하고 복귀한 이후에는 계획 수립에서 실시, 종료단계까지 전반적으로 세밀하게 분석하여 미흡한 점과 잘 된 점을 분석하여 차기 계획에 반영하도록 관련 참모부 및 부대에 알려주고, 지휘관에게 보고하며, 항상 어떻게 하면 전투를 잘 할 수 있을까를 고민하는 주임원사 활동을 해야 한다.

타. 지휘관의 추가지시 임무수행

주임원사는 상기내용 이외에도 지휘관이 특별히 지시하는 임무를 수행하며, 주임원사는 활동을 하는 동안 지휘관의 입장에서 현장을 확인하고 조치하며, 활동계획과 활동결과는 지휘관에게 보고해야 한다.

1) 부사관의 직책별 평시임무 중 가장 중요하다고 생각되는 것 3가지씩을 선별해서 발표해 봅시다.
2) 주요 훈련 및 준비태세시 직책별로 가장 우선시되는 임무 3가지씩을 발표해 봅시다.

명언 

26. 게으름은 천천히 움직이므로 가난이 곧 따라잡는다.
– 벤자민 프랭클린

27. 험한 언덕을 오르려면 처음에는 서서히 걸어야 한다. – 셰익스피어

28. 자신이 하는 일을 재미없어 하는 사람은 성공하지 못한다. – 카네기

제7장 부사관의 전시작전 임무

전장에서 죽거나 죽여야만 하는 상황인데 무슨 윤리가 있고 도덕이 있느냐라고 반문할지도 모른다. 그러나 모든 군인은 정장에서 상관의 명령에 절대 복종하고, 비록 태어난 날은 다를 지라도 죽는 날은 함께하겠다는 각오로 전우와 생사고락을 함께하며, 포로를 학대하거나 사살하는 일은 절대로 없어야 한다. 또한 민간인을 내 부모 형제처럼 대해야 하고, 적군의 주둔지 및 전투관련 시설을 제외한 건축물은 파괴하면 안 되며, 화생방전을 감행하여 종전 이후까지 치유가 불가능 하도록 하는 행위 등은 엄격히 규제되어야 한다.

제1절 대침투작전 시

1. 분대장

가. 상황 파악 및 전파

분대장은 대침투작전 시 상황을 파악하여 분대원들에게 신속히 전파함으로서 분대원들이 적과 마주치면 반드시 사살 또는 포획할 수 있도록 해야 한다.

Tip

적과 마주치면 반드시 사살 또는 포획할 수 있도록 해야 한다.

나. 전투준비태세 확인

분대장은 대침투작전 시 현장으로 출동하기 전에 작전에 소요되는 탄약, 장비 및 사격부수기재, 비상식량, 암구어 등을 수령하여 분대원들에게 분배 및 전파하고, 전투장비 및 사격부수기재 활용 방법, 암구어 숙지와 피아식별 상태 등을 확인 및 지도해야 한다.

다. 전투근무지원 확인

분대장은 대침투작전간 소요되는 전투물자, 식수 및 식사, 계절성 물품 및 의약품 등 전투근무지원이 제대로 이루어지고 있는가를 확인하고 미흡한 점은 부소대장 및 소대장에게 보고하여 조치를 받도록 해야 한다.

라. 담당구역 순찰

분대장은 대침투작전간 분대원들이 전장공포를 느끼지 않도록 분대책임지역을 부단하게 순찰하여 분대원들이 심리적인 안정감과 필승의 신념을 갖고 전장군기를 준수하면서 전투에 임하도록 해야 한다.

마. 사기 및 복지대책 강구

분대장은 대침투작전이 장기간 실시되거나 적 상황이 불투명하게 되면 분대원들의 사기와 복지수준이 급속하게 떨어지고 전투의지가 상실될 수 있으므로 수시로 분대원들의 사기 및 복지실태를 확인하여 필요한 사항을 부소대장과 소대장에게 보고를 해야 한다.

바. 정규전으로 전환 준비

적은 정규전 이전에 특수부대나 일부 침투요원들을 침투시켜 도발을 하게 됨으로 분대장은 대침투작전을 실시하다가 언제 정규전으로 전환될지 모르므로 대침투작전에서 정규전으로 전환해도 분대가 완벽하게 전투력을 발휘할 수 있도록 해야 한다.

2. 부소대장

가. 상황 파악 및 전파

부소대장은 대침투작전상황이 발생하게 되면 인접소대와 상급부대, 예하분대의 상황과 적 상황 등을 파악하여 소대원들에게 전파하여 소대원들이 현재의 상황을 정확하게 알고 적극적인 대처를 하며, 소대에서 이루어지고 있는 전투상황에 대해서는 지체 없이 중대에 보고해야 한다.

나. 전투준비태세 확인

부소대장은 대침투작전에 소요되는 전투장비 및 물자, 사격부수기재, 탄약, 비상식량 및 식수, 통신망, 계절성 물품 및 약품 등을 확인하여 미흡한 점은 조치를 하고, 암구어 및 약정된 신호 숙지 상태를 확인하며, 본인의 조치 범위를 넘는 사항은 소대장 및 행정보급관에게 보고해야 한다.

다. 담당구역 순찰

Tip

적을 발견하면 당황하지 말고 정확하게 조준사격으로 사살하고, 신속하게 상황보고가 이루어지도록 해야 한다.

부소대장은 소대원들이 심리적인 불안감으로 인하여 전장을 이탈하거나 전장군기가 문란한 행동을 하지 못하도록 지도 및 감독하고, 대침투작전간 소대책임구역을 대상으로 순찰 활동을 실시하여 소대원들의 전투의지를 고양하며, 특히 적을 발견하면 당황하지 말고 정확하게 조준사격을 실시하여 적을 사살하도록 지도하고, 신속하게 상황보고가 이루어지도록 해야 한다.

라. 사기 및 복지대책 강구

부소대장은 대침투작전 중 소대원들의 사기 및 복지수준을 확인하여 소대가 자체적으로 개선이 가능한 것은 조치를 하고, 미흡한 점은 소대장에게 보고를 하고 상급부대에 지원을 요청하는 활동을 해야 한다.

마. 정규전 전환 준비

부소대장은 적이 대침투작전을 하면서 한편으로는 정규전을 감행할 수 있으므로 언제든지 이에 따른 대비를 해야 하며, 소대장이 유고되는 상황에 대비하여 소대장 대리임무 수행 능력을 갖추어야 한다.

3. 참모부담당관

가. 상황 전파

참모부담당관은 대침투작전 상황이 발생되면 예하부대 및 인접부대, 상급부대 등에게 신속히 현 상황을 전파 및 보고하며, 특히 보안에 유의해야 한다.

나. 출타자 확인 및 유동병력 통제

참모부담당관은 대침투작전 상황이 발생하면 참모부 요원들의 행선지를 파악하여 만에 하나 영외로 출타한 자가 있으면 신속하게 복귀하도록 조치하며, 유동 병력에 대한 피아 식별이 용이하도록 조치를 하고, 조치 결과를 참모부서장에게 보고해야 한다.

다. 전투지원 시설 점검

참모부담당관은 대침투작전 상황이 발생하면 소속 참모부서의 전투지휘 및 전투근무지원시설 운용에 필요한 장비 및 물자를 수령하여 전투근무지원시설을 설치하고, 상급 및 인접부대, 예하부대, 인접 참모부 등과의 통신소통 상태를 확인하고, 활동결과를 참모부서장에게 보고해야 한다.

라. 상황근무자 편성

Tip

24시간 상황근무체제유지 및 적절한 대처를 해야 한다.

참모부담당관은 대침투작전이 단시간에 끝나지 않으면 소속참모부요원들을 대상으로 24시간 상황근무체제유지가 되도록 상황근무자 편성을 하여 참모부서장에게 보고를 하고, 상황근무자가 근무편성표대로 근무를 서면서 적절하게 상황 대처를 하고 있는지를 확인하며, 활동 결과를 참모부서장에게 보고해야 한다.

마. 순찰 실시

참모부담당관은 주임원사나 참모부가 자체적으로 편성한 순찰계획에 의하여 전장을 순찰하여 소속참모부와 예하부대원들이 전투를 잘 할 수 있도록 도와주는 활동을 하며, 예하부대원들이 전장군기를 유지하도록 확인 및 지도를 해주는 등의 활동을 하고, 활동결과를 참모부서장에게 보고해야 한다.

4. 행정보급관

가. 상황 전파

행정보급관은 대침투작전 상황이 발생하면 신속하게 부대원들에게 상황을 전파하고, 영외거주간부 및 출타부대원들을 소집하며, 상급 및 인접부대, 적 상황 등을 파악하여 신속하게 소속부대원과 인접부대에 전파를 하고 상급부대에 보고해야 한다.

나. 전투준비태세 확인

행정보급관은 대침투작전 상황이 발생하면 중대원들이 전투를 하는데 필요한 전투장비 및 사격부수기재, 물자, 탄약, 비상식량 및 약품, 계절성 물품 및 약품 등을 수령하여 분배를 하고, 본부요원들에 대한 군장 결속상태 확인해야 한다.

다. 책임지역 순찰

행정보급관은 대침투작전간 책임지역을 부단하게 순찰하여 부대원들이 전투를 하는데 필요한 것이 무엇인지를 확인하여 조치를 해주고, 전장군기를 유지하며, 부대원들의 사기 및 복지실태를 확인하여 미흡한 점은 조치를 해주고, 상급부대에서 조치해야할 사항에 대하여 건의를 하고, 활동결과를 중대장에게 보고해야 한다.

부대원들이 전투를 하는데 필요한 것이 무엇인지를 확인하여 조치를 해야 한다.

라. 지휘관의 추가지시 임무수행

행정보급관은 중대장의 지시에 의하여 대침투작전간 취약지역에 작전투입을 하기도 하고, 또는 전장을 방문하여 전투를 잘 하도록 지도하며, 소대장 유고 상황 시 소대장 대리 임무가 부여되면 소대장역할을 해야 한다.

마. 정규전 전환 준비

행정보급관은 부대원들이 대침투작전을 수행하다가 상황이 바뀌어 정규전상황으로 전환하더라도 즉각 임무수행이 가능하도록 미리 정규전으로의 전환에 대비하는 전투근무지원 태세를 갖추며, 정규전 전환준비가 완료되었거나 중대장의 조치가 요구되는 사항은 중대장에게 보고해야 한다.

5. 주임원사

가. 주둔지 경계 감독

주임원사는 지휘관 및 참모가 대침투작전계획을 수립하거나 작전을 수행하는 동안 주둔지방어가 취약할 수 있으므로 부대의 주둔지경계 태세를 점검하고 미흡한 점은 조치를 해야 한다.

주둔지 방어가 취약할 수 있으므로 부대의 주둔지 경계태세를 점검하고 미흡한 점은 조치를 해야 한다.

나. 전투준비태세 지도

주임원사는 대침투작전 상황이 발생하면 부대원들의 출동준비상태를 지휘관을 대신하여 현장위주로 확인하고 미흡한 점을 지도하며, 이때 상급부대차원에서 예하부대원들이 전투를 잘 할 수 있도록 지원하는데 초점을 맞추어 활동을 한다. 그리고 본부중대 같은 경우에는 참모부와 본부요원들의 임무가 다양한 반면에 직접행동으로 실천해야 할 사람이 적어서 출동준비를 하는데 어려움이 있을 수 있으므로 이러한 부대를 대상으로 출동준비상태를 중점적으로 확인하여 지도 및 조치하는 활동을 해야 한다.

다. 부사관 임무수행 상태 점검

장교나 병들에 비하여 상대적으로 현장경험이 많은 부사관들이 대침투작전에서는 전투를 더 잘할 수 있으므로 부사관들이 제 역할을 다하도록 임무수행 상태를 점검 및 지도하고, 필요하다면 임무조정을 해 부대 지휘관 및 참모에게 조언을 해야 한다.

라. 취약지역 순찰

주임원사는 대침투작전상황이 발생하면 부대원들이 전투준비로 미처 관심을 갖지 못하는 취약지역을 순찰하여 군기 및 안전사고 등이 발생하지 않도록 하고, 부대원들이 빈틈없는 경계태세와 전투준비를 하고 있는지 확인 및 지도해야 한다.

마. 작전지역 순찰

주임원사는 대침투작전지역을 순찰하여 전투행위로 인한 스트레스나 전장공포증을 갖고 있는 부대원들의 전투의지를 고양하며, 작전지역의 특징 및 과거의 전투경험사례를 바탕으로 적을 포획 및 섬멸할 수 있도록 지도하고, 전투지원 및 전투근무지원이 잘되고 있는지 등을 확인하여 미흡한 점은 조치하며, 부대원들을 격려하는 등의 활동을 하고, 활동결과를 지휘관에게 보고해야 한다.

바. 대민관계 협조

Tip

민관군합동 및 협동작전으로 조기에 완벽한 승리로 종결할 수 있도록 해야 한다.

주임원사는 다른 부대원들에 비하여 작전지역에서 장기간 근무한 경험을 바탕으로 평소부터 부대 및 작전지역 내의 주민들과 인간적으로 돈독한 유대관계를 유지하며, 대침투작전 상황이 발생하면 민간인들에게도 상황을 전파하여 작전에 적극적으로 협조해줄 것을 당부하고, 주민들이 거동수상자를 발견하였을 때 곧장 신고할 수 있도록 신고망을 확인하며, 신고방법을 알려주는 등의 활동으로 대침투작전을 민관군합동 및 협동작전으로 조기에 완벽한 승리로 종결할 수 있도록 해야 한다.

사. 지휘관의 추가 지시 임무 수행

주임원사는 대침투작전 전투준비 및 실시간 지휘관이 추가적으로 부여하는 임무를 수행하며, 지시임무수행결과를 지휘관에게 보고해야 한다.

제2절 방어전투 시

1. 분대장

가. 탄약 및 장비 추가소요량 확보

분대장은 방어전투간 추가적으로 소요가 예상되는 장비 및 부수기재, 물자, 탄약, 비상식량 등을 추가적으로 수령하여 분대원들에게 분배를 하고, 장비 및 부수기재, 탄약사용 방법 등을 알려주어야 한다.

나. 진지전환 통제

분대장은 방어간 전투상황이 아군에게 유리하거나 또는 불리하여 진지를 전환해야 할 때, 분대원들을 한꺼번에 전환 시킬 것인가? 아니면 분대장과 부분대장조 2개조로 전환할 것인가, 아니면 3개조 또는 각 개인별로 전환할 것인가를 정한 다음 분대원들이 진지전환 하는 것을 적이 모르도록 은밀하게 하며, 분대장의 명령 없이 어떠한 이유로도 전투진지를 이탈하지 못하도록 해야 한다.

다. 전 · 사상자 처리

분대장은 방어전투를 하는 동안에 전사자가 발생하였을 경우 시간적인 여유가 있으면 중대본부지역으로 후송하고, 시간적인 여유가 없으면 한쪽으로 모아놓고 전투를 한다. 그리고 부상자가 발생하였을 경우 중·경상을 살펴보고 중상자는 시간적인 여유가 있으면 중대본부지역으로 후송시키고, 시간적인 여유가 없으면 다소 안전한 쪽에 있도록 조치하며, 경상자는 전투임무를 계속하도록 한다. 이때 가능하면 위생병이나 분대원들에 의한 응급처치를 받을 수 있도록 해야 한다.

라. 전투현장 순찰

분대장은 방어전투 간 조금이라도 시간적인 여유가 있으면 전투진지를 보강하여 적의 공격을 저지하면서 아군의 피해를 줄일 수 있도록 하고, 전투 중에는 사전약속 된 전투수행방법을 준수하여 적에게 결정적인 타격을 가하며, 분대원들이 전장군기를 준수하도록 전투현장을 부단하게 순찰하여 분대장이 항상 함께한다는 심리적 안정감을 분대원들에게 심어주어야 한다.

마. 전투피로증 환자 조치

방어전투를 수행하는 동안 피로가 누적되어 스트레스가 쌓이거나 전장공포증세를 보이는 분대원이 있을 경우 심리적인 안정감을 갖도록 조치하고, 시간이 가능하면 휴식 및 정신교육을 통하여 확고한 필승의 신념을 고취시키며, 증상이 심각한 분대원은 임무를 조정하거나 중대본부로 후송해야 한다.

바. 전투의지 고양

분대장은 의연한 자세로 분대장의 명령에 따라 전투를 하면 적을 반드시 섬멸할 수 있다는 신뢰감을 분대원들에게 심어주며, 분대원들에게 전투기술을 가르치고, 분대원들에게 전투기술을 가르치고, 필승의 신념을 고취시켜 전장에서 모든 부대원이 생사를 함께 한다는 의식을 갖게 하며, 특히 적을 지근거리까지 유인하여 정확하게 조준사격을 감행하여 사살할 수 있는 용감한 전사가 되도록 한다.

분대장의 명령에 따라 전투를 하면 적을 반드시 섬멸할 수 있다는 신뢰감을 분대원들에게 심어주어야 한다.

2. 부소대장

가. 탄약 및 장비 추가소요량 확보

부소대장은 소대가 방어전투간 추가적으로 소요되는 장비 및 부수기재, 물자, 탄약. 비상식량 등을 확인하여 부족한 것은 중대로 부터 수령하여 분대에 분배하고 사용방법을 가르쳐 주어야 한다.

나. 진지전환 통제

부소대장은 상급부대 작전계획에 의하여 진지를 전환해야 할 때 소대의 피해를 최소화하면서 적이 모르도록 은밀하게 진지전환을 할 수 있도록 분대, 또는 개인별로 진지전환을 통제하며, 어떠한 이유로도 소대장의 명령 없이 방어진지를 이탈하는 일이 없도록 해야 한다.

다. 전 · 사상자 처리

부소대장은 전투 중 전사자가 발생하였을 경우 시간적인 여유가 있으면 중대본부로 후송하고, 시간적인 여유가 없으면 전투에 지장이 없는 곳에 임시 놓아두고 표시를 해 놓는다. 그리고 부상자는 위생병으로 하여금 응급처치를 하도록 하며, 중상자는 중대본부지역으로 후송하고, 경상자는 전투를 계속하도록 해야 한다.

라. 전투현장 순찰

부소대장은 소대원들에게 시간적인 여유가 조금이라도 있으면 전투진지를 보강하여 적의 공격을 격퇴할 수 있도록 부단하게 소대책임지역을 순찰해야 한다.

마. 전투피로증 환자 처리

부소대장은 전투로 인한 스트레스나 전장공포증 환자에 대하여 정신교육 및 휴식, 전투기술 등을 교육시켜 자신감을 갖고 전투에 임하도록 조치하고, 소대 차원에서 조치가 불가능한 소대원은 중대본부지역으로 후송해야 한다.

바. 전투의지 고양

부소대장은 병들에 비하여 전투경험이 많기 때문에 자신감을 갖고 소대원들의 전투의지를 고양하며, 부소대장의 지시에 따라 전투를 하면 반드시 적을 섬멸할 수 있다는 신뢰감을 소대원들에게 심어주어야 한다.

부소대장은 병들에 비하여 전투경험이 많기 때문에 자신감을 갖고 소대원들의 전투의지를 고양해야 한다.

사. 소대장 유고시 대리임무 수행

부소대장은 방어전투 간 소대장의 유고상황이 발생하면 별도의 지시가 없더라도 소대장을 대신하여 소대원을 지휘하며, 새로운 소대장이 보충되면 신임 소대장이 조기에 임무수행이 가능하도록 적극적으로 보좌해야 한다.

3. 참모부담당관

가. 전투상황유지 및 기록

참모부담당관은 인접 및 예하부대의 전투상황을 파악하여 상황유지와 함께 적절한 조치가 이루어지도록 조치하고, 전투상황을 기록하여 보존함으로서 역사적 근거로 보존하며, 참모부서장이 참모판단을 정확하게 하여 지휘관이 지휘결심을 하는데 정확한 자료를 제공할 수 있도록 보좌해야 한다.

나. 예하부대 통제 및 인접참모부 협조

Tip
예하부대가 전투를 잘할 수 있도록 지원해주는 활동을 해야 한다.

참모부담당관은 예하부대가 전투를 잘할 수 있도록 예하부대에 지원해주어야 할 사항은 무엇인가에 초점을 맞추어 도와주는 개념의 활동을 하고, 인접참모부서와 유기적인 협조를 하여 예하부대를 종합적으로 지원하는 시스템을 갖추도록 해야 한다.

다. 전투지원 시설 배치

참모부담당관은 전투지휘 및 전투근무지원 시설에 대한 경계대책을 강구하며, 지휘소이동시 설영대 편성 및 전술적 이동과 전투근무지원시설을 설치할 때 시설 위치 선정 및 내부 배치 등의 임무를 수행하고 그 결과를 참모부서장에게 보고해야 한다.

라. 전투장비 및 물자 지원

참모부담당관은 예하부대가 방어전투를 하는데 추가적으로 소요되는 장비 및 부수기재, 물자, 탄약, 식량 등을 파악하여 필요량을 확보하여 지원하며, 활동결과를 참모부서장에게 보고해야 한다.

마. 상황근무체계 유지

참모부담당관은 소속 참모부 요원들을 대상으로 상황근무 편성을 하여 참모부서장에게 보고를 하고, 상황근무대상자에게는 통보를 하며, 지휘소 이동시 설영대 편성, 전·사상자 처리, 부대 병력유지, 낙오자 통제, 전장군기유지, 부대안전관리, 사기 및 복지 등에 관하여 참모부서장이 원활하게 임무수행을 할 수 있도록 보좌해야 한다.

4. 행정보급관

가. 지휘결심 보좌

행정보급관은 중대원들이 오직 전투에만 전념할 수 있도록 전투근무지원 분야를 책임지고 임무수행을 해야 하며, 중대장이 작전계획을 수립하는데 필요한 병력, 장비 및 물자, 급식, 기상, 지형, 민간상황, 중대의 제한사항 등 각종 정보를 제공해야 한다.

나. 탄약 및 장비, 비상식량 등 추진 보급

행정보급관은 부대원들이 방어전투를 하는데 추가적으로 소요되는 탄약 및 장비, 비상식량 등을 확보하여 전투현장까지 추진 보급을 해야 한다.

추가적으로 소요되는 탄약 및 장비, 비상식량 등을 확보하여 전투현장까지 추진보급을 한다.

다. 진지전환 통제

행정보급관은 전투상황을 정확하게 파악하고 전투근무지원을 필요한 시기와 장소에 지원을 해주는 한편, 상급부대 및 자체 계획에 의하여 진지전환을 실시할 때 적에게 노출되지 않고 전술적으로 안전하게 진지전환을 할 수 있도록 중대지휘소 및 전투물자 사하지점, 전투물자 및 장비수집, 대대치중대 통제하의 부대이동, 신진지 점령 등의 임무를 수행해야 한다.

라. 전 · 사상자 처리

행정보급관은 전투현장에서 후송되어오는 전사자에 대하여 시간적인 여유가 있으면 상급부대 구호소지역으로 후송조치를 하고, 시간적인 여유가 없을 때에는 한 곳에 가매장하며, 중환자는 응급처치를 한 뒤 상급부대 의무시설로 후송하고, 경상자는 의무병에 의한 치료를 한 뒤 환자의 상태에 따라 다시 전투에 투입해야 한다. 이때 전사자 및 후송환자에 대하여 신상기록부와 전사자 가매장 장소의 약도를 2부 작성하여 1부는 상급부대에 보고하고, 1부는 자대에 보관해야 한다.

마. 근로자 관리

행정보급관은 전투상황으로 동원된 근로자에 대한 신상관리, 사기 및 복지, 생활 간 필요물품지원 등을 현역 전투원과 동일하게 지원해야 한다.

바. 전투현장 순찰

행정보급관은 전투현장을 부단하게 순찰하여 전투 간 부소대장의 전투수행 방법 지도, 중대원들의 전투의지 고양, 전장군기 유지 등의 활동을 하며, 전장 순찰 결과를 바탕으로 중대장에게 보고해야 한다.

사. 전투피로증 환자 관리

행정보급관은 전투현장에서 후송되어 오는 전투스트레스 및 전장공포증환자 등에 대하여 다른 부대원들과 격리를 하여 심리적인 치료를 받도록 조치를 하고, 중대에서 치료가 불가능한 환자는 상급부대구호 시설로 후송하며, 이들이 자살 및 자해, 난동 등 돌발적인 행동을 하지 않도록 안전조치를 강구해야 한다.

아. 낙오자 통제

행정보급관은 전투현장에서 낙오한 소속부대원이나 타부대원들을 소집하여 대기하는 동안 필요한 전투근무지원을 하고, 정신교육, 전투기술 등을 가르치는 한편, 타부대원은 원 소속부대에 연락을 하여 신속하게 인솔하여 가도록 조치를 하고, 자기 소속부대원은 임무전환을 시켜주거나 또는 전장으로 빨리 재투입을 시켜야 한다.

자. 지휘관의 추가 지시 임무 수행

행정보급관은 전투상황에 따라 소대장 대리임무수행, 본부 및 잔류병력으로 전투부대를 구성하여 전투상황에 따른 적시적인 전투참여 및 전투근무지원 등을 하며, 기타 중대장이 지시하는 추가 임무를 수행해야 한다.

5. 주임원사

가. 지휘결심 보좌

주임원사는 지휘관이 방어전투 작전계획을 수립하는데 필요한 작전지역의 기상 및 지형, 민간자산의 활용 가능성, 소속부대 부사관의 능력, 부대전투력, 부대원의 사기 및 복지 수준, 인접부대 및 민간인 상황 등에 대하여 정확하게 파악하여 지휘관이 지휘결심을 수립하는데 조언해야 한다.

나. 전투현장 지도

주임원사는 지휘관을 대신하여 전투현장을 방문하여 부대원들이 전장군기를 유지한 가운데 적을 섬멸할 수 있도록 전투 및 전투근무지원이 잘 되고 있는지를 확인하여 미흡한 점은 예하부대 및 관련 참모에게 조언을 해주어 시정조치가 되도록 하며, 특히 취약지역에 대한 순찰은 별도의 지시가 없어도 주임원사가 착안하여 실시해야 한다.

Tip

취약지역에 대한 순찰은 별도의 지시가 없어도 주임원사가 착안하여 실시해야 한다.

다. 전투근무지원 지도

주임원사는 전투근무지원 시설이 있는 치중대지역을 순찰하여 전투부대가 전투를 잘 할 수 있도록 적시적소에 전투근무지원이 이루어지고 있는지를 확인하고 미흡한 점은 시정조치하며, 활동결과를 지휘관에게 보고해야 한다.

라. 보충병 교육

주임원사는 전시에 보충되는 보충병들은 대부분 전투능력이 낮고, 심리적으로 불안해 한다는 점을 인식하여 이들에게 시간적인 여유가 있을 때 마다 전투기술을 가르치고, 필승의 신념을 고취시키는 등의 훈련을 실시하며, 이들의 고민을 해결해 주는 활동을 해야 한다.

마. 지휘소 개소 준비

주임원사는 전시지휘소 이동시 지휘소 선발대 운용실태를 지도 및 감독하고, 지휘관실 개소 준비를 하며, 지휘소 이동 간 경계대책, 지휘소의 전투 및 전투근무지원 시설 배치, 신지휘소 경계 대책 등에 관하여 현장을 확인하고 지휘관에게 조언을 해주는 활동을 해야 한다.

바. 전투피로증 환자 관리

주임원사는 군의관 및 인사장교와 협조하여 전투스트레스나 전장공포증 환자에 대하여 상담과 정신교육을 실시하여 이들이 안정감을 갖도록 지도하고, 전투부대의 조치 능력을 초과하는 전투피로증 환자는 상급부대에 보고하여 후송조치를 하도록 하며, 이들이 강한 전사로 거듭날 수 있도록 강한 훈련을 실시해야 한다.

사. 부사관 임무수행 확인

주임원사는 소속부대 부사관들의 개인별 임무수행 실태를 확인 및 지도하고, 필요하다면 개인의 임무나 보직을 조정해 주도록 해부대 관련참모 및 지휘관에게 조언 및 보고를 해야 한다.

아. 민간인 상황 확인

주임원사는 방어전투 간 민간인들의 동향이나 민간자원 활용 방안, 피난민 관리 및 통제방법 등에 관하여 정확한 정보를 파악하여 지휘관에게 보고해야 한다.

자. 지휘관의 추가 지시 임무 수행

주임원사는 지휘관을 대신하여 예하부대 전투 현장과 참모부의 전투지원 및 전투근무지원 실태를 확인하여 미흡한 점은 시정 조치를 해주고, 관련참모부 및 지휘관에게 보고 및 조언을 하는 활동을 해야 하며, 그 외에도 지휘관이 지시하는 별도의 임무를 수행하고, 활동결과를 지휘관에게 보고해야 한다.

제3절 공격전투 시

1. 분대장

가. 탄약 및 장비 추가 소요량 확보

분대장은 공격전투에 추가적으로 소요가 예상되는 장비 및 부수기재, 물자, 탄약, 비상식량 등을 수령하여 분대원들에게 분배하고 사용방법을 교육해야 한다.

나. 전 · 사상자 후송

분대장은 공격전투 간 발생하는 전사자에 대하여 시간적인 여유가 있을 때에는 후방지역으로 후송을 시키고, 시간적인 여유가 없을 때에는 작전이 종료된 후 쉽게 찾을 수 있는 곳에 표시를 해두고 공격을 계속한다. 그리고 중상자는 후방지역으로 후송을 시키고, 경상자는 위생병에 의한 간단한 응급처치만 하고 전투를 계속하도록 해야 한다.

다. 포로 및 노획물 후송

포로와 노획물은 즉시 후방지역 지휘소로 후송해야 한다.

분대장은 공격전투 간 포로를 붙잡으면 분대원들이 폭력 및 폭언을 가하거나 포로의 휴대품을 빼앗지 못하도록 조치를 하고, 노획물은 적의 첩보 및 정보를 파악하는데 중요한 단서가 되므로 분대원들이 임의로 갖지 못하도록 조치하며, 포로와 노획물은 즉시 후방지역 지휘소로 후송해야 한다.

라. 전장군기 유지

분대장은 공격전투의 성공요소 중 가장 중요한 것이 기도비닉을 유지한 전장군기임을 인식하여 분대원들이 전장군기를 유지할 수 있도록 부단하게 교육 및 지도를 하고, 전장군기를 위반하면 강력하게 제지해야 한다.

마. 필승의 신념 고취

분대장은 공격전투에서 승리를 하기위해서는 유형적인 전투력도 중요하지만, 그보다 더 중요한 것이 무형전력이라는 것을 명심하여 분대원들에게 적을 이길 수 있다는 자신감을 갖도록 독려하고, 반드시 이겨야만 하는 당위성을 인식시켜 모든 분대원들이 필승의 신념을 갖춘 전사가 되도록 해야 한다.

2. 부소대장

가. 장비 및 탄약 추가 소요량 확보

부소대장은 공격전투를 하는데 추가적으로 소요되는 장비 및 부수기재, 물자, 탄약, 비상식량 등을 중대로부터 수령하여 소대원들에게 분배하고 사용방법에 대하여 교육을 해야 한다.

나. 전·사상자 후송

부소대장은 공격전투 간 전사자가 발생하였을 경우 시간적인 여유가 있으면 상급부대 구호소로 후송하고, 시간적인 여유가 없으면 작전이 종료된 뒤 쉽게 찾을 수 있는 곳에 전사자를 현지 매장 후 표시를 해놓는다. 그리고 부상자가 발생하였을 때 중상자는 후방지역구호소로 후송하고, 경상자는 의무병 및 소대원에 의한 응급치료를 하여 전투를 계속하도록 해야 한다.

다. 포로 및 노획물 후송

부소대장은 공격전투 간 포로를 획득하면 후방지휘소로 지체 없이 후송하고, 노획물도 획득하면 즉시 원형 그대로 후방지휘소로 후송하며 어떠한 이유로도 포로를 사살하거나 폭행을 하지 못하도록 소대원들을 지도하고, 포로가 도주를 못하도록 무장해제를 시킨 후 철저하게 감시를 해야 한다.

라. 전장군기 유지

부소대장은 소대원들이 공격전투 간 전장군기를 철저히 준수하도록 정신교육 및 현장 독려를 하고, 필요하다면 강제로라도 반드시 전장군기를 유지해야 한다.

공격전투에 대한 자신감을 부여하고, 반드시 이겨야만 하는 당위성에 대하여 교육을 해야 한다.

마. 필승의 신념 고취

부소대장은 소대원들에게 싸워 이기는 방법을 가르쳐서 공격전투에 대한 자신감을 부여하고, 반드시 이겨야만 하는 당위성에 대하여 교육함으로서 소대원들이 필승의 신념을 갖도록 하며, 부소대장의 명령만 따르면 반드시 승리할 수 있다는 심리적 안정감을 심어주어야 한다.

바. 소대장 대리임무 수행

부소대장은 공격전투 간 소대장 유고상황이 발생해도 소대장 대리로 소대원들을 지휘하여 적을 격멸함으로서 반드시 승리를 쟁취해야 한다.

3. 참모부담당관

가. 전투지원 시설 배치 및 확인

참모부담당관은 공격전투 간 전투지휘 및 전투근무지원 시설을 설치하고, 내부에 비품배치를 해야 한다.

나. 상황 유지 및 전파

참모부담당관은 전투상황을 파악하여 상황일지에 기록하고, 상급부대에 보고하며, 인접참모부 및 예하부대에 전파하는 한편, 새로운 상항을 접수하면 관련 참모장교와 참모부서장에게 보고하여 신속한 조치가 이루어지도록 해야 한다.

다. 통신 소통대책 강구

참모부담당관은 전투근무지원 시설의 유·무선통신망을 점검하여 미흡한 점은 시정 조치를 하고, 조치 결과를 참모부서장에게 보고해야 한다.

라. 전투물자 및 장비 지원

참모부담당관은 공격전투에 소요되는 전투장비 및 부수기재, 물자, 탄약, 비상식량 등을 관련 참모부 및 부대와 협조하여 예하부대가 공격전투를 하는데 지장이 없도록 조치하며, 조치 결과를 참모부서장에게 보고해야 한다.

예하부대에 전투장비 및 부수기재, 물자, 탄약, 비상식량 등을 적극적으로 지원해야 한다.

마. 상황발생시 각종 조치

참모부담당관은 공격전투 간 발생하는 상황에 대하여 즉시 관련 참모장교 및 참모부서장에게 보고하고, 필요한 조치를 상급부대 및 인접참모부, 관련부대 등과 협조하며, 조치 결과에 대하여 참모부서장에게 보고해야 한다.

바. 상황근무체계 유지

참모부담당관은 전투지원시설이 24시간 제 역할을 다할 수 있도록 상황근무자편성을 하여 참모부서장에게 보고하고, 관련자에게 통보하며, 설영대 운용시 선발대 임무를 수행한다. 또한 전장으로부터 후송되어 오는 전·사상자에 대하여 필요한 조치를 하며, 손실된 병력을 보충해 주고, 낙오자를 모아서 필요한 조치를 하며, 부대원들을 대상으로 군기 유지, 군법 준수, 안전관리, 사기유지 등을 확인 및 지도하는 활동을 하고, 활동결과를 참모부서장에게 보고해야 한다.

4. 행정보급관

가. 지휘결심 보좌

행정보급관은 중대장이 공격전투 계획을 수립하는데 필요한 지형, 기상, 민간요소, 부대원 보직 실태 및 보충 전망, 전투근무지원 소요 또는 수준 등을 파악하여 중대장에게 보고해야 한다.

나. 전투 지원

행정보급관은 부대원들이 공격전투를 하는데 필요한 장비 및 부수기재, 탄약, 물자, 급수 및 급식 등 전투지원 및 전투근무지원에 대하여 차질 없이 지원할 수 있도록 소요량을 확보하여 전장으로 추진 보급을 해야 한다.

다. 전 · 사상자 처리

행정보급관은 공격전투 간 발생한 전사자에 대하여 관련시설 및 참모부와 협조하여 영현처리를 하고, 전사자 인적사항과 필요한 내용은 문서로 2부를 작성하여 1부는 자대에서 보관을 하고, 1부는 상급부대에 보고한다. 그리고 공격전투 간 발생한 환자에 대하여 중상자는 응급처치 후 상급부대 의무시설로 후송하고, 경상자는 의무병으로 하여금 치료를 받도록 한 뒤, 환자의 상태에 따라 전투에 재투입을 하도록 조치하고, 조치 결과를 중대장에게 보고해야 한다.

라. 포로 및 노획물자 후송

행정보급관은 전장에서 포로 및 노획물자가 후송되어 오면 즉시 상급부대로 후송하고, 어떠한 이유로도 중대원들이 포로를 사살하거나 폭행을 못하도록 해야 한다.

마. 전장군기 유지

행정보급관은 공격전투 간 발생한 전투스트레스 및 전장공포증환자는 상급부대 의무시설로 후송 또는 자대에서 치료를 하고, 낙오자들을 모아서 필요한 정신교육 및 전투기술 등을 가르치며, 이들의 신상 관리 및 통제를 하고, 전장을 수시로 순찰하여 부대원들의 전투의지를 고양하며, 전장군기를 준수하도록 독려해야 한다.

바. 지휘관의 추가 지시 임무 수행

행정보급관은 전투상황에 따라서 추가적으로 부여되는 중대장의 명령을 받아 소대장 대리 근무, 중대본부 요원들로 구성된 전투지원 등 각종 추가적인 임무를 수행한다.

중대본부요원들로 구성된 전투지원 등 각종 추가적인 임무를 수행해야 한다.

5. 주임원사

가. 지휘결심 보좌

주임원사는 지휘관이 공격전투 계획수립 시 지휘 결심을 하는데 필요한 지형, 기상, 민간 상황, 부사관 능력, 부대원의 사기 및 복지, 전투근무지원 소요 또는 수준 등을 파악하여 지휘관에게 보고해야 한다.

나. 지휘소 이동 및 개소 준비

주임원사는 지휘소 이동을 위한 설영대 편성, 지휘소의 지휘관실 준비, 전투근무지원시설 설치, 지휘소 경계 등에 관하여 관련 참모부서 및 부대와 협조하여 지휘소 이동 및 개소 준비를 하고, 활동결과를 지휘관에게 보고해야 한다.

다. 집결지 전투준비 지도

주임원사는 지휘관을 대신하여 집결지의 전투준비 실태를 확인하여 미흡한 점을 조치하고, 활동결과를 지휘관에게 보고해야 한다.

라. 보충병 관리

Tip

보충된 인원을 대상으로 전투기술 및 전투의지 고양 등에 관한 교육을 실시한다.

주임원사는 관련 참모부와 협조하여 전장에 투입하기 위하여 보충된 인원을 대상으로 전투기술 및 전투의지 고양 등에 관한 교육을 실시하고, 보충병들이 생활하는데 필요한 사항을 확인하여 미흡한 점을 조치하며, 활동결과를 지휘관에게 보고해야 한다.

마. 전투현장 지도

주임원사는 지휘관을 대신하여 전투현장을 방문하여 부대원들에게 필승의 신념을 고취시키고, 부대원들의 전장군기 유지를 독려하며, 부대원들의 사기 및 복지 실태를 확인하여 미흡한 점은 관련 참모부 및 부대와 협조하여 조치하고, 활동결과를 지휘관에게 보고해야 한다.

바. 전투지원 실태 확인 지도

주임원사는 치중대 및 구호소 등 전투근무지원 시설에 대한 순찰 활동을 실시하여 전투현장에 전투 지원이 잘되고 있는지를 확인하고, 미흡한 점은 시정조치하며, 활동결과를 지휘관에게 보고해야 한다.

사. 인접부대 및 민간상황 확인

주임원사는 공격전투 간 인접부대 및 민간상황을 파악하여 관련 참모부 및 지휘관에게 조언 및 보고를 하고, 필요하다면 직접 민간인들과 협조를 하여 성공적인 공격전투를 하는데 기여하는 활동을 해야 한다.

아. 전투피로증 환자 및 전·사상자 처리 확인

주임원사는 의무시설을 순찰하여 전투스트레스와 전장공포증 환자 및 부상자 등의 치료 및 관리실태 확인을 하여 미흡한 점은 시정조치하며, 전사자 영현처리 및 사후관리실태 등을 확인하여 필요한 조치를 하고, 활동결과를 지휘관에게 보고해야 한다.

자. 지휘관의 추가 지시 임무 수행

주임원사는 이외에도 지휘관이 공격전투에 필요한 것으로 판단하여 추가적으로 지시하는 임무를 수행하고, 활동결과를 지휘관에게 보고해야 한다.

토의

1) 부사관의 전시작전 임무 중 대침투작전 시 직책별 중요한 임무에 대해 우선 순위에 입각하여 발표를 해 봅시다.
2) 공격 및 방어전투 시 직책별 임무의 공통점과 차이점에 대하여 발표해 봅시다.

명언

29. 비 온 뒤에 땅이 굳어진다. - 속담
30. 성공도 실패도 우리의 자신 속에 있다. - 롱펠로우
31. 사물의 성패는 반드시 작은 일에서부터 일어난다. - 펠프스

제3부

부사관과 충효예 교육

03부 부사관과 충효예 교육

군대윤리는 군대에서 복무하는 군인이 지켜야 할 도리'를 말한다. 이는 군인들의 행위에 대한 도덕적인 가치판단과 규범으로 군인으로서 직무를 수행함에 있어 옳고 그름을 분별하여 선택할 수 있도록 하게 하는 윤리를 의미한다. 한편 충효예 교육은 나라에 충성(忠)하고 부모님께 효도(孝)하며 전우를 사랑(禮)하자는 취지에서 부사관 간부들에 의해 자생적으로 시작된 교육이다. 이 교육은 장병들에게 충교육을 통해 국가윤리(나라사랑)를, 효교육을 통해 가정윤리(가족사랑)를, 예교육을 통해 사회윤리(전우사랑)를 함양시킨다는 측면에서 이 교육을 다른 말로 표현하면 윤리교육이자 사랑의 실천교육이라 할 수 있다.

또한 군대윤리가 군대조직에서 일어나는 일련의 활동에 있어 옳고 그름을 분간하는 준거의 틀을 제공할 수 있도록 윤리의식 수준을 높여주는 교육이라면, 충효예 교육은 이러한 군대윤리가 한국군의 윤리로 바로 서게 하고 교육으로 연계되도록 하는 중심가치로 작용케 하는 교육이다. 이런 맥락에서 제3부 「부사관과 충효예 교육」에서는 부사관으로서 역할과 책임을 원활히 수행하기 위해서는 나 자신부터 충효예를 실천해야 한다는 취지에서 다음과 같이 기술하였다.

제8장 「충효예의 유래 및 군대윤리와의 관계」에서는 먼저 충효예의 유래에 대하여 각종 문헌을 중심으로 살펴보았고, 충효예 정신과 군대윤리의 관계에 대하여 설명하였다.

제9장 「충효예의 본질과 현대적 의미」에서는 충효예가 가지는 본질적 의미는 무엇인가?, 그리고 이를 현대적으로는 어떻게 해석할 것인가를 기술하였다.

제10장 「충효예 교육의 내용과 방법」에서는 충효예에 대하여 어떤 내용을

어떻게 가르쳐야 할 것인가에 대하여 기술하였다.

제11장 「충효예 교육의 적용 및 기대효과와 적용방향」에서는 충효예 교육을 병영에서 어떻게 적용해야 하고, 어떤 기대효과가 있는가에 대하여 인성교육, 리더십, 병영문화, 부대관리, 훈육 분야와 연계하여 제시하였다.

명언 

32. 성공의 비결은 단호한 결의에 있다. - 디르레일리

33. 순 엉터리 같은 희망이 때로는 이상하게 성공의 원인이 된다. - 보브나르그

34. 큰 성공은 단번에 오는 것이 아니다. 우리는 한발 한발 진보함으로써 만루 해야 한다. - 스마일르

35. 인간 최대의 승리는 자신과 싸워서 이기는 것이다. - 플라톤

제8장 충효예의 유래 및 군대윤리와의 관계

제1절 충효예의 유래

'충효예'의 개념을 이해하기 위해서는 우선 '충·효·예' 정신의 뿌리가 어디로부터 유래하였는지를 아는 것이 중요하다. 왜냐하면 그 뿌리에 대한 앎의 여부에 따라 그 의미를 받아들이는 정도에 차이가 있을 수 있기 때문이다. 예컨대 자기 자신의 뿌리를 알고 있는 상태에서 족보를 가르쳤을 때 그 가치를 정확히 받아들일 수 있지만, 그 반대로 조상의 내력을 알지 못하는 상태에서는 족보 내용을 내면화하기가 어렵다. 이러한 맥락에서 충효예 정신을 남의 나라, 남의 민족의 것으로 알고 있다면 이를 내면화하기는 어려울 것이다.

대체로 사람들은 '충효예' 사상을 "우리의 고유사상으로 받아들이기도 하지만, 중국의 유교사상에서 비롯된 것"으로 생각하는 경향이 있다. 우리의 고유사상이라고 보는 시각은 우리의 조상인 동이족(東夷族)에서 전해 내려오는 충효예 정신이 있었다는 점에 기초한다.

한편, 중국은 요(堯)·순(舜) 임금시대부터 효(孝)가 중요한 윤리적 강령으로 여겨져 왔는데, 중국의 충효예 사상은 춘추시대에 공자에 의해서 체계화되었으며 '삼강오륜(三綱五倫)'과 함께 『논어(論語)』, 『효경(孝經)』, 『충경(忠經)』, 『예기(禮記)』, 『맹자(孟子)』 등의 유학 교서(敎書)에 잘 나타나 있다. 그리고 중국에서의 충효예 사상은 춘추시대까지는 인본주의에 바탕을 두었으나 전국시대에서부터 통치논리에 적용하게 된 것으로 알려져 있다. 공자는 부모와 자식과의 관계를 일종의 자연 법적 기초를 가진 관계 규범으로 규정하고, 효를 개별적 관계 개념에서 보편적 관계 개념으로 확대시켰다.

그래서 "효는 덕의 근본이며, 교육이 그로 말미암아 생겨난다.[24)]"고 하였으며, 효덕관(孝德觀)에 대하여 공자는 다음과 같이 강조했는데 첫째는 공경(恭

敬)을 중시한 내용으로써 "공경하는 마음으로써 행하는 효가 아니면 참된 효도가 아니다."라고 말하여 공순(恭順)을 강조하였다. 둘째는 "부모에게 근심 걱정을 끼치지 않아야 한다."고 하여 마음을 편안하게 즐겁게 해드려야 한다고 하였다. 셋째는 "효가 일시적 현상으로 그쳐서는 안 된다고 하였는데 부모가 살아 계실 때에는 정성과 예(禮)를 다해 섬겨야 함은 물론 돌아가신 후에도 장례와 제사, 추모를 예로써 다해야 한다고 이르고 있다. 맹자도 "오륜사상(五倫思想)[25]이 인간의 어진 품성(仁·義·禮·智)을 갖게 하고, 착한 행실을 할 수 있게 한다."고 했는데 오륜에 바탕을 둔 생활을 하면 효는 자연스럽게 충(忠)에 이르게 된다고 보았던 것이다. 또한 국가는 가정이 확대된 개념이기 때문에 가정의 질서가 바르게 서면 사회적, 국가 정치의 질서가 올바르게 실현될 수 있다고 가르쳤다. 맹자의 윤리 정립은 "효제사상(孝悌思想)"을 향당(鄕黨)으로부터 사회윤리로 확대시키고, 효행으로 형성된 인격을 사회인으로서 노인공경에까지 확대 발전시켰다. 이와 같이 공자, 맹자의 원초적 유학에 기초한 효사상은 공자(孔子)와 증자(曾子)의 『효경(孝經)』에서 원리적 효 이론으로 이어졌고, 또 유교적 효사상은 12세기 송대(宋代) 주자학(朱子學)의 이론으로 정립되어 이(理)가 인간 본성에 내존(內存)하게 되어 인간행실의 규범인 도리가 된다는 철학적 이론으로 발전되었다.

그동안 '충효예'의 유래에 대해 관심이 적었던 이유는, 충효예를 가르쳐 주거나, 알 수 있는 기회가 없었던 교육 환경 탓도 있지만, 그 이전에 우리 문화나 역사를 비하시키려 했던 외부 세력의 영향도 간과해서는 안 될 것이다. 즉, 우리 사상의 유래를 정확히 알기 위해서는 우리 민족의 뿌리 의식 즉, 우리의 역사에 대한 문제의식이 전제되어야 하는데, 우리는 역사에 대한 관심이 적었다. 그래서 현재와 같은 역사교육의 환경 속에서는 우리 역사의 뿌리를 바르게 안다는 것이 매우 어렵다. 그 이유는 우리의 역사가 유구하다고는 하지만 나라의 개국(開國)이나 국가통치자의 탄생 등이 확실치 않을 뿐 아니라, 문헌

24) 『효경』「개종명의장」: 孝德之本也 敎之所有生也
25) 五倫思想 : 父子有親, 君臣有義, 夫婦有別, 長幼有序, 朋友有信

상으로도 신화(神話)나 설화(說話)로 취급되는 등 분명한 역사적 기록 문서가 존재하지 않기 때문이다. 특히 과거 일제 식민 통치하에서 저질러진 역사와 문화 말살 정책이 오늘날까지 영향을 미치고 있는 것과도 무관치 않다.

따라서 우리 사상의 유래를 정확히 알기 위해서는 문헌에 나타난 내용을 중심으로 우리나라에서 충효예 사상의 변천 과정과 중국 유교사상(儒敎思想)의 영향을 살펴봄으로써 충효예 사상을 바르게 이해하는 노력이 필요하다고 하겠다.

본장(本章)에서는 우리 민족이 반만년 이상 유구(悠久)한 역사를 이어왔기 때문에 고조선 이전에도 분명 우리 민족의 고유 사상이 존재했을 것이라는 추론(推論) 하에, 『환단고기(桓檀古記)』와 『규원사화(揆園史話)』의 기록이 비록 야사(野史)로 취급되고 있긴 하지만, 이런 문헌의 내용을 참고로 살펴보고자 한다. 그 이유는 '충효예 사상'에 대한 역사적 사실을 밝히려는 것이 아니라, 우리 민족의 정신과 의식의 뿌리를 찾아보자는 의도 때문이다.

1. 상고시대(B.C. 7199년~ B.C. 238년)

가. 환국(桓國)시대(B.C. 7199년~ B.C. 3899년)

환국시대(B.C. 7199년~ B.C. 3899년)의 5훈(五訓)[26] 즉, '다섯 가지의 가르침(五訓)'이 있었다. 그 다섯 가지 내용은 "첫째, 성실하며 거짓이 없어야 할 것이다. 둘째, 부지런하여 게으르지 않을 것이다. 셋째, 효도하여 부모를 어기지 않을 것이다. 넷째, 깨끗하고 의로워 음란하지 않을 것이다. 다섯째, 겸손하고 온화하여 다투지 않을 것이다." 인데 이 중 3번째 가르침에서 '효(孝)'에 대한 내용을 찾을 수 있다.

26) 고동영, 『환단고기』, 한뿌리, 1996년, 63쪽.

나. 배달국(倍達國)시대(B.C. 3898년~ B.C. 2333년)

배달국시대에는 '3륜9서(三倫九誓)'와 '도의원리(道義原理)'가 있었다. '3륜9서'의 '3륜(三倫)'이란 사람이 반드시 지켜야 할 3가지의 윤리를 말하는 것으로 '사랑(愛), 예(禮), 도(道)'를 말한다. 여기에서 '애(愛)의 윤리'는 하늘로부터 받은 것(天倫)이고, '예(禮)의 윤리'는 사람으로 말미암은 것(人倫)이며, '도(道)의 윤리'는 하늘과 사람이 함께 한다는 것(天倫 · 人倫)인데, 3륜(三倫)이 포함하고 있는 각각의 의미를 보면, '애(愛)'는 부모와 자식 간의 벼리(綱)로 "부모는 인자(慈)하고 자식은 효도(孝)해야 한다.", '예(禮)'는 임금과 신하의 벼리로 "임금은 의(義)로워야 하고 신하는 충성(忠)해야 한다.", '도(道)'는 스승과 제자의 벼리로 "스승은 바르고(正) 제자는 공경(敬)해야 한다."고 기록되어 있다.

다음 9서(九誓)의 내용은 제1서는 효(孝: 힘써 집에서 효도하라), 제2서는 우(友: 힘써 형제끼리 우애하라), 제3서는 신(信: 힘써 스승과 벗은 서로 믿으라), 제4서는 충(忠: 힘써 나라에 충성하라), 제5서는 손(孫: 힘써 무리에게 겸손하라), 제6서는 지(智: 힘써 정사를 분명히 알도록 하라), 제7서는 용(勇: 힘써 전선에서 용감하라), 제8서는 염(廉: 힘써 몸을 청렴히 하라), 제9서는 의(義: 힘써 매사에 의로움을 갖도록 하라)이다.[27] 위의 내용에서 살펴보았듯이 제1서에 효(孝), 제4서에 충(忠), 3륜에 예(禮)가 제시되어 있는 것을 볼 수 있다.

또한 '도의원리(道義原理)'는 '사군이충(事君以忠), 사친이효(事親以孝), 교우이신(交友以信), 임전무퇴(臨戰無退), 살생유택(殺生有擇)'으로 우리가 알고 있는 '세속오계(世俗五戒)'와 같은 것인데, 이는 이미 배달국 시대의 도의원리가 신라에까지 전해 내려오던 것을 원광법사(圓光法師)가 화랑도인 '귀산(貴山)'과 '추항(箒項)'에게 알려준 것으로 기록되어 있다.[28]

27) 고동영, 『상고군사사』, 한뿌리, 1994년, 273쪽.
28) 안호상, 『민족사상의 정통과 역사』, 한뿌리, 1992년, 103쪽.

다. 고조선(古朝鮮)시대(B.C. 2333년~ B.C. 238년)

Tip

'오상지도(五常之道)'는 배달국시대의 '도의 원리(道義原理)'와 같은 내용으로, 훗날 신라의 '세속오계', 고구려의 '오상지도'로 이어지는 계율이다.

고조선시대에는 '단군 8조교(八條敎)'와 '중일경(中一經)', '오상지도(五常之道)'가 있었다. 단군 8조교 제3조에 "너희는 어버이로부터 태어났고 어버이는 하늘로부터 강림하였으니, 오직 너희는 어버이와 하늘을 공경하여 이것이 나라 안에 미치면 이것이 바로 효충이다. 너희가 이 도(道)를 체득하면 하늘이 무너져도 솟아날 길이 있느니라."라고 되어 있다.

또한 중일경은 제3대 단군 '가륵' 임금 때 지은 것으로 그 내용은 "천하에 으뜸가는 근본은 내 마음의 중일(中一)에 있다. 사람이 중일을 잃으면 성취되는 일이 없고 사물이 중일을 잃으면 몸이 기울어 넘어진다. 중일(中一)을 잃으면 임금의 마음은 오직 불안하고 백성의 마음은 어두워지는 것이다. 그러므로 모든 사람을 고르게 다스려서 중(中)을 세운 연후에 하나(一)로 정해지는 것이다. 오직 하나(一)인 도(道)는 부모는 마땅히 자비로워야 하고 자식은 마땅히 효도하여야 한다(爲父當慈 爲子當孝). 임금은 마땅히 의로워야 하고 신하는 마땅히 충성해야 한다(爲君當義 爲臣當忠). 부부는 마땅히 서로 공경하여야 (爲夫婦 當相敬)하며 형제는 마땅히 서로 사랑해야 한다(爲兄弟 當相愛). 늙은이와 젊은이는 차례가 있어야(老少當有序)하고 친구는 마땅히 서로 믿어야(朋友當有信)한다. 몸을 수양하고 삼가하며, 공손하고 겸손하며, 학문을 닦아 지혜를 얻어 능력을 발휘하며, 널리 이롭게 되도록 서로 힘써 몸의 자유를 이루며, 물건을 개발하여 평등하게 하고 천하가 스스로 책임져야 한다. 마땅히 나라의 전통을 존중하여 헌법을 엄히 지키고, 그 맡은 바 직책에 최선을 다하며, 부지런함을 장려하여 산업을 보전해야만 나라에 일이 있을 때에 몸을 던져 의를 갖추어, 위험을 무릅쓰고 용감히 나라를 위함으로써 만세에 길이 이어갈 끝없는 행운을 붙들 수 있는 것이다. 이는 짐이 너희 나라사람과 더불어 간절히 마음에 간직하여 바라고자 하는 것이니, 이것이 너의 몸과 완전히 일치되는 지극한 뜻이기에 존경해야 할 것이다."[29]라고 기록하고 있다.

또한 '오상지도(五常之道)'는 배달국시대의 '도의원리(道義原理)'와 같은 내용으로, 훗날 신라의 '세속오계', 고구려의 '오상지도'로 이어지는 계율이다. 여기에서도 부모의 사랑과 친함에 의한 소통(疏通)의 효를 추구하고 있음을 볼 수 있다.

2. 삼국(三國)시대(B.C. 57년~ A.D. 935년)

삼국시대(三國時代)에는 신라(B.C. 57년~ A.D. 935년)의 화랑도(花郎徒), 고구려(B.C. 37년~ A.D. 668년)의 조의선인(早衣仙人), 백제(B.C. 18년~ A.D. 660년)의 계백 군사 등에서 볼 수 있는 것처럼 충효예가 왕성했던 시기였다. 그리고 부모의 생존 시는 물론 돌아가신 후에도 효(孝)를 행할 수 있도록 관료들에게 급가제(急暇制)를 마련하여 장례나 이장, 성묘 시에는 휴가를 실시하고, 근무지 배정을 고려하는 등 특전을 베풀던 때였다. 특히 신라 신문왕 2년(682년)에는 국학(國學)이 설치되면서 우리나라 교육기관에 孝를 정식 과목으로 다루었는데, 여기에서 말하는 국학은 우리나라 일종의 교육기관으로서 15~30세까지의 학생들에게 『효경(孝經)』을 필수 교육과목으로 가르쳤다. 삼국시대에는 불교가 전래되면서 『효자경(孝子經)』, 『부모은중경(父母恩重經)』, 『범망경(梵網經)』 등 효(孝)에 관한 불교경전이 들어와 불법(佛法)을 배우는 과정에서 효행의 방법과 효행사상을 익혔다. 또한 고구려 때 을파소 선생이 지었다는 『참전계경(參佺械經)』에는 충효사상이 잘 나타나 있다. 특히 삼국통일의 주역인 신라 화랑도들의 계율로 적용되었던 원광법사의 세속오계가 있었는데 이는 고조선 시대의 '오상지도(五常之道)'를 원광법사가 전수해 준 것이다.

29) 계연수 편저, 이민수 역, 『환단고기』, 한뿌리, 1986, 148쪽.

3. 고려(高麗)시대(918년 ~ 1392년)

고려시대(高麗時代)에는 불교를 국교(國敎)로 삼은 관계로 불교 경전에 의해 충효예가 지켜져 온 것으로 이해할 수 있다. 성종 때는 유교주의에 입각한 정치이념을 국가통치 이념으로 확립하기 위하여 효(孝)를 군주가 지녀야 할 기본 사상으로 삼기도 하였으며 효행의 사상적 학제를 마련하여 국가적인 교육을 담당하는 기관이었던 국자감(國子監)의 학과 과목 중 『효경(孝經)』과 『논어(論語)』를 최우선 과목으로 정하고, 다른 경전보다 앞서 배우도록 했다. 또한 고려 말 간행된 『명심보감(明心寶鑑)』과 『효행록(孝行錄)』의 발간은 충효예 정신의 생활화를 발전시키는데 크게 기여하였다.

4. 조선(朝鮮)시대(1392년 ~ 1910년)

조선시대는 태조 이성계가 군신(君臣) 관계를 저버리고 일종의 '반역(反逆)'에서 출발하였기 때문에 '충효예 정신'을 통치 지배 이념으로 논리화 하는 등 다소 변질된 상태로 적용한 시기라고 할 수 있다. 그리고 개국과 함께 성리학을 중심으로 한 유교정책을 실시하여 국가 시책과 일반 민중의 생활양식을 모두 주자가례(朱子家禮)에 의한 유교적 생활방식으로 개혁하였다. 여기에 적용된 삼강오륜이 본래의 뜻에 맞지 않게 해석되는 등 부작용이 나타나게 된 것인데, 예컨대 삼강(三綱)의 부위자강(父爲子綱)을 "부모는 자식의 벼리(본보기)가 되어야 한다."로 해석되어 지지 않고 "자식이 부모를 섬기는 것이 근본이다."라고 해석하여 교육되어진 것을 들 수 있겠다.

삼강오륜이 정치적, 사회적 생활규범으로 적용되었고 아울러 인쇄술의 발달과 문화의 향상에 힘입어 효(孝)사상의 보급이 상당히 발달하였다. 특히 명종(1478 ~ 1554)때 박세무가 역사상 최초로 어린이 교육을 위하여 발간한 교양교과서인 『동몽선습(童蒙先習)』을 발간하여 예의와 착한 심성의 행실을 중심 내용으로 효행을 쉽게 배울 수 있게 하였다. 그 후 1577년에는 율곡 이이가 청소년 학습용으로 편찬한 『격몽요결(擊蒙要訣)』 또한 효(孝)의 원형을 확립하고, 효의 5대 원리와 다섯 가지 불효로 구분하여 가르쳤다.

제2절 충효예의 상관관계

우리 민족은 충·효·예를 '하나의 정신덕목'으로 간주되어 왔는데, 이는 부모에게 효도하는 사람은 이웃과도 잘 지내고 나라 일에 적극적이라고 생각해 온 것이다.

예로부터 우리 민족은 충효예를 '하나의 정신덕목'으로 간주되어 온 면이 있다. 이를테면 부모에게 효도하는 사람은 이웃과도 잘 지내고 나라 일에 적극적이라고 생각해 온 것이다. 이는 효가 갖는 본질적 의미가 사람관계의 출발점인 부모와 자식 간에 형성되는 원초적 사랑에서 출발해서 이웃과 사회, 나라를 사랑하게 되는 정신이자 가치로 인식되어 왔다는 것을 의미한다. 또한 효를 인간의 인격 형성에 근간이 되는 백행(百行)의 근본으로 보는데 원초적인 인간관계인 부모·자식 간의 관계라는 친자지간(親子之間)의 관계를 시작으로 가족을 형성하게 되고, 이러한 가족 간의 질서는 점차 이웃으로 인간관계가 확대되고 이는 결국 국가와 사회의 질서체계로 발전되기 때문이다.

『논어(論語)』에서 공자도 "자연에서 사는 금수(禽獸)와 달리 인간이 사회적 동물로서 가정을 이루고 국가를 경영하여 공동체 생활을 영위하는 한 인위적인 도덕규범이 필요하다.[30]"는 것을 역설하면서 국가기관의 군주나 신하뿐만 아니라 가정 내의 부모나 자식들 역시 제각기 부모다워야 하고 자식다워야 하는 규범의식이 요구되고 있으며[31], "제자가 집에 돌아와서는 효성스럽게 처신하고, 밖에 나가서는 우애롭게 행동한다."[32]라고 하여 부지런히 학문 습득과 함께 효제충신(孝悌忠信)을 강조하고 있는데, 이를 다시 말하면 어려서부터 인륜질서를 배워야 하고, 가족 간에서의 사랑이나 우애도 깊이 있게 나눈 바탕에서 사회에 나아가서도 타인과의 도의적 관계를 유지할 수 있음을 나타내고 있는 것이다.

---

30) 『논어』「微子」: "鳥獸不可與同群, 吾非斯人之徒與而誰與 天下有道 丘不與易也"
31) 『논어』「顔淵」: "齊景公問政於孔子 孔子對曰 君君臣臣父父子子"
32) 『논어』「學而」: 入則孝 出則弟

또한 옛말에 "충효(忠孝)는 손의 양면과 같다."라든지, "효자 가문에서 충신 난다.[33]", "효로 임금을 섬기면 이것이 곧 충이다[34].", "신하는 임금을 충으로써 섬기고 임금은 신하를 예로써 대한다.[35]"는 등의 경구에서 충효예의 연관성을 알 수 있으며, 『효경(孝經)』에도 "어버이를 사랑하는 자는 감히 남을 미워하지 아니하며 어버이를 공경하는 자는 감히 남을 업신여기지 않는다.[36]", "어버이를 섬기는 자는 윗자리에 있어도 교만하지 아니하고 아랫자리에 있어도 어지럽지 아니하며 많은 사람 중에 있어서도 서로 다투지 아니한다.[37]"고 하였고, 그리고 『좌전(左傳)』에서도 "효는 예의 시작(孝, 禮之始也)"라고 하였고, 『국어(國語)』에도 "효는 문의 근본(孝, 文之本也)"라 하였는데 여기서의 문(文)은 바로 예(禮)를 뜻하는 것이며,[38] 예(禮)는 당시의 종법제도(宗法制度)를 수립하고 정치적 질서와 단결을 도모하기 위한 것으로써 충과 효 그리고 예가 서로 연결되고 이어지는 하나의 연결된 덕목으로 간주되어 왔다고 할 수 있다.

이와 같이 충효예는 하나의 정신덕목으로 연결할 수 있는 덕목이지만 이를 분리하여 생각해본다면 충(忠)은 국가의 윤리이자 기강(紀綱), 효(孝)는 가정윤리이자 근본(根本), 예(禮)는 사회의 윤리(倫理)이자 질서(秩序)로 정리될 수 있는데 이는 충(忠)은 애국심의 발로로써 국가를 지탱해주는 법도(法道)의 대강(大綱), 효(孝)는 가정에서 부모와 자식 간에 마땅히 행해져야 할 사랑과 정성의 덕목으로써 인간이 행하는 모든 행동의 근본이고, 예(禮)는 사람이 사람다운 도리를 하게 하는 조화와 질서의 덕목으로 이해할 수 있다. 따라서 위의 내용을 종합하여 '충효예(忠孝禮)'의 연관성을 도식화하면 다음의 〈표-11〉과 같다.

---

33) "求忠臣出於 孝子之門"

34) "以孝事君 則忠"

35) "臣事君以忠 君使臣以禮"

36) "愛親者不敢惡於人 敬親者不敢慢於人"

37) "事親者 居上不驕 爲下不亂 在醜不爭"

38) 이남영, 『효사상과 미래사회』, 한국정신문화연구원, 1995, 666쪽.

〈표-11〉 '忠孝禮'의 연관성

孝(가정윤리)	⇨	禮(사회윤리)	⇨	忠(국가윤리)
(부모와 자식 간의 사랑/정성)		(만인의 조화/질서)		(조국에 대한 충성)

위의 표에서 제시한 화살표 방향의 의미는 가정에서의 효는 사회에서 지켜야 될 예의 기초가 되며, 국가의 기강인 충의 기반이 된다는 것을 의미하는 것으로 가정은 사회의 기본단위로서 가정이 안정되지 않으면 사회의 번영(繁榮)과 안녕(安寧)을 기대할 수 없고, 사회의 번영과 안녕을 이룩하자면 먼저 가정이 안정되어야 하며, 그 가정을 잘 다스리려면 부모는 부모와 자식 간의 정성이 필요한 것이다. 또한 가정과 사회가 모여서 국가가 형성되는 것이므로 건강한 사회, 부강한 국가가 되기 위해서는 효를 바탕으로 가정이 안정되어야한다는 점에서 화목한 가정이 건전한 사회를 그리고 화목한 가정과 건전한 사회가 부강한 국가를 형성케 할 수 있다는 것이다. 따라서 넓은 의미에서 '충효예'는 상호 연관된 하나의 정신덕목으로 볼 수 있다.

제3절 충효예와 군대윤리의 관계

Tip

'군대윤리' 교육이 군대조직에서 일어나는 일련의 활동에 있어 옳고 그름을 분간하는 준거의 틀을 제공할 수 있도록 윤리의식 수준을 높여가는 활동이라면, '충효예 교육'은 이러한 '군대윤리'가 한국군의 윤리로 바로 서게 하는 정체성 확립 교육으로 연계되도록 하는 '중심가치'라고 말할 수 있다.

군대윤리는 '군대에서 복무하는 군인이 지켜야 할 도리로서 군인들의 행위에 대한 도덕적인 가치판단과 규범'으로 군인으로서 직무를 수행함에 있어 옳고 그름을 분별하여 선택하는 것을 의미한다. 이러한 군대윤리는 군인도 국민의 한 사람이기 때문에 일반 국민과 같이 소명의식과 천직의식, 직분의식과 봉사정신, 책임의식과 전문의식 등 규범적인 윤리를 견지하여야 한다는 측면에서 일반윤리와 커다란 차이가 없다. 국가를 보위하고 국민의 재산을 보호하면서 전쟁에 대비하는 무력을 관리하는 전문성을 가진 직업인이라는 점에서 차이가 있다. 전쟁이 발생했을 경우 전쟁 승리라는 최종 목적 달성을 위해 수반되는 각종 수단과 방법은 제네바 협약 등 규범적으로 제시된 범위 내에서 도덕적으로 정당화될 수 있도록 전투를 수행해야 한다는 점에서다.

한편 충효예 정신은 상고시대에서부터 우리 민족에게 면면히 이어져온 민족의 혼(魂)이자 우리의 전통적 가치로 우리 민족의 흥망성쇠와 함께 해온 '중심가치이자 윤리로 작용되어 왔다. 즉, 충(忠) 정신은 자신의 직분에 충실함으로써 나라를 위하는 가치이자 덕목으로 국가의 윤리, 효(孝) 정신은 가정에서 형성된 부모와 자식의 관계를 바탕으로 타인과 이웃으로 확대하는 가치이자 덕목으로서 가정의 윤리, 예(禮) 정신은 역지사지의 입장에서 존중과 배려로 조화와 질서를 유지시켜주는 가치이자 덕목인 사회의 윤리로 규정되어 온 것이다. 이러한 충효예 정신은 우리 민족이 국난에 직면할 때마다 상무정신, 화랑도 정신, 선비정신 등의 원동력으로 작용하여 국난을 극복하여 왔다는 점에서 충효예 정신은 가정(孝)과 사회(禮), 국가(忠)의 윤리적 '틀'로 인식되어 왔기 때문에 군대윤리와 연계되는 것이다.

따라서 '군대윤리' 교육이 군대조직에서 일어나는 일련의 활동에 있어 옳고 그름을 분간하는 준거의 틀을 제공할 수 있도록 윤리의식 수준을 높여가는 활동이라면, '충효예 교육'은 이러한 '군대윤리'가 국군의 윤리로 바로 서게 하는 정체성 확립 교육으로 연계되도록 하는 '중심가치'라고 말할 수 있겠다.

우리는 흔히 "전투력은 교육훈련에 의해 '육성'되며 부대관리에 의해 '보존'되고 리더십에 의해 '발휘'되어 진다."라고 말한다. 여기에서 간과해서는 안 될 것은 결국 부대관리나 교육훈련 그리고 리더십 발휘의 중심에는 사람(군인)이 있다는 것이다. 이는 온전한 전투력을 발휘하기 위해서는 온전한 사람(군인)을 길러내야 하는 것인데 이러한 온전한 사람(군인)은 바로 충효예 정신이 내면화된, 군대윤리가 투철한 사람(군인)이어야 하는 것이다. 이러한 의미에서 군대윤리 교육은 충효예 정신이 바탕이 될 때 비로소 전투력을 온전히 육성·보전·발휘할 뿐만 아니라 이를 통해 주어진 임무도 달성할 수 있는 것이다.

1. 충(忠)과 군대윤리

충의 본질적 의미는 '충(忠)'이라는 글자에 잘 나타나 있는데, 본시 '忠'자를 해석[39]해 보면 '中(가운데 중)'자에 '心(마음심)'자가 합해져서 '마음의 중심', 그리고 '중(中)'자를 '口(입 구)'자와 'ㅣ(꿰뚫을 곤)'자의 합자로 보느냐, '口(나라 국)'자와 'ㅣ(꿰뚫을 곤)'자의 합자로 보느냐에 따라 '직분 충실'과 '나라사랑'으로 해석할 수 있다. 이렇듯 충(忠)의 글자 속에는 근본적으로 '나를 위한다, '국가를 위한다'는 뜻이 내포되어 있다. 또한 사전적으로도 충은 '임금에 대하여 신하와 백성으로서의 본분을 다할 것을 요구하는 사상'[40], '인간의 허식과 가식이 없는 본래의 마음에서 우러나오는 정성스런 태도', '어떤 사람이나 진리 직무에 대하여 자신의 온 정성을 쏟고 헌신하는 마음과 행동의 자세'[41] 등으로 설명되므로 "나의 직분(職分)에 충실함으로써 나라의 발전에 기여 한다."라는 의미를 가지고 있다. 즉, 충의 대상은 국가와 국민이며, 국민 속에 내가 존재함으로 나 또한 충의 대상이 되는 것인데, 충은 나의 직분에 충실하는 것에서 출발하여 국민, 국가로 점차 확대되어 가는 것이다.

따라서 군인에게 있어서의 충이란 자신에게 주어진 임무를 완수하면서 국가와 국민의 생명과 자유를 수호하며, 영토를 굳건히 지키기 위한 국가윤리로서의 기능을 수행한다고 할 수 있다. 이러한 이유에서 충은 군인에게 필요한 윤리를 구성하는 요인 중 하나이자 가치로써 작용하는 것이다.

---

39) 김종두, 군장병의 효심과 복무자세간 관계에 관한 연구, 영남대 석사학위 논문, 1996, 45쪽.
40) 김학주 역, 『충경』, 명문당, 1986, 37쪽.
41) 김종오, 「'병 충성' 교육자료」, 제8군단, 1998. 7. 15.

2. 효(孝)와 군대윤리

효는 인륜질서의 근본(根本), 원초적 사랑, 천륜(天倫), 생명존중사상 등으로 일컬어지는데, 효의 어원(語源)적 의미를 살펴보면 생각할 고(考)자와 자식 자(子)의 합자로 보면, 부모와 자식은 서로를 생각하는 관계, 즉, 정신적인 효, 老(늙을 노)와 子(자식 자)의 합자(合字)로 보는 견해로 자식(子)이 늙은 부모(老)를 봉양하는 모습으로 묘사하고 있는 물질적 효로 해석된다. 또 영문표기인 HYO는 Harmony of the Young and Old의 약자로 젊은이와 어르신과의 하모니(Harmony : 조화, 상호성과 쌍무적 노력의 의미)를 추구한다는 의미로 크게 3가지로 구분하여 이해할 수 있다.

이러한 효는 '부모는 자식을 사랑하고 자식은 부모에게 효도해야 한다(父慈子孝)', '부모와 자식 간에는 어떤 경우라도 친함이 있어야 한다(父子有親)', '부모는 자식의 벼리(본보기, 모범)가 되어야 한다(父爲子綱)'는 원리에서 출발한다. 즉, 부모는 부모로서 자식은 자식으로서의 도리와 역할을 다해야 하는 사랑의 감정으로 이해해야 하는 것이다. 다시 말해서 가정에서 부모와 자식 간의 지켜야 근본이자 윤리를 의미하는 것이다. 또한 효는 충효예 정신의 예(禮)와 충(忠)의 기초가 되는 기본윤리로 불리고 있는데, 이는 가정에서 부모와 자식 간에 원초적인 사랑을 기본으로 형성된 온전한 품성을 가진 사람은 아무리 세상이 변한다고 해도 그 성품을 기본으로 타인과 이웃을 사랑하게 되고, 나아가 사회와 국가까지 사랑하는 심성으로 확대된다는데서 기인하는 것이다.

따라서 군대의 경우 장병들이 온전한 효심을 갖게 된다면 그들은 부모님이 원하는 방향으로 부모님이 걱정하지 않도록 군생활을 충실히 함은 물론 전우를 역지사지하는 마음으로 배려하고 사랑하며, 국가와 국민에게 충성을 다하는 전사로 거듭날 수 있는 것이다. 이처럼 효는 부모와 자식의 관계로부터 비롯되는 덕목이자 가치이고 윤리인 것이다. 그리고 가정윤리인 효는 국가윤리인 충, 사회윤리인 예의 기본이 되기 때문에 군대윤리를 향상시키는 요인으로 작용하는 것이다.

3. 예(禮)와 군대윤리

예의 본질적 의미는 '예(禮)'라는 글자의 어원적 의미에 잘 나타나 있다. 본시 예자를 해석[42]해 보면 '示(바칠 시) + 曲(과일 담는 바구니) + 豆(제기 두)' 모양으로 광주리에 과일을 듬뿍 담아서 제사 지내는 그릇 위에 올려놓고 하늘에 바치는 모양을 나타내는 글자로 볼 수 있는데, 다음과 같이 두 가지의 의미로 해석할 수 있다.

첫째, '시(示)'자를 '바칠 시'로 해석하는 관점이다. 하늘에 마음이나 물질을 바친다는 의미는 '하늘의 이치에 따른다'는 의미로 해석된다. 예기에 "예는 이치에 맞아야 한다(禮也者理也).", "예는 망령되이 상관을 기쁘게 하는 것이 아니다(禮不妄悅)."라는 표현과 맥을 같이 한다.

둘째, '시(示)'자를 '보일 시'자로 해석하는 관점이다. 상대방에게 보인다는 의미는 '행위예절'을 뜻한다. "예로써 나를 꾸미고 의로써 나를 통제한다(禮以飾身 義以制事)."에서 의복이나 표정 등에 의해 자신을 잘 나타내야 한다는 것을 의미한다.

이렇듯 예의 글자 속에는 근본적으로 하늘에 '빌다', '바치다', '기원하다', '보이다'는 뜻이 내포되어 있으므로 자신부터 깨끗이 하고 허물이 없게 한 연후에 타인에 대한 예를 갖추어야 한다는 의미로 이해할 수 있다. 한편 사전적으로 예는 '인간이 마땅히 지켜야 할 도리'라는 뜻으로 일반적으로는 도덕, 윤리 등과 같은 의미로 쓰이고 있다.

따라서 이러한 내용을 기초로 군(軍)에 적용해 보면, 군인으로서의 예는 교육을 통해 '군인으로서 마땅히 지켜야 할 도리'를 말한다. 그러므로 군인으로서 병영 내에서 조화와 질서를 유지하기 위해 전우를 배려하며 사랑하는 역지사지하는 분위기를 조성하는데 요구되는 윤리이고, 군대를 지탱하는 기틀이자 기강이라는 점에서 군대윤리와 맥을 같이 하고 있다고 볼 수 있다. 위의 내용들을 기초로 '충효예 정신'의 개념을 윤리와 연계하여 종합하면 〈표-12〉와 같다.

42) 김종두, 위의 석사학위논문, 47쪽.

〈표-12〉 충효예 정신과 군대윤리와의 관계

○ 충(忠) : 국가의 윤리로서, 자신의 직분에 충실함으로써 나라를 위하는 가치이자 덕목

○ 효(孝) : 가정의 윤리로서, 가정에서 형성된 부모와 자식의 관계를 바탕으로 타인과 이웃으로 확대하는 가치이자 덕목

○ 예(禮) : 사회의 윤리로서, 역지사지의 입장에서 존중과 배려로 조화와 질서를 유지시켜주는 가치이자 덕목

토의

1) 충효예 교육이란 무엇이며, 군인으로서 충효예가 추구하는 방향을 어디에 두어야 할 것인지에 대하여 발표해 봅시다.

2) 충효예의 상관관계를 설명하고, 충효예와 군대윤리와의 관계를 각각의 입장에서 의견을 담아 발표해 봅시다.

명언 

36. 빠른 속도로 가려하는 자는 성공하지 못하고 적은 이익을 얻으려는 자는 큰일을 이루지 못한다. - 논어

37. 목적을 단일하게 한다는 것은 대성공의 비결이다. - 나폴레옹

제9장 충효예의 본질과 현대적 의미

제1절 충의 본질과 현대적 의미

1. 충의 본질(本質)

가. 어원(語源)을 통해 본 충

〈표-13〉 어원으로 본 충의 의미

① 忠 = 中(가운데 중) + 心(마음 심) : 마음의 중앙(중심)
② 忠 = 口(입 구) + 丨(뚫을 곤) + 心(마음 심) : 자기 자신을 위하는 마음(직분 충실)
③ 忠 = 囗(나라 국) + 丨(뚫을 곤) + 心(마음 심) : 나라를 위하는 마음(나라사랑)

충을 정의하기 위해서는 '충(忠)'이라는 글자를 해석[43]해 보면 다음과 같이 3가지 관점에서 해석할 수 있다.

첫째, '忠 = 中(가운데 중) + 心(마음 심)'으로 해석하는 관점으로 '中(가운데 중)'자에 '心(마음심)'자가 합해져서 '마음의 중심'을 나타내는 글자로 '일심(一心)', '충심(衷心)', '중정(中正)', '진심(眞心)', 진심(盡心)' 등의 의미가 내포되어 있다.

둘째, ' 忠 = 口(입 구) + 丨(꿰뚫을 곤) + 心(마음 심)'으로 해석하는 관점으로 본다 '입'은 음식을 먹고 말을 하는 중요한 기관이므로 자기 자신과 관련되는 것이다. 따라서 '자기의 입에서 나온 말은 책임진다.', '자기에게 주어진 임무에 대해서는 책임을 진다.'는 의미로 '자기 직분에 충실하는 것'을 의미한

43) 김종두, 위의 석사학위논문, 45쪽.

다. 주자(朱子)가 충을 "자기 자신에게 몸과 마음을 다하는 것을 충이라 이른다(盡己之謂忠)."고 한 것과 맥을 같이 한다.

셋째, '忠 = 口(나라 국) + ㅣ(꿰뚫을 곤) + 心(마음 심)'으로 보는 관점으로 이는 '나라', 즉 국가는 '주권·국민·영토'라는 구성요소에 의해 존재하고, 국민 속에 내가 포함되어 있기 때문에 '나라가 있어야 내가 있다.'는 의미가 들어 있다. 안중근 의사가 "나라를 위해 헌신하는 것이 군인의 본분이다(爲國獻身軍人本分)."라는 말이나 충경에 "충이란 마음을 전일(全一)하게 하는 것을 말한다. 나라를 다스리는 근본이 어찌 충으로 말미암지 않겠는가?"[44]와 맥을 같이 하고 있다.

나. 충의 본질적 의미

〈표-14〉 충의 본질적 의미

① 충은 자기 직분에 최선을 다하는 것이다. ② 충은 나라를 위하는 마음이다. ③ 충은 상호성(相互性)을 추구한다. ④ 충은 믿음(信)을 기반으로 한다. ⑤ 충은 의(義)를 추구한다.

본질(本質)이란 어떤 사물이 본디부터 가지고 있는 자체의 성질이나 모습, 근본적인 성질을 말하는데, 따라서 충의 본질적 의미는 충이 가지는 바탕이 되는 근본적인 의미를 말하는 것이다. 충의 본질적 의미를 크게 다섯 가지로 구분해 볼 수 있다.

첫째, 충은 자기 직분에 최선을 다하는 것이다. 주자(朱子)는 "자기 자신의 마음을 다하는 것을 충이라 이른다(盡己之謂忠)."라고 했으며, 도산 안창호는

44) 『충경』「천지신명」: "忠也者 一其心之謂矣 爲國之本 何莫由忠"

"나라를 위하는 일이란 시장에서 장사하는 사람은 장사 일에, 농사일의 김을 매는 사람은 김매는 일에, 나무하는 사람은 나무하는 일에 최선을 다하면 그것이 곧 나라를 위하는 일이다"라고 했는데, 이는 맡은 일에 최선을 다하면 그것이 곧 충이라는 뜻이다. 충이란 그 대상에 대하여 일정한 정신자세를 의미하는 것으로, 조국이나 조직(최고 리더)에 대해서 헌신을 맹세하고 이를 실천하려는 태도라 할 수 있으며, 나라에 대한 개인의 헌신을 의미할 때는 애국심으로 표현한다.

둘째, 충은 나라를 위하는 마음이다. 나라를 위한다는 것은 마음을 하나로 하는 것이다. 『충경(忠經)』에 "오직 나라를 위해 정성을 다하고 마음을 하나로 하는 것이 나라를 위하는 근본이다(惟精惟一 爲國之本)."라는 것처럼 오직 조국을 생각하고 '조국과 나의 마음이 하나가 되는 것'을 의미하며, 또 "무릇 충은 자신에게서 일어나 집안에서 드러나고 나라에서 완성되는데 실행하는 것은 모두 한결같다"[45]라 했고, 『성경(聖經)』에도 "국가의 권세에 복종하라, 권세를 거스리는 자는 하나님의 명을 거스림이니, 거스리는 자들은 심판을 자처하리라(로마서 13장 1-2절)"고 기록되어 있다.

셋째, 충은 상호성(相互性)을 추구한다. 충은 군의신충(君義臣忠), 군신유의(君臣有義), 군위신강(君爲臣綱) 등에서 보듯이 '임금'과 '신하'라는 상호적 관계에서 출발한다. 임금(君)과 신하(臣)의 관계는 "윗물이 맑아야 아랫물이 맑을 수 있다", "Give & Take"라는 표현처럼 임금의 도리가 선행되고 나서 신하로서의 도리가 뒤따를 수 있는 것이다. 본디 우리 민족은 상고시대부터 충에 대해 "임금이 마땅히 의로워야 신하는 마땅히 임금에게 충성한다(爲君當義 爲臣當忠)"고 가르쳐온 것으로 나타나 있다[46].

넷째, 충은 '믿음(信)'을 기반으로 한다. 신(信)이란 사람 인(人)과 말씀 언(言)자가 합해서 만들어진 글자로 사람은 자기가 한 말에 대해 책임을 진다는 뜻으로 '믿음'을 의미한다. 즉, 사람의 말에는 믿음이 있어야 한다는 뜻이다. 믿음(信)에 대하여 황석공(黃石公)은 "믿음은 족히 다른 것들을 하나가 되게 한

45) 『충경』「천지신명」: "夫忠興於身 著於家 成於國 其行一焉"
46) 『격몽요결』의 서문과 『환단고기』 내용 중 「중일(中一)」에 명시되어 있음.

다.(信足以 一異)."[47]라고 하였다. 충경에도 "아랫사람이 실행에 옮기는 것은 상관이 신임하기 때문이다."[48], "아랫사람은 충성을 다하고 윗사람은 신의를 지키는 데서 비로소 이룰 수 있다."[49]라고 하였으며, 주자(朱子)도 "충은 믿음을 근본으로 삼고 믿음은 충을 불러일으킨다."[50]라고 하였다. 이렇듯 충(忠)과 신(信)은 불가분의 관계이며, 신뢰를 통하여 충이 형성됨을 알 수 있다.

다섯째, 충은 의(義)를 추구한다. 충은 원래부터 중정(中正)한 것으로 표현해 왔다. 중정이란 의미는 '곧고 바른', '지나치거나 모자람이 없이 바르다'는 뜻을 갖고 있다. 『충경(忠經)』 제1편에 "충이란 중정한 것이니 지극히 공평하고 무사한 것이다(至公無私)", "하늘은 사사로움이 없이 공평하기 때문에 사계절이 있게 하고(天無私 四時行), 땅은 사사로움이 없이 공평하기 때문에 만물을 소생(地無私 萬物生)케 하며 사람은 사사로움이 없이 공평하기 때문에 모든 일이 형통되고 바르게 할 수 있는 것이다(人無私 大亨貞)."라고 기록되어 있다. 이는 충은 국가를 위하는 것이어야 하고 개인의 사사로움에 연연해서는 안된다는 것을 의미한다.

다. 충의 정의(定義)

Tip

'충(忠)'은 "자기 성실을 바탕으로 직분에 충실함으로써 나라를 위하는 마음이다."

충(忠)은 자기 성실을 바탕으로 국가를 위하는 마음이다. 국가는 영토와 주권, 국민으로 구성되는데, 국민 속에 내가 있으므로 나 자신에 최선을 다하면 그것이 곧 충인 것이다. 『충경(忠經)』에 "그 몸을 하나로 하는 것은 충의 시작이요, 그 집안을 하나로 하는 것은 충의 중간단계요, 그 나라를 하나로 만드는 것은 충의 마지막 단계이다. 몸이 하나 되면 모든 복록이 이르게 되고, 집안이 하나 되면 모든 친족이 화목

47) 『황석공 소서』, 홍제곤 역, 학민문화사, 1993. 4쪽.
48) 『충경』「총신」: "下行而上信 故 能成其忠"
49) 『충경』「광위국」: "下忠上信之所致也".
50) 『주자어류21』: "忠是信之本 信是忠之發"

하게 되며, 나라가 하나 되면 만인이 다스려지게 된다.[51]"고 했는데, 충의 의미가 잘 나타나 있다. 따라서 충(忠)은 "자기 성실을 바탕으로 직분에 충실함으로써 나라를 위하는 마음이다."라고 정의(定義)할 수 있다.

2. 충의 현대적 관점

충에 대한 개념은 지금까지 군신(君臣)관계 또는 상관에 대한 복종 정도로 생각해온 면이 있다. 그 이유는 조선왕조 시대 통치논리에 대한 비판적 수용 때문이기도 하지만 근원적인 문제는 충이라는 개념에 대한 교육의 부재에 기인한다. 비근한 예로 대형서점에서 충에 대한 서적을 찾아보아도 중국에서 나온 고전(古典) 이외에는 찾아보기 어렵다. 이러한 이유에서 충에 대한 현대적 개념이 서 있을 수 없다. 앞서 본질에서도 밝혔거니와 충은 자신의 직분에 충실함으로서 나라를 위하는 애국심의 바탕이며, 언제나 조국을 생각하는 마음의 발현(發顯)이다. 그리고 그 바탕에는 바름(中正)과 진실성(眞心), 속에 있는 마음을 다하는 자세(衷心), 최선을 다하는 자세(盡心), 정성을 다하는 자세(誠心) 등의 의미가 들어 있다.

위의 내용을 기초로 하여 충의 현대적 관점을 살펴보면 첫째, 충은 국가(3요소 : 영토, 주권, 국민)를 대상으로 한다는 것이다. 국가의 개념에는 국민이 포함된다. 국민이 충성의 대상이 되는 이유는 국가의 3요소의 일부이기 때문이다. 둘째, 충은 국가의 윤리(倫理)이자 기강(紀綱)이다. 윤리라는 의미는 사람이 마땅히 행하여야 할 도리이고, 기강이란 국가를 지탱하고 이끌어 가는 틀을 의미한다. 따라서 충은 국가를 이끌어 가는 중심축(重心軸)의 역할을 하는 것이다. 셋째, 충은 역사관과 주인의식의 발로(發露)이다. 역사의식이 없는 애국이 있을 수 없고, 애국심이 없으면서 역사에 대한 관심이 있을 수 없다. 그리고 주인의식이란 내 민족의 주인이요, 나라의 주인을 의미한다. 내 민족과

51) 『충경』「천지신명」: "是故 一於其身 忠之始也 一於其家 忠之中也 一於其國 忠之終也. 身一則百祿至 家一則六親和 國一則萬人理"

내 나라가 위태로울 때 방관자가 아닌 주인으로서 위기를 타개하는데 몸과 마음을 바치고자 하는 정신이다. 넷째, 바른 마음으로 최선을 다하는 자세이다. 충에는 '일심(一心)', '중정(中正)', '진심(盡心)'의 의미가 포함되며, 오로지 나라를 위한 일편단심으로 내가 하고 있는 직분(職分), 즉 임무에 최선을 다하면 그것이 곧 진정한 의미의 충인 것이다.

사 례

한국의 마사다(MASADA), 칠백의총(七百義塚)

1590년 일본은 15세기 말부터 약 100여 년간 계속되어온 각지 영주(領主)들의 패권 다툼 시기였던 이른바 전국시대(戰國時代)가 오다 노부나가(織田信長)와 그 뒤를 이은 도요토미 히데요시(豊臣秀吉)에 의해 통일되었다. 일본을 통일한 도요토미는 대아시아 제국을 꿈꾸며 조선에 수교를 요청하는 한편, 명나라를 정벌하기 위해 일본군이 조선을 통과할 수 있게 해달라고 요구했으나 조선정부는 이를 거부했다. 이에 도요토미는 자신의 대외 팽창 야욕을 채우기 위해 지속적으로 전쟁준비에 박차를 가하게 되었다. 드디어 1592년(선조 25년) 4월 13일, 일본은 17만여 명의 육군과 약 4만 명의 수군을 동원하여 부산으로 침략했다. 부산에 상륙한 왜군의 기세는 실로 대단하였다. 왜군은 파죽지세로 한반도를 유린하면서 북상을 계속하여 불과 20일 만인 5월 3일에는 수도인 한양을 함락시켰다. 미처 전쟁에 대한 대비를 하지 못한 조선 관군은 연일 대패했으며, 선조(宣祖)는 자신의 생명의 위협을 느낀 나머지 수도 한양을 버리고 압록강 연안의 의주로 피신하는 상황에 이르렀고 명나라에 지원을 요청하게 된다.

한편 조헌(趙憲, 1544~1592) 선생은 1567년 문과에 급제한 후 호조좌랑, 예조좌랑, 사헌부 감찰을 거쳐 보은현감 등 조정에 여러 번 등용되었으며, 당시 율곡 이이 등과 깊이 사귀면서 남다른 선견지명의 정론(政論)과 과감한 시책(時策)으로 국가정책을 바로 잡기에 힘썼다. 임진왜란이 일어나기 전,

정여립(鄭汝立)의 모반(謀反)과 임진왜란을 예견하고 대궐에 엎드려 국방강화와 시정의 개선을 왕에게 건의하였으나 조정에서는 그의 뜻을 받아들이지 않자 벼슬을 그만 두고 관직에서 물러난 뒤에는 옥천군 안읍밤티(安邑栗峙)로 들어가 후율정사(後栗精舍)라는 서실(書室)을 짓고 은거하면서 제자 양성과 학문을 닦는데 전념하고 있었다.

임진왜란이 발발하여 국가가 백척간두(百尺竿頭)의 상황에 이르자 그는 분연히 일어나 붓 대신에 칼을 잡았다. 그리고 이러한 국가의 누란을 극복하고자 뜻을 같이하는 사람들을 모으기 시작하였다. 삽시간에 700여 명의 장정들이 '우리 고장은 우리가 지킨다'는 단심(丹心)으로 모여들었다. 의병을 조직한 조헌 선생은 지리적 이점을 살린 유격전으로 왜군의 후방을 교란하고 군량 보급을 차단하면서 왜군의 충청남도 보은(報恩)으로 진격을 저지하는 등 지속적으로 왜군 괴롭혔다. 이뿐만 아니라 승전을 거듭한 조헌 선생과 의병들은 1592년 8월 1일 서산대사(西山大師)의 제자인 승장(僧將) 영규대사(靈圭大師)와 함께 1,700명을 이끌고 왜군에게 빼앗긴 청주성(淸州城)을 탈환하였다.

그 후 선생은 이 여세를 몰아 의주(義州)에 피신 중인 선조(宣祖)를 모시기 위해 의주로 향할 계획을 세우고 있던 중 왜군이 호남의 곡창지대를 점령할 목적으로 금산성(金山城)으로 집결하고 있다는 정보를 입수한 선생은 즉시 기수를 남쪽으로 방향을 돌려 금산성으로 향했다.

드디어 8월 17일 금산성 밖 10리 지점인 연곤평(延昆坪)에 도착하여 금산성 공격을 준비하였다. 그러나 "관군(官軍)으로서 제 마음대로 의병의 진(陳)에 참가하는 자는 처벌할 것이니, 각기 원대에 복귀하라."라는 명령을 내린 충청도 관찰사 윤선각(尹先覺)의 방해와 전라도 순찰사인 권율(權慄) 장군과의 합동작전 계획이 지연되자 다음 날 선생은 단독(單獨)으로 공격할 것을 결심하게 된다. 관군의 지원도 확실하지 않은 상황에서 1천 3백여 명의 의·승병군(義·僧兵軍)만으로 정예 1만여 명의 일본군이 지키고 있는 금산성을 단독으로 공격하는 것은 자살행위나 다름없었다. 그러나 충(忠)과 의(義)만을 알고 대쪽 같은 성품의 선생은 '뒷날을 기약하자.'는 주위의 만류에 "임금이 욕을 당하면, 신하는 죽어야 한다(主辱 臣死)."며 단호히 결전 의지를 밝히며 밤을 새워 공격 준비를 한 뒤 8월 18일 아침에 병력을 출동시켜 공격을 개시했다. 그러나 조총 등 최신 무기로 무장한 왜군은 성(城)에서 나와 선제공격을 가해왔을 뿐만 아니라 동시에 공격로 상에 매복해 있던 왜군이 의병의 배후를 공격해 왔다. 적의 의해 포위상태에 빠진 의·승병군은 무기면에서 열세임에도 불구하고 하루 종일 분전했다. 조헌은 "오늘은 오직 죽음만이 있을 뿐이다. 마땅히 의롭다는 한마디에 부끄럽지 않아야 할 것이다."라고 병력들을 독려했다. 혈전에 혈전을 거듭하다보니 의·승병군은 드디어 화살마저 다 떨어지고 위기를 맞게 되었다. 그러나 조헌은 다급해하지 않고 장막 안에서 움쩍하지 않았다. 곁에 있던 사람이 같이 나가자고 하였지만 "대장부는 죽으면 그만이지 구차하게 살 수 없다."며 더욱 북을 세게 치며 의·승병군을 독려하였다. 이에 의·승병군들은 손에 무기하나 없이 육박전까지 펼쳤지만 왜군의 총 공세에 하나 둘 장렬히 전사하였고, 마지막까지 대열을 이탈하거나 전장을 이탈하는 사람은 하나도 없었다.

왜군은 금산성(金山城) 전투에서 비록 승리하였으나 그들이 입은 타격도 적지 않았다. 왜군들도 사상자가 수천 명에 달해 시신을 운반하는데 사흘이 지나도 끝내지 못했으며, 왜군의 기세도 크게 꺾여 왜군은 호남지역 점령 계획을 포기하고 충청남도 옥천(沃川)으로 철수시켰다. 이로써 왜군의 전라도 진입을 저지시켰다.

왜군이 물러간 뒤 조헌의 제자인 박정량(朴廷亮)과 김승절(金承節)이 시신들을 수습하여 지금의 금산군 서리면 의총리에 큰 무덤을 만들고 '700명의 의로운 사람들의 무덤(七百義塚)'이라 하였다. 광복 후 1952년에 금산 군민들이 성금을 모아 의총을 보수하고 '종용사(從容祠)'를 다시 지었으며, 정부에서도 칠백의총을 1963년 1월 21일 사적 제105호로 지정하고, 1971년과 1976년 2차에 걸쳐 경내·외 정화사업을 대대적으로 실시하여 현재와 같은 모습으로 단장되었다. 또한 문화재청에서는 매년 9월 23일에 칠백의사 순의제향(殉義祭享)을 실시하여 그들의 숭고한 호국정신을 기리고 있다.

제2절 효의 본질과 현대적 의미

1. 효의 본질(本質)

가. 어원(語源)을 통해 본 효

〈표-15〉 어원으로 본 효의 의미

① 효(孝) = 考(생각할 고) + 子(자식 자) : 정신적인 효
② 효(孝) = 老(늙을 노) + 子(자식 자) : 물질적인 효
③ HYO = Harmony of the Young and Old : 조화로움의 효

(1) 효는 **考**(생각할 고)와 **子**(아들 자)자의 합자(**合字**)

생각할 고(考)자와 아들 자(子)의 합자로 보면, 부모와 자식은 서로를 생각하는 관계, 즉, 정신적인 효로 이해할 수 있다. 여기서 고(考)는 조상 제사 때 올려놓는 지방(紙榜)의 '현고학생부군신위(顯考學生府君神位)'에서 '현고(顯考)', 즉 조상의 행적을 드러내어 생각하며, 조상님이 원하셨던 방향으로 행하도록 노력한다는 의미가 들어있다. 여기서 주의할 점은 '자식이 부모를 생각한다.' 뿐만이 아니라 '부모는 자식을 생각하고 자식은 부모를 생각한다.'는 쌍무호혜적 의미로 해석해야 한다는 점이다.

(2) **孝**는 **老**(늙을 노)와 **子**(아들 자)의 합자(**合字**)

『설문해자(說文解字)』에 자식(子)이 늙은 부모(老)를 봉양하는 모습으로 묘사하고 있는데, 이는 곧 물질적 효를 말한다. 다시 말해 늙은 부모를 등에 업고 가는 모습, 고령자를 업고 가는 모습을 연상케 하는 글자이다. 성경에도 "물질을 드림으로써 마음이 함께 한다(마태복음 6:21)"고 했듯이, 물질적인 효를 실천하다보면 마음도 함께 하기 마련이다. 여기서도 주의할 점은 '자식이 부모에게 물질적으로 봉양한다.'만이 아니라 '부모는 어린 자식을 부양하고 자식은 늙은 부모를 봉양한다.'는 쌍무호혜적 의미로 해석해야 한다는 점이다. 따라서 우리가 어렸을 때 의식주(衣食住) 모두를 부모님이 해결해 주셨듯이, 부모님의 연세가 많아 나약해지면 정신적으로 평안하게 해드리는 것은 물론이고, 의식주면에서 불편함이 없도록 물질적으로 보살펴 드려야 하는 것이다.

(3) HYO(효)는 Harmony와 Young, Old의 약자

지금까지 효에 대한 영어는 'filial piety' 또는 'filial duty' 등으로 표기해왔다. 이는 '자식의 공경', '자식의 의무' 등으로 해석되는데, 자식은 어버이에게 일방적으로 공경하거나 모셔야 한다는 일방성의 의미로 해석되어진다. 그러나 효는 일방성이 아닌 상호성을 바탕으로 젊은이와 어르신과의 하모니(harmony : 조화, 상호성과 쌍무적 노력의 의미)를 추구한다는 의미도 포함되어 있다는 점에서 효를 'HYO'로 표기하고 'HYO'는 'Harmony of the Young and Old'의 약자로 이해해야 한다. 그리고 이는 우리가 '김치(Kimchi)', '태권도(Taekwondo)' 등과 같이 우리 발음 그대로 표기하는 것처럼 효를 우리 발음 그대로 'HYO'로 표기했을 때 우리의 정서가 담긴 효의 의미가 될 수 있다.

나. 효의 본질적 의미

효의 본질은 곧 효가 지니고 있는 의미 중에서 가장 바탕이 되는 성질을 뜻한다. 그리고 이를 잘 나타내주는 문구가 "효는 인(仁)을 이루는 근본이다."[52] 라는 공자의 설명이다. 여기서 인(仁)이란 한 마디로 사랑을 의미하는데 사랑 중에서도 도리(道理)와 연관된 사랑을 말한다. 다산 정약용은 인(仁)에 대하여 설명하기를 "인(仁)이란 사람이 둘이니 사람과 사람이 각자의 도리를 다하는 것이다."[53]라고 했다. 즉 인(仁)은 부모와 자식, 스승과 제자, 형과 아우, 언니와 동생, 남편과 아내 등 두 사람 각자가 서로를 위해서 도리를 다하는 것을

---

52) 『논어』「학이」: "孝弟也者 其爲仁之 本與"
53) 정약용, 『논어고금주』「권2」: "仁者, 人與人之 盡其道也"

말하는데, 위의 내용을 기초로 하여 효의 본질적 의미는 다음과 같이 설명할 수 있다.

〈표-16〉 효의 본질적 의미

① 효는 부모와 자식 사이에 형성된 원초적(原初的) 사랑이다. ② 효는 부모와 자식의 상호성(相互性)에 기초한다. ③ 효는 보편성(普遍性)과 이타성(利他性)을 가진다. ④ 효는 의(義)를 추구한다. ⑤ 효는 예(禮)와 충(忠)의 기초(基礎)이다.

(1) 효는 부모와 자식 사이에 형성된 원초적(原初的) 사랑이다.

원초적(原初的)이란 어떤 일이나 현상이 비롯하는 맨 처음이 되는 것을 의미한다. 효는 인간이 부모로부터 생명을 얻게 되면서 가장 먼저 접하게 되는 사랑의 감정이다. 그 사랑은 태아(胎兒)가 어머니의 배속에서부터 받는 원초적 사랑으로 태아는 그 감정을 마음과 몸으로 느끼는 가운데 세상에 나오게 된다. 즉, 세상에 나와서는 부모가 베푸는 자애(慈愛)를 통해 자식으로서 응답의 이치를 터득하게 된다.

효는 인간이 세상에 나와서 가장 처음 느끼는 사랑의 감정이다. 내리사랑은 사람과 동물 모두에게 있지만, 올리효도는 일반 동물에는 없고 오직 사람에게만 있다. 따라서 효를 알지 못하고 행치 않으면 사람이 아닌 것이다.

이러한 부모의 원초적 사랑은 부모가 자식을 잉태(孕胎)하면 그 때부터 자식에게 한없는 사랑을 베풀게 된다. 자식을 잉태한 엄마는 감기가 걸리면 약도 먹지 못하고 오직 뱃속의 아기가 온전하기만을 바라는 마음으로 고통을 감내(堪耐)한다. 그러다 아기가 세상에 나오면 젖꼭지를 입에 물리고, 젖을 빨면서 엄마의 눈을 쳐다보는 아기의 눈을 마주하면서 '눈 빛'과 '마음'으로 사랑의 대화를 나눈다. 아기가 자라서 기어 다니고 아무것이나 입에 가져다 댈 때가 되면 그야말로 부모는 아기의 곁을 떠날 수 없게 된다. 그런 가운데 유아원, 유치원, 초등학교, 중학교, 고등학교, 대학교 등 상급학교로 진학시키는 과정에서 갖은 고생을 마다하지 않는다. 부모는 이처럼 자식을 위해 온갖 고생을 하면서 사랑을 베푸는 것인데, 이는 바로 누군가가 가르쳐서가 아니라 원초적 행위에 기인하는 것이다.

(2) 효는 부모와 자식의 상호성(相互性)에 기초한다.

효는 부자자효(父子慈孝)와 부자유친(父子有親)을 원리로 부모와 자식이라는 상호성에 기초하는 원초적인 사랑의 감정에서 시작되는 것이다.

우리 민족은 상고시대부터 효에 대해 "부모가 마땅히 자식을 사랑하고 자식은 마땅히 부모에게 효도해야 한다(爲父當慈 爲子當孝)."고 여겨왔다.[54] 또한 효는 부자자효(父慈子孝)와 부자유친(父子有親)의 원리에 기초한 부모와 자식의 쌍무적인 노력을 다하는 것이다. 즉, 어떤 경우라도 부모는 자식을 사랑하고 자식은 부모에게 효도해야 하며, 부모와 자식 간에는 친함이 있어야 한다는 것으로 부모와 자식이라는 '쌍방'이 없이는 효라는 말 자체가 무의미한 것이다.

또한 윗물이 맑아야 아랫물이 맑을 수 있듯이 우선은 부모의 역할이 바라야 하고 자식으로서의 도리가 따라야 하는 것인데, '상호성'과 관련하여 사람이 여타 짐승과 다른 점은 은혜를 갚을 줄 아는 성품을 가졌다는 것이다. 즉, 부모에게 받은 원초적 사랑에 대하여 보답하려는 생각을 가지게 되는데 이것이 바로 부모의 사랑과 정성에 대한 자식으로서의 '응답'이자 '책임의식의 발로(發露)'로 작용하는 것이다.

54) 『격몽요결』의 서문, 『환단고기』의 「중일경(中一經)」에 나오는 말이다.

(3) 효는 보편성(普遍性)과 이타성(利他性)을 가진다.

효는 시대 불문, 지구촌 어느 곳에서든 인류의 출현과 함께 존재해 왔으며, 홍익인간 정신에 기초하여 남을 이롭게 하는 정신으로 이해해야 한다.

보편성(普遍性)이란 '모든 것에 공통되거나 들어맞는 것', '두루 널리 미치는 것'을 의미한다. 효를 보편적 가치로 보는 것은, 하늘의 이치에 따라 어느 가정에서든 부모와 자식, 형제와 자매 등 가족 간에 서로 사랑하며 화목하게 지내야 하고, 가정에서 형성된 따뜻한 마음을 타인과 이웃, 사회와 국가, 자연으로 확대되어 작용되기 때문이다. 아무리 세상이 바뀐다고 해도 부모와 자식의 관계는 있을 수밖에 없으며, 특히 부모와 자식 간에 사랑을 많이 나누는 사람일수록 가족뿐 아니라 타인과 이웃, 인류봉사에 힘쓰는 모습을 볼 때, 효가 보편성이 있음을 알 수 있는 것이다.

또한 이타성(利他性)이란 '내가 희생해서 남에게 이로움을 준다.'는 의미로 이기적(利己的) 삶과 반대되는 의미이다. 이기적(利己的)은 '나를 이롭게'하는 것이고 이타적(利他的)은 '타인을 이롭게'한다는 의미이므로, 이타적이란 '남을 이롭게 해주는', '남을 더 생각 한다'는 뜻이다. 우리의 전통문화인 효가 이타적 가치인 점은 홍익인간(弘益人間) 정신에 잘 나타나 있다. 인류만이 아닌 자연까지도 이롭게 하라는 홍익인간 정신은 고조선의 건국이념임과 동시에 교육법 제2조(교육이념)에 "홍익인간의 이념아래 모든 국민으로 하여금 인격을 도야하고 자주적 생활능력과 민주시민으로서 필요한 자질을 갖추게 하여 인간다운 삶을 영위하게 하고 민주국가의 발전과 인류공영의 이상을 실현하는데 이바지함을 목적으로 한다."고 규정하고 있는 곳에서도 효가 이타적 가치임을 잘 알 수가 있다.

(4) 효는 의(義)를 추구한다.

> **Tip**
> 효는 부모나 자식이 의롭지 않은 일을 행하면 말려서 불의(不義)에 빠지지 않고 올바른 길을 갈 수 있도록 하는 것이다.

효는 부모나 자식이 의롭지 않은 일을 행하면 말려서 불의함에 빠지지 않고 올바른 길을 갈 수 있도록 하는 것이다. 즉 부모가 잘못하면 간(諫)함으로써 불의(不義)함을 행하지 않도록 해야 하고 자식이 잘못하면 타일러서 윤리적으로 처신하도록 해야 하는 것이다.

『효경(孝經)』에 "마땅히 의롭지 않은 일이라면 자식은 부모에게 간언하지 않을 수 없고, 구성원(신하)은 리더(임금)에게 간쟁하지 않을 수 없다. 그러므로 옳지 않다면 간쟁을 해야 하는 것이지, 부모님의 명령에 무조건 복종하는 것은 효라고 할 수 없는 것이다(간쟁장)."[55]라고 했고, 『논어(論語)』에 "부모에게 효를 행함에 있어 (부모의)잘못이 있을 때 슬쩍 간하고, 설령 나의 뜻을 따르지 않더라도 여전히 공경하여 부모의 뜻을 어기지 않아야 하며, 수고로워도 원망하지 말아야 한다(이인편).[56]"라고 했다. 또한 『소학(小學)』에도 "자식이 부모를 섬김에 있어서는 세 번 간하여 부모가 듣지 아니하거든, 부르짖어 울면서 따라야 한다(명륜편).[57]", "부모와 아들은 뼈와 살이 있는데, 신하와 임금은 의리로 이어져 있으므로 부모에게 잘못이 있으면 자식은 세 번 간하여 듣지 아니하면 따르면서 울고, 리더(임금)가 잘못이 있어 구성원(신하)이 세 번 간하여도 듣지 아니하면, 그 의리를 버리고 떠날 수 있다(계고편).[58]", 『명심보감(明心寶鑑)』에 "입신에는 의가 있으니 효가 그 근본이다.[59]"고 이르고 있다. 이처럼 많은 문헌에서 효가 부모나 자식이 의롭지 않은 일을 행하지 않도록 말림으로써 의로움을 추구하는 것임을 알 수 있다.

---

55) "當不義 則子不可 以不爭 於父 臣不可以不爭於君 故 當不義 則爭之 從父之令 又焉得爲 孝乎"
56) "事父母 幾諫 見志不從 又敬不違 勞而不怨"
57) "子之事親也 三諫而不聽 則號泣而隨之"
58) "父子有骨肉 而臣主 以義屬故 父有過 子三諫而不聽 則隨而號之 人臣 三諫而不聽 則其義可而去矣 於是 遂行"
59) "立身有義而孝爲本"

(5) 효는 예(禮)와 충(忠)의 기초이다.

가정윤리인 '효'는 사회윤리인 '예', 국가윤리인 '충'의 기초가 된다. 가정이 안정되지 않으면 사회의 안정과 부강한 국가를 이루어 나갈 수 없다. 따라서 '효'는 '예'와 '충'의 기초가 되는 것이다.

가정윤리인 효는 사회윤리인 예, 국가윤리인 충의 기초가 되는데, 충효예의 관계는 다음과 같은 관점에서 연계성이 있다. 가정에서 부모에게 효도하는 사람이 타인과 이웃, 나라와 자연을 위해서 사랑을 실천하게 되는 것으로 본시 충효예는 하나의 정신덕목으로 간주되어 왔다. 옛말에 "자식이 부모에게 예를 다하면 이것이 효이다.", "예로써 임금을 섬기면 이것이 곧 충이다.", "자기가 맡은 일에 정성을 다하는 것이 충이며, 충의 실천은 곧 부모를 기쁘게 하는 일이다.", "충효는 손의 양면과 같다." 등의 표현에서 알 수 있는 것처럼 '충효'는 서로 연관된 정신덕목으로 간주되어 왔다. 또한 『후한서(後漢書)』에 "나라를 구할 충성된 신하는 효자의 가문에서 나온다.[60)]"하여 효와 충을 연계하고 있으며, 『충경(忠經)』에도 "무릇 충이란 자신에게서 일어나 집안에서 드러나고 나라에서 완성되는데 실행하는 것은 모두 한결같다. 그러므로 그 몸을 하나로 하는 것은 충의 시작이요, 그 집안을 한결같게 하는 것은 충의 중간단계요, 그 나라를 하나로 만드는 것은 충의 마지막 단계이다. 몸이 하나가 되면 모든 복록이 이르게 되고, 집안이 한결같게 되면 모든 친족이 화목하게 되며, 나라가 하나가 되면 만인이 다스려지게 된다.[61)]"라 하여 효와 충을 연계하고 있다. 또한 효와 예의 연계성에 대하여 『격몽요결(擊蒙要訣)』에서는 "예의에 어긋나는 것은 보지 말고, 예의에 어긋나는 것은 듣지 말고, 예의에 어긋나는 것은 말하지 말고, 예의에 어긋나는 것은 행하지 말라. 이 네 가지 것은 몸을 닦는데 가장 요긴한 것이다. 예의와 예의에 어긋나는 것을 처음 공부하는 이는 분별하기 어려우니, 반드시 사물의 이치를 깊이 궁리하여 밝혀서 다만, 이

60) "求忠臣必於孝子之門"
61) "夫忠興於身 著於家 成於國 其行一焉. 是故 一於其身 忠之始也 一於其家忠 之中也 一於其國 忠之終也. 身一則百祿至 家一則六親和 國一則萬人理"

미 아는데 까지 만이라도 함께 행한다면 생각한 바가 이미 반을 넘었다 할 것이다."[62]라고 했는데, 이를 "효는 덕의 근본이요 모든 가르침이 그로 말미암아 생겨난다.[63]"는 『효경(孝經)』의 내용과 연계하면 효성스런 사람이 예를 행하는데 있어서도 성실하다는 것을 알 수 있다.

또한 일반적으로 충효예를 설명할 때 효를 가정윤리이자 근본(根本), 예를 사회의 윤리이자 질서(秩序), 충을 국가의 윤리이자 기강(紀綱)으로 설명한다. 즉, 효는 가정에서 부모와 자식 간에 행해져야 할 덕목이므로 인간이 행하는 모든 행위의 근본이고, 예는 사람이 사람다운 도리를 하게 하는 것으로서 사회 구성원간의 조화와 질서를 형성케 하는 덕목이며, 충은 애국심의 발로로써, 국가를 지탱해주는 법도의 대강(大綱)이며 언제나 조국을 생각하게 하는 덕목이므로 효를 통해 건강한 가정이 형성되면 건전한 사회를 이룰 수 있으며, 건강한 가정과 사회는 부강한 국가를 형성케 하는 원동력이라는 의미에서 효와 가정을 기초로 이웃과 사회, 국가로 확대되는 영역으로 이해할 수 있다는 측면에서 효가 예와 충의 기초가 된다는 것을 알 수 있다.

다. 효의 정의(定義)

효에 대한 정의는 좁은 의미에서의 협의적(狹義的) 정의와 넓은 의미에서의 광의적(廣義的) 정의로 구분할 수 있다. 먼저 협의적 관점의 정의는 효는 부모와 자식의 관계에서 비롯되므로 "효는 가족사랑이자 가정윤리이다.", "효는 가족이 서로 위하는 사랑과 정성이다.", "효는 가족구성원이 서로를 위하는 보편적 · 이타적 가치이다." 등으로 정의할 수 있으며, 가족구성원, 즉 부모의 입장, 자식의 입장, 남편의 입장, 며느리의 입장에 따라 달라질 수 있다.

다음으로 광의적 정의는 시간적으로 과거와 현재·미래 그리고 세상 어디에서든 부모와 자식의 관계는 존재하기 마련이므로 보편성을 가지며, 가족사랑과

62) "非禮勿視非禮勿聽非禮勿言非禮勿動 四者修身之要也 禮與非禮初學難辨必須窮理而明之 但於已知處力行之則 思過半矣"
63) "孝德之本也 敎之所由生也"

가정윤리를 바탕으로 타인과 이웃, 사회와 국가, 자연을 사랑하는 이타적 가치라는 점이다. 즉, "효는 가족사랑과 가정윤리를 바탕으로 이웃과 사회, 나라와 자연을 사랑하는 인류의 보편적 · 이타적 가치이다.", "효는 가정에서의 원초적 사랑을 바탕으로 이웃과 사회, 나라와 자연을 위하는 인류의 보편적·이타적 가치이다." 등으로 정의할 수 있다.

2. 효의 현대적 관점

효에 대한 기존의 정의를 살펴보면 부모와 자식간의 '일방성'에 기초하여 "어버이를 잘 섬기는 일", "어버이를 섬기는 자식의 도리" 등으로 표현함으로써 효도(孝道)와 같은 의미로 풀이하고 있는데, 이는 효를 부모 · 자식 간의 '상호성(相互性)'에 바탕을 둔 '상생(相生)의 효'가 아닌 '일방성(一方性)'에 기초한 '희생(犧牲)의 효'로 보고 있다는 점에서 현대적 개념에 맞는 올바른 정의가 요구되고 있다.

흔히 "효는 인륜질서의 근본이다."라는 표현에서 알 수 있듯이, 효는 매우 넓은 의미를 가진다. 그래서 효를 연구하거나 효운동을 하는 단체들 간에도 효에 대한 의미나 정의를 여러 가지로 해석하고 정의하고 있음을 볼 수 있다. 이는 마치 리더십의 정의가 850개에 이르고 문화의 정의도 200여개에 이르는 것처럼 효에 대한 정의나 표현도 다양할 수 있다는 현상으로 볼 수 있다. 다만 정의를 내림에 있어서 효의 본질적 의미를 벗어나서는 안 될 것이므로 효에 대한 본질을 바르게 이해한 상태에서 그 의미를 시대의 흐름에 맞게 조명해야 한다. 효를 전통적인 관점이든 현대적 관점이든 효(孝, HYO)라는 본질적 의미에서는 차이가 없지만, 이를 실천 및 행동으로 옮기는 데는 변화된 환경의 영향을 받기 마련이다. 이를테면 "부모의 은혜를 잊지 말고 효도를 해야 한다."는 윤리의 기본원칙은 예나 지금이나 변함이 없지만, 그 원칙의 구체적 적용과 범위는 시대에 따라 달라질 수 있는 것이다. 예컨대 농경사회에서 강조되던 효, 즉 『심청전』과 같은 '일방향성(一方向性)'의 효, 『선녀와 나무꾼』과 같은 비윤리적인 사례, 그리고 부모님이 돌아가시면 3년 동안 산소 옆에 움막을 짓고 생활하던 '시묘(侍墓)살이'나 손가락을 잘라 피를 입에 넣어드리고 허벅지 살을 베어 구어 드리는 '단지할고(斷指割股)' 등은 현대적 관점에서 보면 적용하기 어려운 사례들이다. 이런 점에서 현대의 효는 가정윤리(家庭倫理)와 보편적(普遍的)·이타적(利他的) 가치로, 행위적·실천적 효로 구분해서 생각해 볼 수 있다.64)

첫째, 가정윤리로써의 효이다. 이는 가정에서 부모와 자식, 남편과 아내, 형제·자매간에 각자의 도리를 다하는 효를 말한다. 가족구성원이 각자의 도리를 다함으로써 가정윤리가 지켜지는 것이다. 이러한 의미에서 효를 가정윤리라고 말하는 것이다.

둘째, 보편적·이타적 가치로서의 효이다. 가정에서 가정윤리와 가족사랑에 충실한 사람은 타인과 이웃, 사회와 국가, 자연에 이르기까지 사랑을 실천하기 마련이다. 그래서 효는 보편적·이타적 가치로 볼 수 있는 것이다.

셋째, 행위적·실천적 효이다. 본디 효는 말로만 하고 행동과 실천이 따르지 않으면 무용지물(無用之物)이 되고 만다. 오히려 불화를 초래한다. 예컨대 부모가 자식을 위함에 있어 말로만 하고 실천하지 않는다거나, 자식이 부모에게 말로만 하고 행동에 옮기지 않는다면 오히려 부모의 마음만 상하게 할 뿐인 것이다. 따라서 효는 실천함으로써 완성되는 것이다.

사 례

'도마의 신(神)', 양학선(梁鶴善)

2012년 8월 6일, 열대야에 지친 우리 국민에게 런던올림픽에서 낭보가 날아들었다. 1960년 로마 올림픽부터 참가해 온 한국 체조 52년 만에 금메달 수상의 숙원을 푼 것인데, 그 주인공은 바로 '도마의 신(神)'으로 불리는 양학선 선수이다. 한국 체조는 그동안 올림픽에 참가해 은메달과 동메달을

64) 김종두, 「군대 효 교육을 통한 장병인성함양과 리더십 역량 강화에 관한 연구(박사학위 논문)」, 2007년, 23쪽.

각각 4개만 땄을 뿐 금메달과는 인연을 맺지 못했다. 사실 체조협회에서는 양학선의 금메달을 크게 기대하지는 않았다. 이미 전(前) 대회에서 금메달 기대주 여홍철과 양태영 선수의 분루(憤淚)를 보았기 때문이었다. 그러나 혜성과 같이 등장한 양학선 선수를 앞세워 마침내 '약속의 땅' 런던에서 올림픽 금메달의 염원을 풀었던 것이다. 그가 런던올림픽에서 선보인 도마기술은 구름판을 정면으로 밟은 뒤 3바퀴(1080도)를 몸을 비튼 뒤 착지하는 도마경기 중에서도 최고 난이도 7.4의 기술인데, 이는 자신 이름을 딴 '양학선 1'로 그만이 소화할 수 있는 신기술이었다.

그러나 양학선 선수의 금메달 획득 소식보다 더 우리에게 더욱 진한 감동을 준 것은 양학선 부모님이 살고 있는 비닐하우스 집이 소개되면서 인데, 그가 성장과정에서 실천한 '그만의 효심'은 값진 금메달보다 우리 국민에게 가슴 뭉클한 진한 감동을 선사해 주었다. 양 선수의 어머니는 공장 야간 일용노동자로, 아버지는 건설현장에서 미장기술자로 삶과 치열한 전투를 벌였지만 아이스크림 하나 제대로 먹을 수 없었던 어린 시절을 보냈다. 올림픽에서 금메달을 수상한 뒤 한 방송국 인터뷰 시 그의 어머니는 "학선아! 내가 돌아오면 OO라면 먹자."라는 내용에서 보듯이 그의 성장과정에서 지독한 가난은 그를 괴롭혔을 뿐 아니라 수차례의 가출로 이어지기도 하였다.

그러나 그의 옆에는 든든한 버팀목이자 조력자인 어머니가 계셨다. 그가 운동에 대한 의지가 흔들릴 때마다 옆에서 다잡아준 어머니의 사랑은 그를 더욱 강인하게 만들었다. 이러한 어머님의 사랑에 보답하기 위해서는 자신이 세계 정상에 올라 부모님을 기쁘게 해드리겠다는 마음으로 훈련에 훈련을 거듭하였다. 이뿐만 아니라 어려운 가정살림에 조금이나마 보탬을 주고자 태릉선수촌에서 훈련할 때도 하루 훈련비가 4만원 안팎인데도 불구하고 이를 모아 매달 80만원을 부모님께 송금하기도 한 효자였다.

그가 금메달 획득 후 한 기자들과의 대화에서 부모님의 선물로 집을 언급하며 "그 전부터 집을 해드린다고 했다. 그래서 영국 런던에서는 선물 안 살 것이다."라며 "귀국하여 집을 선물로 해드릴 것이고, 사실 그러기 위해서 올림픽에서도 더욱 기를 쓰고 했다."고 토로한 것도 그가 얼마나 효심이 깊은지를 반증하고 있다.

양학선은 최근 자신이 개발한 '양학선 1' 기술이 국제체조연맹 채점 규정 변경으로 '양학선 1'의 난이도 점수가 낮아지자 또 다른 신기술을 연마하고 있는데 이것이 바로 '양학선 2'로, 이는 '스카라 트리플'(도마를 옆으로 짚고 공중에서 세 바퀴 돈 뒤 착지하는 기술)에서 반 바퀴를 더 돈 뒤 착지하는 것으로 공중에서 1260도를 회전하는 기술이다.

금메달을 확정 짓는 순간 '비닐하우스에서 고생하는 부모님의 얼굴이 가장 먼저 떠올랐다'는 양학선 선수, 그는 보다 밝은 미래를 위해 효심이 바탕이 되어 오늘도 구슬땀을 흘리며 전력투구하고 있다.

第3절 예(禮)의 본질과 현대적 의미

1. 예(禮)의 본질(本質)

가. 어원(語源)을 통해 본 예

〈표-17〉 어원으로 본 예의 의미

① 예(禮) = 示(바칠 시) + 曲(과일 담는 광주리) + 豆(제기 두)
⇒ '하늘에 풍성하게 바친다', '자신부터 깨끗이 하고 허물이 없게 한 연후에 조상을 대(對)한다', '하늘의 이치에 따른다' 등의 조화와 질서의 예절
② 예(禮) = 示(보일 시) + 豊(풍성 풍)
⇒ '상대방에게 풍성하게 보인다', '보여준다' 등의 행위예절

어원에 나타난 예의 본질적 의미는 '예(禮)'라는 글자에 잘 나타나 있다. 본시 예자를 해석해 보면 '示(바칠 시) + 曲(과일 담는 바구니) + 豆(제기 두)'

모양으로 광주리에 과일을 듬뿍 담아서 제사 지내는 그릇 위에 올려놓고 하늘에 바치는 모양을 나타내는 글자로 하늘의 뜻에 풍성하게 바친다는 의미를 가지고 있다.[65)]

또한 '예(禮)'자의 구성 글자인 '시(示)'자를 어떻게 해석하느냐에 따라 해석을 달리할 수도 있는데 우선 '시(示)'자를 '바칠 시'로 해석하는 관점이다. 이는 '하늘에 마음이나 물질을 풍성하게 바친다', '자신부터 깨끗이하고 허물이 없게 한 연후에 조상을 대(對)한다', '하늘의 이치에 따른다' 등의 인간이 마땅히 지켜야 할 도리를 말한다. 『예기(禮記)』에도 "예는 이치에 맞아야 한다(禮也者理也).", "예는 망령되이 상관을 기쁘게 하는 것이 아니다(禮不妄悅)."라는 표현에서도 그 의미가 잘 나타나 있다.

'예(禮)'의 글자 속에는 근본적으로 하늘에 '빌다', '바치다', '기원하다', '보이다'는 뜻이 내포되어 있으며, 일반적으로는 도덕, 윤리 등과 같은 의미로 쓰이기도 있다.

다음은 '시(示)'자를 '보일 시'자로 해석하는 관점인데, 이는 '상대방에게 풍성하게 보임', '상대방에게 보여준다' 의미를 지니고 있다. 이는 '행위예절'을 말하는 것인데, "예로써 나를 꾸미고 의로써 나를 통제한다(禮以飾身 義以制事)."에서 의복이나 표정 등에 의해 자신을 잘 나타내는 것을 의미한다.

이렇듯 예의 글자 속에는 근본적으로 하늘에 '빌다', '바치다', '기원하다', '보이다'는 뜻이 내포되어 있으며, 일반적으로는 도덕, 윤리 등과 같은 의미로 쓰이고도 있다. 따라서 어원을 통해 본 예의 의미는 "자신부터 깨끗이 하고 허물이 없게 한 연후에 타인에 대한 예를 갖추어야 한다."라고 해석할 수 있겠다.

65) 김종두, 위의 석사학위논문, 47쪽.

나. 예의 본질적 의미

〈표-18〉 예(禮)의 본질적 의미

① 예(禮)는 하늘의 순리 즉, 조화 및 질서이다.
② 예(禮)는 '알아야 한다'는 것이다.
③ 예(禮)는 사람이 행해야 할 정도(正道)이다.
④ 예(禮)는 역지사지(易地思之)의 '배려와 사랑'이다.

예(禮)의 사전적 의미는 "사람으로서 마땅히 행해야 할 도리."이다. 이는 예(禮)가 인간사회에 있어서 조화를 이루고 질서를 유지하는데 기틀이자 기강을 의미하는데 예(禮)에 대한 본질적 의미를 세부적으로 살펴보면 다음과 같이 4가지로 정리할 수 있다.

(1) 예(禮)는 하늘의 순리 즉, 조화 및 질서이다.

하늘의 순리는 '인간 세상 만사의 조화 및 질서'를 의미한다. 예(禮)를 지킴으로써 남에게 폐를 끼치지 않고 불편을 주지 않음으로써 조직이나 집단의 구성원이 조화와 질서를 유지하게 된다. 예는 '예의(禮儀)'와 '범절(凡節)'의 합성어인 '예절(禮節)'의 약자이기도 한데 "사람이 사람다운 삶을 살아가기 위해 마땅히 지켜져야 할 도리"를 뜻한다.

옛날부터 우리 민족은 법(法)보다는 예에 의해서 질서가 유지되어 온 민족이다. '동방예의지국(東方禮義之國)', '군자(君子)의 나라' 등과 같은 표현도 이러한 연유로 만들어진 것이다. 이처럼 예를 지키지 않으면 살고 있던 마을에서조차 쫓겨날 정도로 엄하게 예를 지켜 왔으며 숭상해 왔다. 또한 '예(禮)' 字에는 "하늘에 바친다, 기원한다."와 같이 "하늘의 이치를 거역하지 않는다."는 의미도 포함하고 있다. 그리고 『예기(禮記)』에서도 "임금과 신하, 상하관계 및 부모자식, 형제의 관계도 예가 아니면 정해질 수 없다(君臣上下 父子兄弟 非禮

不定).”는 말은 모든 인간관계에 있어서 예가 아니면 그 질서와 조화를 이룰 수 없음을 의미하고 있으며, 또한 “나라를 다스림에 있어 예로써 하지 않는 것은 마치 쟁기를 사용하지 않고 밭을 갈려는 것과 같다(治國不以禮 猶無而耕也).”[66]는 말에서도 하늘의 이치, 즉 예(禮)를 통하여 조화와 질서가 성립되어짐을 알 수 있다.

(2) 예(禮)는 '알아야 한다'는 것이다.

예(禮)는 알지 못하면 행동으로 옮길 수가 없다. 이를테면 버스나 열차 안에서 떠들고 식당에서 소란 피우는 아이들은 그들의 부모가 알려주지 않았거나, 도리를 모르고 있기 때문이다. 공자께서도 “예를 알지 못하면 설 수 없다(不知禮 無以立也).”고 했는데 이 말은 예를 알지 못하면 사람으로서의 도리를 할 수 없음을 의미한다.

예컨대 가정에서 시어머니의 도리를 못해서, 또는 며느리의 도리를 못해서, 그리고 군대에서도 상관으로서, 부하로서의 도리를 잘못해서 곤란한 문제가 발생하는 경우가 있는 것을 볼 수 있는데, 이는 “사람이 예를 지키면 편안히 지낼 수 있지만 예를 알지 못하면 위험하게 되므로 예를 배우지 않음은 옳지 못하다(人有禮則安 無禮則 禮不可不學也).”라는 말이나, “예(禮)는 가르침에서 이루게 되고 신(信)은 행함에서 이루게 된다(禮以訓之 信以行之).”는 옛말에서 보듯이 예는 알아야 행할 수 있는 것이다.

(3) 예(禮)는 사람이 행해야 할 정도(正道)이다.

대체로 지금까지 알려진 예(禮)는 “나는 낮추고 상대방을 높이 대하면 그것이 곧 예(自卑而尊人卽禮).”로 인식되어 온 경향이 있었다. 그러나 예는 그러한 것으로만 볼 수 없으며 정도(正道)를 가야 그것이 진정한 예이다. 정도(正道)는 글자 그대로 바른 길을 가는 것, 사람다운 도리를 다하는 것이다. “예는 이치에 맞아야 한다(禮也者理也).”, “예(禮)는 망령된 말로 상대방을 기쁘게 하

66) 김학주 역, 위의 책, 33쪽.

지 않는 것이므로 말(言)을 아껴야 한다(禮不妄悅 人不辭費).", "신하는 임금을 충으로써 섬기고 임금은 신하를 예로써 대한다(臣事君以忠 君使臣以禮)."는 말과 같이 예는 자기 신분에 맞게 도리를 다하는 것으로 이해해야 한다.

(4) 예(禮)는 역지사지(易地思之)의 '배려와 사랑'이다.

예(禮)는 본시 상대방을 의식하고, 남에게 폐를 끼치지 않는 것으로부터 출발한다. 배가 고파 무엇인가를 먹지 않고서는 견딜 수 없는 상태지만 남의 것에는 함부로 손을 대지 않는다는 의식의 작용, 자기 혼자서 먹기에도 부족한 량이지만 먹을 것을 덜어서 옆에 있는 사람에게 나누어 주는 인정미, 남과 약속한 것이면 어기지 않고 불의를 배격하고 정의를 수호하는 것, 말을 함부로 하지 않는 언어의 예(禮), 남을 의식하고 차려입는 의복의 예(禮), 위·아래를 지킬 줄 알고 자기 자신 욕망만을 앞세우지 않는 질서의 예(禮) 등 남을 의식하고 배려하는 정신이 바로 예인 것이다.

다. 예(禮)의 정의(定義)

예(禮)에 대한 정의는 "사람이 마땅히 지켜야 할 도리", "인간이 각자의 신분과 사회적 지위에 따라 서로 행하거나 지켜야 할 도리" 등으로 정의할 수 있다.

2. 예(禮)의 현대적 관점

예(禮)에 대한 기존의 관점은 윗사람보다는 아랫사람으로서의 도리에 초점을 맞춰진 면이 있었다. 여컨대 병영에서 상급자와 하급자가 대화를 나누거나 토론, 논쟁을 하는 경우 상급자가 "야, 너는 말투가 그게 뭐냐!", "예의가 그게 뭐냐!", "넌, 예의가 없

Tip

현대적 관점에서의 예(禮)는 역지사지(易地思之)와 조화 및 질서유지 측면에서 상대의 입장을 배려하면서 서로의 도리를 행하는 것으로 볼 수 있다.

어!"라고 표현하는 경우가 있는데, 그 광경을 자세히 들어다보면 상급자가 먼저 결례를 범하면서 그런 말을 하고 있는 경우가 대부분이다. 이는 상급자의 일방적인 생각에서 나오는 결과라 할 수 있다. 따라서 현대적 관점에서의 예(禮)는 역지사지(易地思之)와 조화와 및 질서 유지 측면에서 상대의 입장을 배려하면서 서로의 도리를 행하는 것으로 이해하여야 한다.

사 례

개그맨 유재석(劉在錫)의 예심(禮心)

'한번쯤 자신의 가족이 되어 보고픈 남자 연예인', '친절 이미지에 가장 어울리는 연예인', '대학교 강단에 서면 수강 신청이 줄을 설 것 같은 남자 연예인', '나이 들어 닮고 싶은 남자 연예인' 등 수많은 설문조사에서 1위를 차지한 연예인은 과연 누구일까? 바로 '국민MC', '유느님(유재석과 하느님의 합성어)'이라고 불리고 있는 개그맨 유재석이다.

유재석은 김용만, 김국진, 박수홍 등과 함께 지난 1991년 제1회 KBS 대학개그제로 데뷔했다. 같은 대회에서 데뷔한 개그맨들의 면면을 살펴보면 대회 입상자 모두 대중의 큰 인기가 있었다는 공통점이 있다. 단 하나 유재석만의 차별점이 있다면 데뷔 후 지금까지 그 흔한 유행어 하나도 없지만, 대중으로부터 변함없는 사랑을 받고 있다는 점이다.

오늘의 개그맨 유재석은 저절로 된 것이 아니다. 데뷔 초기 무명의 리포트로 활약할 시기에는 카메라 울렁증으로 대사를 잊어버려 말을 더듬는 등 그의 데뷔 10년간은 마음고생이 이만 저만이 아니었다. 그 때의 심정은 모(某) 방송국 프로그램에서 방영된 '무한도전 가요제'의 그의 가사 내용에 그대로 투영되었다. "나 스무 살 적에 하루를 견디고 불안한 잠자리에 누울 때면 내일 뭐하지, 내일 뭐하지, 걱정을 했지. 두 눈을 감아도 통 잠은 안 오고 가슴은 아프도록 답답할 때 난 왜 안되지? 왜 난 안되지? 되뇌었지

.…" 그는 무명의 10년 동안 자신을 되돌아보면서 반성하고 자신을 극복하기 위해서 각고의 노력을 투자했다. 아픈 만큼 성숙하듯이 그는 자신을 철저히 분석하고 이를 기초로 자신을 갈고 닦았다. 그 결과 주요 방송 3사(三社)를 오가며 각 방송사의 간판 예능프로그램을 진행하고 있는 것이다.

방송가의 대부분의 사람들은 그의 인기에 대해 "유재석은 항상 겸손하고 주위를 먼저 생각하는 역지사지의 배려심을 가졌기 때문이다."라는 것을 성공의 열쇠로 꼽는 것을 주저하지 않는다. 10년의 무명생활 동안 자신이 겪었던 경험을 토대로 자신이 진행하는 프로그램에 참여하는 게스트(guest)들에게 비록 자신이 연예계의 정상(頂上)에 있어도 스스로 자신을 낮추어 어수룩한 유머를 통해 그들이 가지고 있는 잠재력을 끌어낸다. 특히 예능 프로그램에 처음 출현하여 적응하지 못하는 출연자에게는 평상시 보다 더욱 황당한 리액션(reaction)을 통해 자신이 진행하는 프로그램에 몰입하도록 만들고, 그들의 개성과 특성이 돋보이도록 애쓰는 모습에서 그가 왜 이 시대의 최고의 국민MC로 불리는 지를 보여주고 있다.

이뿐만 아니라 유재석과 더불어 지난 10여 년 동안 한국 예능계를 지배하며 서로 다른 스타일로 대중의 사랑을 받고있는 개그맨 강호동 조차도 유재석을 "모든 것을 떠나서 그는 정말 좋은 사람이다. 그리고 내가 정말 좋아하는 동생이고 존경하는 동료이다. 유재석씨는 저한테 경쟁자라기보다는 닮고 싶은 롤모델(role model)이라고 해도 과언이 아니다. 그리고 서로 좋은 일에는 함께 기뻐하고 나쁜 일에는 함께 울어줄 수 있는 관계라고 생각한다."라고 하면서 찬사를 보냈다. 이는 방송가(放送街)에서 '인기란 지나가는 바람과 같다.'는 불문율과 오직 1등만이 살아남는 각박한 방송 현실에서도 강호동은 유재석의 프로그램 진행 스타일에서부터 인간됨됨이까지 모든 것을 자신이 본받고 싶은 연예인으로 평가하고 있다.

또한 유재석의 입버릇 중에 하나가 '열심히 하는 것 외엔 보여드릴 게 없어서'이다. 이 말은 자신이 부족한 존재이지만 부족한 부분을 채우기 위해 더욱 노력하고자 하는 마음을 표현한 그의 진정한 모습이며, 프로그램 진행상 어렵고 힘든 일은 자신이 앞장서서 행동으로 솔선한다는 의지의 표현이다. 이러한 그의 행동은 방송 때문에 해외에 나간 적은 있지만, 신혼여행을 빼놓고 개인적으로 여행과 같은 시간을 가져본 적이 없을 만큼 철저한 자기관리와 자신의 스트레스를 푸는 방법을 '시청자들에게 큰 웃음을 선사하는 것'이라고 말하는 장인정신(匠人精神)에서도 찾아볼 수 있다.

이처럼 방송가 정상에 서있지만 자신에게 철저하고, 남에게는 예심(禮心)을 통하여 배려하고 존중하는 모습에서 한국 연예계에 개그맨 유재석이 존재하는 한 '잘나가는 연예프로그램에는 항상 유재석이 있다.', '유재석은 우리의 영원한 국민MC'로 불리면서, 오랫동안 대중들의 사랑을 받는 것은 어쩌면 당연한 결과일 것이다.

토의

1) 충의 본질적 의미를 설명하고 제시된 사례와 연계하여 현대적 의미를 발표해 봅시다.
2) 효의 본질적 의미를 설명하고 제시된 사례와 연계하여 현대적 의미를 발표해 봅시다.
3) 예의 본질적 의미를 설명하고 제시된 사례와 연계하여 현대적 의미를 발표해 봅시다.

제10장 충효예 교육의 내용과 방법

제1절 충효예 교육의 실시 배경

군대의 충효예 교육은 1988년 육군에서 충효예 교육을 실시하면서부터이다. 그 후 2002년 해군과 공군에까지 확대하여 적용되어 실시하여 왔다. 이 충효예 교육은 군(軍)에서 충효예 교육을 실시함으로써 '나라에 충성(忠)하고 부모님께 효도(孝)하며 장병 상호간에 예의(禮)를 지키자'는 취지의 교육인데, 충효예 교육이 시작되게 된 배경은 장병의 가치관 전도현상과 연관이 깊다.

'충효예 교육'은 군내 사고(軍內 事故)의 근원적인 사고예방 대책 마련과 우리군의 국민교육도장 내실화를 위한 일환으로 시작되었다.

1980년대는 농경사회에서 산업사회, 산업사회에서 정보화 사회로의 전환기에 해당되던 시기로 정신보다 물질을 앞세우는 가치관의 혼돈시대를 맞게 되었고, 군에 입대하는 장병들 역시 그러한 혼란 속에서 성장한 자원들이라는 점에서 군 자체적인 인성교육이 필요했다. 특히 이러한 영향으로 군대 내에 발생되는 사고유형이 다양해졌고, 이에 대한 대책이 필요했던 것이다. 즉 "우리 군은 창군 이래 시대 변천에 따라 특징을 달리하면서 각종 사고들이 끊임없이 발생하고 있는데, 예컨대 1950년대에는 군수품 부정유출, 생계유지와 관련된 강·절도 및 폭행이 주류를 이루었고, 1960년대에는 폭발물 사고, 각종 익사사고, 폭행상해, 무기휴대 군무이탈 등 사제사고가 빈번했으며, 1970년대에는 총기휴대 군무이탈, 인질 난동, 강간과 같은 강력사고와 음주 난행, 폭행치사 등 군기사고가 많이 발생했다. 또한 1980년대에 들어와서 자살사고와 무장 군무이탈 및 인질사고, 교통사고가 큰 부분을 차지하였으며, 1990년대에 들어서는 폭행 상해, 금전사고가 빈번히 발생하고 자동차가 늘어남에 따라 교통사고가 증가하고 있다. 이런 현상은 군 전투력 손실은 물론 대군 신뢰도와 직결되므로 우리 군은 범군적(汎軍的) 차원에서 자살사고 등을 근절할 수 있는 대책을 강구해야 한다(중략)."[67]는 표현에 잘 나타나 있다. 그러므로 군내 사고(軍內 事故)도 시대의 영향을 받게 되면서 근원적인 사고예방 대책이 필요했던 것이다. 또한 국민개병제를 실시하고 있는 우리군으로서는 국민교육도장 역할을 할 수밖에 없고, 국민교육도장 내실화를 위한 일환으로 충효예 교육이 시작되었다.

제2절 충효예 교육의 목적과 필요성

1. 충효예 교육의 목적

〈표-19〉 충효예 교육의 목적

• 윤리의식 함양	• 민족의 혼과 뿌리의식 고취
• 현존전력과 연계	• 국민교육도장의 내실화

국방부에서 발행한 『충효예 교육 실무지침서』에서는 충효예 교육의 교육목적을 다음과 같이 4가지로 설명하고 있다. 첫째, 윤리의식을 함양하게 하는 것이다. 윤리의식을 함양한다는 의미는 동서고금을 막론하고 우리 사회는 질서의식 확립을 요구하여 왔으며, 사회가 다원화되고 복잡해질수록 이러한 질서는 절실히 요구되고 있는 것이 현실이다. 즉, 인간의 삶은 윤리와 함께 살아가기를 바라고 있는 것이다. 따라서 사회를 보위하기 위해서 윤리를 필요로 하며, 인간의 생활을 보다 아름답게 꾸려나가기 위해서도 윤리가 필요하다. 윤리

67) 육군교육사령부, 『지휘통솔 지침서(간부계발총서 제1호)』, 1995년, 9쪽.

는 모든 사람이 자신의 직분에 따라 지켜야 할 최선의 생활규범이다. 이러한 이유에서 인간은 윤리의식을 함양하지 않으면 안되는 것이다.

둘째, 충효예 교육은 민족의 혼과 뿌리의식을 고취하게 한다. 이는 충효예 정신이 상고시대로부터 면면히 이어져 온 민족의 혼이자 전통적 가치로서 상무정신, 화랑도정신, 선비정신 등의 원동력으로 작용해왔다. 그러므로 우리는 충효예 교육을 통하여 우리 선조들의 훌륭한 정신과 사상, 즉 우리 민족의 '혼(魂)'을 배우고 느껴야 하는 것이다.

셋째, 충효예 교육은 현존전력을 뒷받침하기 위해서이다. 전력(P)은 무형전력(A)과 유형전력(B)의 승수관계(乘數關係)로 이루어지게 된다. 즉, [P=A×B+α(기타)]라는 공식이 성립되기 때문이다. 무형전력이란 '군인이 전투에서 승리를 쟁취하기 위해 인간으로서 발휘할 수 있는 육체적·정신적 능력과 내재적인 가치가 결합된 총화(總和)로서 형태는 없으나 분명히 그 실체와 가치가 존재하는 힘'[68]을 말한다. 아무리 가공할 무기와 장비를 보유하고 있다하더라도 정신적인 전력 즉, 무형전력이 없다면 전쟁에서 승리할 수 없는 것은 자명한 사실이다. 무형전력의 중요성에 대하여 클라우제비츠는 "물질적인 요소가 칼집이라면 정신적인 요소는 칼날이다."[69]라고 하였고, 이순신 장군은 "전쟁에서 이기고 지는 것은 군사의 많고 적음에 있지 아니하고 전장 환경을 극복하려는 군인의 마음가짐에 달려있다."[70]고 하였는데 이는 클라우제비츠가 말하는 정신적인 요소와 이순신 장군의 마음가짐이 바로 무형전력을 말하는 것이다.

넷째, 충효예 교육은 국민교육도장으로서의 역할을 내실화한다. 이는 군의 임무 및 기능 면에서 볼 때 군이 존재하는 목적이 유사시에는 전투에서 승리하는 것이며, 평시에는 전투준비 및 교육훈련을 통하여 전투력을 육성하여 국가기능을 갖추는 것이다. 이러한 기능과 더불어 군 생활을 마치고 사회와 가정으로 돌아간다는 점을 고려할 때 건전한 민주시민으로서의 역할을 다하도록 하는 '국민교육 및 사회화 기능'을 수행하여야 한다.

68) 국방부, 『정신전력 지도지침서』, 1998, 27쪽.
69) 클라우제비츠, 『戰爭論(上)』, 합동참모본부 역, 1993, 213쪽.
70) 해군충무공수련원, 『충무공 이순신』, 2005, 208쪽.

2. 충효예 교육의 필요성

〈표-20〉 충효예 교육의 필요성

• 무형전투력 강화	• 안정적 부대관리
• 인성함양으로 전인육성	• 리더십 역량 강화

군대가 존재하는 이유는 국가를 보위하고 국민의 재산과 생명을 보호하는데 있으며, 이는 군대의 안보기능(安保機能)과 교육기능(敎育機能)을 통해 수행된다. 여기서 말하는 안보기능은 국가를 보위하고 국민의 재산과 생명을 외부의 적 침략으로부터 방위하기 위해 전투력을 유지하는 것이고, 교육기능은 안보기능을 뒷받침하면서 국민의 자녀들을 전인적(全人的)으로 성숙시키는 국민교육을 의미한다.

그런데 군대 조직의 속성상 교육기능을 수행하는 데는 내용과 방법 면에서 제한 될 수밖에 없다. 왜냐하면 군대는 안보기능을 최우선으로 하기 때문이다. 이런 점에서 군대에서의 교육기능은 학교교육과 같은 정과교육 형태보다는 가정교육과 같은 생활교육 형태가 바람직한데, 다음과 같은 이유에서 군대에서 충효예 교육이 필요하다.

첫째, 충효예 교육은 무형전투력을 강화하는 교육이기 때문이다. 전투력에는 무형적인 요소와 유형적인 요소로 구성되는데, 충효예 교육은 무형적인 요소에 가까운 무형전력과 관련된다. 충효예 교육은 궁극적으로 전투의지력을 배양하는 효과를 가져 온다. 이는 태평양전쟁 및 중동전 사례에서도 찾아 볼 수 있는데, 전투현장에서 싸우는 장병들은 국가와 민족을 위한다는 생각이 있지만, 부모형제를 지키기 위해 싸운다는 생각에 더 많이 작용하는 것으로 나타나 있다.

둘째, 안정적 부대관리에 기여하는 교육이기 때문이다. 충효예 교육은 "나라에 충성하고 부모님께 효도하며 상호간에 예의를 지키는 교육."임에서 알 수 있듯이 나라에 충성하는 마음과 부모님께 효도하는 마음, 상호간에 예의를 지키게 되면 병영내에서 자연스럽게 구타 및 가혹행위, 자살, 욕설 등 악성사고 요인이 줄어들게 된다. 이러한 이유에서 부대를 안정적으로 관리할 수 있고 사기(士氣)도 유지할 수 있다.

그러나 일부의 사람들이 "부모가 부모답지 않아서 결손가정에서 자랄 수밖에 없는 요즈음의 장병들이 과연 그러한 부모에게 효도하라고 교육시킬 수 있겠는가?"라면서 군대 효 교육을 회의적으로 보기도 하는데, 군에서의 실시하는 효 교육의 경우 장병들에게 부모와 자식의 천륜적(天倫的) 관계를 이해시키고, '장애우 복지시설' 등에 함께 가서 봉사활동을 하고 나면, "이렇게 건강한 몸으로 키워주신 은혜만으로도 부모님께 감사드리게 된다."는 내용의 소감문을 작성하는 것을 보게 된다. 따라서 군대에서의 효 교육은, 그 어떤 교육 못지않은 교육 효과를 얻을 수 있는 것이다. 실제로 장병들의 효의식 연구에서 장병 1,533명을 대상으로 한 설문 결과에서도 "욱하는 마음이 생길 때 부모님의 말씀 때문에 참게 되느냐?"는 설문에 대해 '그렇다'는 답변(55.6%)과 '그렇지 않다'는 답변(13.1%)의 결과에서도 알 수 있다.[71] 또한 『효경(孝經)』의 내용에도 "부모에게 효하는 사람은 남을 업신여기거나 교만하지 않으며 많은 사람 중에서도 다투지 않는다.[72]"고 했는데 이는 효심이 깊은 사람은 성품이 착해지므로 병영생활에 있어서 남을 해치거나 괴롭히는 등의 악습을 행하지 않게 될 것이다.[73]

셋째, 인성함양을 통해 전인(全人)을 육성하는 교육이기 때문이다. 국민들은 "군대 가면 사람 된다.", "군대 갔다 오면 효자 된다." 등의 표현을 하는데, 이는 대부분의 국민들이 군대가 제복입은 시민에 대해 교육하는 국민교육도장으로 인식하고 있으며, 각종 군대교육을 통해 부모에게 효도하는 사람을 만드는 곳이라는 점을 인정한다는 것을 단적으로 보여주고 있는 것이다. 예컨대 군대

71) 김종두, 위의 박사학위논문, 180~181쪽.
72) 『효경』「기효행장」: "事親者居上不驕 爲下不亂 在醜不爭"
73) 김종두, 「군전투력 향상을 위한 효율적인 부대 관리방안」 충성대학술세미나 주제발표 논문, 2005년, 154쪽.

의 효 교육의 목적이 부모님께 걱정끼쳐 드리지 않고 부모님이 원하시는 대로 하도록 하는 교육이므로 군대에서 복무하고 있는 장병들은 효교육 시 '어머니의 마음' 노래 합창만해도 부모님을 생각하면서 울먹이게 하게 하는 교육이라는 점에서 부모님의 기대에 부응하게 하는 심성순화 교육인 동시에 온전한 사람으로 양성시키는 교육이다.

넷째, 충효예 정신은 리더십 역량을 강화시켜 주기 때문이다. 효는 보편적·이타적 가치이자 부모·자식 간의 원초적 사랑이며, 윤리라는 점에서 가치 중심 리더십, 원칙중심 리더십, 서번트 리더십, 윤리적 리더십 등 현대적 리더십과 연관된다. 그리고 "군대는 리더십 교육의 도장(道場)"이라는 표현에서 보듯이 "군대는 '이병·일병·상병·병장'이라는 4형제 계급구조를 통해 젊은이들이 군대 가서 리더(지도자)로서의 자질을 갖추고 나오게 된다."는 의미로 해석할 수 있다. 또한 『효경』에도 "효는 덕의 근본이요 모든 교육이 그로 말미암아서 생겨난다."[74]고 했듯이, 효심은 리더십 역량 강화와 연관이 있는 것이다. 특히 현대 리더십의 발전추세는, 마치 부모가 자식을 사랑하고 보살피는 것처럼 리더가 부하를 사랑하고 보살피는 서번트(servant)적 자세가 요구되고, 효 교육은 간부 자신이 효를 실천하지 않고서는 교육할 수 없는 윤리교육의 성격이라는 점에서, 간부의 모델링(본보기)을 바탕으로 군 장병들의 윤리의식과 리더십 역량을 강화시켜주는 효과가 있는 것이다.

명언 

38. 값진 성과를 얻으려면 한걸음 한걸음 힘차고 충실하지 않으면 안된다.
– 단테

74) 『효경』, 「개종명의장」: "孝德之本也 敎之所由生也"

제3절 충효예 교육의 내용과 방법

1. 충효예 교육 방향과 내용

가. 충효예 교육의 방향

'충효예 교육'을 다른 말로 표현하면 윤리교육이자 사랑의 실천교육이라 할 수 있다.

'충효예 교육'은 '나라에 충성(忠)하고 부모님께 효도(孝)하며 전우를 사랑(禮)하자'는 취지의 교육이다. 여기에서 충은 국가윤리이자 나라사랑을 의미하고, 효는 가정윤리이자 가족사랑을 의미하며, 예는 사회윤리이자 전우사랑을 의미한다는 점에서 충효예 교육을 다른 말로 표현하면 윤리교육이자 사랑의 실천교육이라 할 수 있다. 따라서 그 교육의 내용과 방법도 이러한 기본 취지에서 출발해야 할 것이다. 앞에서 제시한 충효예의 내용을 기초로 충효예 교육방향을 살펴보면 다음과 같다.

첫째, '충(忠)' 교육은 국가의 소중함을 일깨우고 자기 직분에 충실하도록 하기 위한 교육이다. 따라서 국가를 생각하면서 자기 직분에 최선을 다하는 내용이 포함되어야 하는데, 충은 국가(3요소 : 영토, 주권, 국민)를 대상으로 하여야 한다. 또한 국민 속에는 '나 자신'이 있으므로 '나' 또한 충의 대상이 된다. 이러한 이유에서 충은 나의 직분에 최선을 다하는 것과, '영토'를 보존하기 위한 각종 교육활동 즉, 군인으로서 맡은 바 사명을 다하여 국가를 지키는 일뿐만 아니라 나라를 지키신 선배 전우를 위로하는 충혼탑 참배 및 유적지 답사/가꾸기, 보훈가족 찾아보기, 자연보호 활동과 환경오염방지 활동 등이 포함되어야 한다. '주권'을 지켜나가기 위한 교육내용으로는 역사의식과 뿌리의식을 갖도록 하는 교육내용으로, 예컨대 나라역사 바로알기, 서기 및 단기 기억하기, 국경일 및 법정기념일 기억하기, 무궁화와 태극기의 유래 등을 가르치는 일이다. 그럼으로써 우리 민족의 정신문화에 대하여 긍지와 자부심을 갖도록 하며, 역사적으로 안보를 소홀히 했을 때 국란을 겪었던 일 등을 알도록 함으로써 안보의식을 고취시키는 교육이다. 또한 '국민'을 위한 교육내용은 국민을 위하는 일을 수행하는 것을 말하는데, 각종 수해와 한해 복구활동을 비롯하여 독거노인과 소년소녀 가장 돕기 등이 포함된다.

둘째, '효(孝)' 교육은 군에 와 있는 자식이 부모님의 기대에 어긋나지 않는 군 생활을 하도록 하는 교육으로 자식입장에서 부모님이 원하시는 내용으로 군 생활에 충실하는 것이 곧 효도라는 사실을 알게 하는 교육이다. 그 내용으로 기상시 효 음악 들려주기, 명상의 시간 효 음악 듣기, '나의 뿌리양식' 작성하기, 부모님 문안편지 및 전화 드리기, 형제간 우애다지기, 부모님 기쁘게 하고 걱정하시지 않게 하기, 생신 때 선물 드리기, 집안 애경사 관심 갖기, 전우 부모님 기념일 함께 참여하기 등이 포함된다.

셋째, '예(禮)' 교육은 병영 내에서 조화와 질서를 유지케 함으로써 전우를 배려하고 서로 사랑하는 역지사지(易地思之)적으로 병영생활을 유도하는 교육이다. 즉 법과 규정 이전에 예의를 지킴으로써 명랑한 병영문화를 만들어 가는 교육인 것이다. 따라서 인사·국기예절 지키기, 상·하급자 예우하기, 조직원으로서 법규 및 규정 지키기, 전우 간에 바른말·고운 말 쓰기, 서로 칭찬하기 등 서로를 이해하는 가운데 전우애를 전투력으로 승화시키도록 하는 내용 등이 포함된다.

나. 충효예 교육의 내용

충효예를 교육하는 이유는 언제나 조국을 생각하면서 자기 직분에 최선을 다하고, 부모와 자식의 입장을 생각하면서 부하를 위하고 상관을 대하며, 병영생활에서 역지사지의 관점에서 상호존중과 배려를 통해 조화와 질서를 유지하게 하는데 있다. 따라서 병영속에서 실시가능한 충효예 교육내용을 정리해서 제시하면 〈표-21〉과 같다.

〈표-21〉 충효예 교육내용(예)

덕 목	내 용	
'충' 분야	① 나라역사 바로알기 ③ 전적지 답사/충혼탑 주변 가꾸기 ⑤ 보훈가족 찾아보기 등	② 서기/단기 기억하기 ④ 작은 일에 충실하기 ⑥ 국경일/법정기념일 기억하기
	※ 조국을 생각하면서 자기 직분에 최선을 다하는 내용	
'효' 분야	① 기상시 효 음악 들려주기 ③ '나의 뿌리양식' 작성하기 ⑤ 형제간 우애다지기 ⑦ 생신 때 선물 드리기 ⑨ 전우 부모님 기념일 함께 참여하기	② 명상의 시간 효 음악 듣기 ④ 부모님 문안편지 및 전화 드리기 ⑥ 부모님 기쁘게 하고 걱정하시지 않게 하기 ⑧ 집안 애경사 관심 갖기 등
	※ 자식입장에서 부모님이 원하시는 내용	
'예' 분야	① 인사예절 ③ 상 · 하급자 예우하기 ⑤ 바른말/고운말하기	② 국기예절 ④ 조직원으로서 법규/규정 지키기 ⑥ 생활관 생활예절 지키기
	※ 병영의 조화 및 질서와 관련 있는 내용	

2. 충효예의 교육 방법

인간은 교육에 의해서만 사람다운 사람이 될 수 있다. 여기에서 '교육(敎育)'이란 '교화(敎化)와 육성(育成)'의 줄임말로 '가르쳐 알게(敎)하는 일, 그리고 사랑과 정성으로 기르는(育) 과정(科程, process)'을 말한다. 여기에서 교화란 가르침을 통해 사람답게 변화되어 지는 것으로 교화의 과정은 가르침을 통해 알게(知)되고 느끼게(情) 되며, 그 느낌을 기초로 다짐(意)하게 됨으로써 행동(行)으로 옮겨지게 되는 것을 의미한다. 즉, 모든 교육은 교화의 과정을 통해 거치게 되는데 이를 정리하여 제시하면 〈표-22〉과 같다.

〈표-22〉 교화(敎化)의 과정

知(앎)	⇨	情(느낌)	⇨	意(다짐)	⇨	行(행동/실천)

우리가 충효예 교육을 실시하는 궁극적인 목적은 충효예를 행동으로 실천하는데 있으므로 충효예 교육은 이러한 교화의 과정을 적용하여 실시해야 한다. 예컨대 효교육의 경우 효를 병영에서 실천하게 하기 위해서는 먼저, 효가 무엇인지 바르게 알고(知), 효의 필요성을 느끼며(情), 효를 해야겠다고 다짐(意)한 연후에 비로소 효가 행동(行)으로 실천으로 연계될 수 있는 것이다. 이처럼 충효예 교육은 교화의 과정을 활용하여 교육할 때 그 목적을 달성할 수 있다. 이를 위하여 병영에서 실시하는 충효예 교육은 정과교육·생활화 및 계기별 교육 · 집중정신교육의 형태로 이루어져야 할 것이다.

가. 정과교육

정과교육은 주간단위로 작성하는 "주간 교육훈련 예정표"에 반영하여 실시하는 교육으로 충효예 교육 관점에서 보면 생활화교육의 보조수단 성격을 갖는 교육이다. 즉 생활하는 과정에 실천이 잘 안되는 점에 대하여 실천이 잘되도록 알려주고(知), 느끼게 하며(情), 스스로 다짐(意)하도록 함으로써 행동으로 옮겨(行)지도록 하는 지(知) · 정(情) · 의(意) · 행(行)의 형태로 실시된다.

정과교육은 충효예에 대한 이론 교육을 포함하여 다양한 방법으로 진행된다. 이를테면 IP-TV나 CA-TV, 교육용 CD를 이용한 교육, 신문 스크랩을 이용한 교육, 효 노랫말 설명 후 합창하기, 나의 뿌리 양식 작성하기, 효사상의 본질과 유래 강의 등 교관이 "어떻게 알려(知)줌으로써 느끼게(情)하고 다짐(意)하게 할 것인가"에 초점을 맞추어 실시한다. 그 중 교육용 CD를 활용한 교육 방법에 대해서 살펴보면, CD 내용의 선택은 교관이나 지휘관 자신이 감명 받았던 내용을 활용하는 것이 좋다. 예를 들면 TV에서 시청한 내용이 있다면 그 내용을 복사하거나 방송국에 주문하면 되는데, 국방홍보원에서 제작한 것도 많이 있는데 교육을 실시한 내용에 대해서는 반드시 토의 및 소감발표 시간을 가져야 한다. 왜냐하면 CD 시청 소감은 각자 다를 수 있을 뿐만 아니라, 각자가 공감하는 부분의 생각을 교환함으로써 같은 방향으로 생각을 정리할 수 있기 때문이다.

효교육에 임할 때 또 한 가지 유념해야 할 점은 교육을 진행하는 교관이 "오늘 효교육을 한다."는 식의 표현이 아니라 "부모님의 생신일과 결혼기념일에 자식으로서 우리는 어떻게 하는 것이 부모님을 기쁘게 해드리는 일인가에 대하여 생각해 보자."는 말과 함께, 신세대 장병들이 선호하는 교육용 CD 등 영상교재를 병행하여 활용한다면 교육에 대한 호감과 흥미는 배가될 수 있다. 이 외에도 "부모님께 편지 쓰기와 전화하기에 대하여 생각해 보자.", "부모님을 기쁘게 해드릴 수 있는 방법에 대하여 이야기 해보자." 등의 다양한 상화의 주제를 제시하면 실질적인 토의를 이끌 수 있을 것이다.

또한 충효예 교육은 과목을 담당하는 교관의 평상시의 자세가 중요한데, 충효예 교관이 평소 부모님에게 효도하는 모습이나 자신에게 주어진 임무를 잘 수행하는 등 모범적인 간부일 경우에는 교육의 효과 달성에 도움을 줄 수 있다. 그리고 소감 발표나 강평 등 토의 시 누구를 발표자로 지정하느냐 하는 문제도 중요하다. 즉 결손가정에서 자랐거나 영상교재 내용의 인물과 비슷한 입장에 있는 장병을 지명해서는 안 되고, 가급적이면 평소 말재주가 있고 유머가 있는 장병에게 발표하도록 하는 것이 바람직하다. 이때 주의해야 할 사항은 발표내용이 교관의 생각과 다른 의견이라 하여 반박하거나 무안을 주어서는 안 된다.

정과교육의 또 다른 방법으로 충효예 교육이 각자가 느끼고(情) 다짐(意)하게 하는 교육이므로 신문이나 잡지 등을 읽다가 효와 관련된 좋은 내용이라고 이를 스크랩하여 하나의 사례로 인용해서 교육하는 방법인데, 장병들에게 매우 효과적인 방법 중의 하나이다. 효와 관련된 내용을 복사해서 장병 각자가 읽어보게 하고 느낀 소감을 발표하게 하면 좋은 교육이 될 수 있다. 그리고 교관 자신이 그 당시 느꼈던 내용을 메모해 두었다가 장병들한테 전달하면 훨씬 진지한 분위기에서 참여를 이끌어 낼 수 있을 것이다.

나. 생활화 및 계기별 교육

(1) 전입신고 시간을 이용한 효교육

신병이 부대에 전입하면 절차에 따라 지휘관에게 신고를 하게 된다. 지휘관에게 신고하기까지의 절차를 살펴보면, 신병이 도착하면 인사과 담당자가 주임원사에게 안내하여 부대역사에 대하여 설명을 듣게 하는데, 부대에서 가장 오래 근무한 주임원사로 하여금 마치 어머니가 자식을 대하듯 자상하고 친절하게 부대의 역사와 전통, 그리고 각종 병영시설 등을 설명하면서 자연스러운 가운데 면담을 하게 되는 것이다. 이러한 과정이 끝나면 지휘관이 신고를 받게 되는데, 가급적 신고는 아침에 받더라도 면담은 저녁에 실시하는 것이 좋다. 그 이유는 지휘관의 일과 중에 아침시간이 가장 바쁜 시간이고, 지휘관 면담은 단순한 교육이 아니라 신상파악과 정신교육을 겸하는 중요한 시간이기 때문이다. 또한 아침 시간은 외부에서 전화가 많이 걸려올 뿐만 아니라 참모들의 보고 및 결재 등으로 인해 안정적인 분위기에서 대화가 곤란하다. 심리적 측면에서도 주위에 어둠이 깔린 저녁 시간에 상담하는 것이 마음의 문을 열게 하는 효과가 있는 것으로 알려져 있다.

저녁 식사 후 지휘관실에서 면담 및 관찰 일지를 참고로 전입신병과 면담을 실시하게 되는데, 이때 부대 전입 후 느낀 소감을 진솔하게 교환할 수 있는 분위기를 조성해주는 것이 무엇보다도 중요하다. 이러한 분위기를 조성하는 방법으로 따뜻한 커피나 차를 권하고 유머도 섞어가면서 신병들의 마음을 편안하게 해주는 것이다. 그리고 대화 주제 중에는 가정의 중요성과 함께 부모님을 생각하도록 하는 소재를 선택함으로써 부모님께 감사하는 마음으로 부모님 기대에 어긋나지 않는 부대생활을 시작하게 해야 한다. 군에 입대하기 전까지는 부모님의 부름에 대답도 잘 안했고, 또한 늦잠을 잘 때 어머니께서 일어나라고 하면 이불을 푹 뒤집어쓰고 일어나지 않던 젊은이가 대부분이었는데, 입대하고 나서는 조교의 부름에도 큰소리로 답변할 뿐만 아니라, 아침 여섯시에 기상나팔을 불면 잠자리에서 일어나 침구를 정돈하고 일조점호 장소로 달려나와 감사의 묵념을 하다 보면 자연스레 부모님을 생각하게 된다. 그러다 보면 부모님이 고맙고, 그립고, 부모님 말씀에 순종하지 않았던 것을 후회하게 되는 것인데, 이런 때에 불효자로서의 행동을 뉘우치도록 지휘관이 대화를 이끌어 가면 자연스럽게 가정과 연계된 군 생활을 시작할 수 있게 되는 것이다.

이처럼 전입 신병과 1~2시간을 할애하여 부모님과 관련된 내용을 위주로 대화를 나누다 보면 부대 전입 시부터 부모님을 의식하고 부대생활을 출발하게 될 수 있다는 점에서 특히 신병 전입신고식 때 실시하는 효교육은 매우 효과적인 방법이다.

(2) 기상 시 효에 관한 경음악 및 멘트 들려주기

군 지휘관들 중에 충효예 교육방법을 통해서 부대를 안정적으로 관리해 가는 경우를 보게 된다. 그 방법 중의 하나가 장병들이 잠에서 깨어나는 시간에 '충효예 음악'을 들려주는 것이다. 군 생활을 하다 보면 누구나 느끼는 점이지만, 아침 기상 나팔소리는 잠을 깰 때 반갑게 느껴지지 않는 음률이다. 때문에 상쾌한 아침을 맞도록 해주고, 아침 기상 직후부터 부모님의 기대를 생각하면서 하루 일과를 시작할 수 있도록 하는 것이다. 이러한 방법은 군생활의 각오를 새롭게 할 뿐만 아니라 가족을 생각하면서 힘차게 하루 일과를 시작할 수 있는 것이다.

예컨대 효에 관한 경음악을 배경으로 "여러분, 지난 밤에 잘 잤습니까? 여러분의 부모님께서도 잘 주무셨는지 관물대에 부착되어 있는 부모님 사진을 보면서 마음속으로 문안 인사를 여쭙시다. 그리고 오늘 하루의 일과를 기약합시다."라는 멘트를 들려주고 '어머니 마음' '섬집 아기', '이등병의 편지' 등 효에 관한 경음악을 들려준다. 장병들은 침구를 정리하면서 자연스레 관물대에 부착되어 있는 부모님 사진을 보면서 효 음악을 듣게 되고, 자신도 모르는 사이 "부모님이 기대하시는 아들답게 군 생활을 잘하겠다."라는 다짐을 마음속에서부터 생성되게 하는 것이다.

최근 교육계와 의료계에서는 음악을 이용한 교육기법과 치료법이 개발되고 있다. 이는 음악이 인간의 생리·심리에 미치는 기능적 효과 때문인데, 태아교육을 위해 태교음악을 사용되듯이 장병 효교육에 음악을 사용하는 것 또한 장병 정신건강에 대단히 효과적으로 작용할 것이다.

(3) 취침시 '명상의 시간' 충효예 프로그램

군인이라면 누구나 공통적으로 느끼는 것이 있는데, 그중의 하나가 하루에 두 차례 실시하는 점호행사 때 부모님을 떠올리게 되는 것이다. 새벽 6시 잠에서 깨어난 직후, 장병파악과 건강상태를 확인하는 일조점호 행사 때 당직사관의 "밤새 고향에 계신 부모님께서 안녕히 주무셨는지 문안 인사를 여쭙도록 하자. 고향예배 실시."라는 구령에 맞춰 일제히 고개를 숙여 부모님께 묵념을 올리다 보면 각자가 마음속으로 부모님과 대화하게 되고, 그때부터 부모님을 생각하면서 하루 일과를 시작하게 된다.

채근담에 "사람이 항상 일을 마친 뒤에 뉘우침으로써 어리석음을 깨우친다면 마음이 저절로 바르게 잡힐 것이다."[75]라는 말처럼 장병들은 군에 와서 통제된 생활을 하다 보면 부모님의 사랑과 정성을 생각하게 되고 입대전에 불효했던 점을 후회하게 마련이다.

하루의 일과가 종료되고 일석점호를 마치면 다음 날 일과에 대한 전달사항을 끝으로 취침에 들어가는데, 이때 생활관에 설치된 방송시설을 통해 5분 남짓의 음악과 함께 국군방송에서 들려주는 명상의 시간이 진행된다. 이때 효와 관련된 음악과 함께 법구경이나 부모은중경, 성경구절 등 군 생활에 도움이 되는 명구가 곁들이면 자연스럽게 충효예 내용이 인성함양으로 연결이 가능할

---

75) "人常以事後之悔悟 破臨事之 癡迷 則性定而動無不正"

것이다.

이처럼 군대에서 명상의 시간은 자기반성을 통해 나날이 새로워지는 시간으로 장병들로 하여금 부모님의 기대를 다시 한번 생각하게 하는 '명상의 시간'은 대단히 효과적인 교육이며, 이런 과정을 통해서 장병들이 한 단계 더 성숙된 모습으로 변화되어 갈 수 있는 것이다.

(4) 법정기념일을 활용한 충효 교육

법정기념일은 국가 및 정부부처의 업무와 관련하여 국민들이 기억하고 기념하도록 하기 위해 정해 놓은 날이다. 국민이라면 기념일의 의미를 알고 기념해야 한다는 취지로 정부에서는 1973년 3월 30일 [각종 기념일 등에 관한 규정(대통령령 제6615호)]을 제정하였다. 이 규정에 의해 정해진 연간기념일은 현재 41일이고, 개별 법령에 의해 지정된 기념일이 추가로 11일으로 정해놓았다.

이중 충효예와 연계하여 교육할 수 있는 날들은 국경일(5), 법정기념일(41), 개별 법령에 의해 정해진 기념일(11) 등 57개의 기념일이 있으며, 이에 관련된 교육 자료들은 공공기관에서 발행한 문서나 인터넷 등 매체 등을 활용하여 획득이 가능하다. 또한 민족 명절(설, 추석 등), 위인(偉人)의 출생 및 사망일(예 : 안중근, 이순신, 유관순, 석가탄신일, 성탄절 등), 국가 안위(安危)와 관련된 사건(예 : 삼전도, 칠백의총, 만인의총 등)을 포함하여 교육할 수 있는데 대통령령에 포함된 월별·계기별 세부 내용은 〈표-23〉와 같다.

〈표-23〉 월별 · 계기별 법정기념일 현황

월	계기		
	국경일 (4일)	법정기념일 (41일)	비 고
1			• 삼전도의 한(30)
2			• 설날
3	삼일절 (1)	• 납세자의 날(3) • 3.15의거 기념일(15) • 상공의 날(3째주 수요일)	• 안중근의사 순국일(26)

4		• 향토예비군의 날(첫째 금요일) • 식목일(5) • 보건의 날(7) • 대한민국 임시정부 수립일(13) • 충무공 탄신일(28) • 4.19혁명 기념일(19) • 장애인의 날(20) • 과학의 날(21) • 정보통신의 날(22) • 법의 날(25)	• 한식(寒食)
5		• 근로자의 날(1) • 어린이 날(5) • 어버이날(8) • 스승의 날(15) • 5.18민주화운동기념일(18) • 부부의 날(21) • 바다의 날(31) • 성년의 날(첫째 월요일)	• 석가탄신일(음, 4.8)
6		• 환경의 날(5) • 현충일(6) • 6 · 10민주항쟁기념일(10) • 6 · 25사변일(25)	• 단오 (음, 5.5)
7	제헌절 (17)		
8	광복절 (15)		• 경술국치일(29)
9		• 철도의 날(18)	• 추석, • 칠백의총(23) • 만인의총(26)
10	개천절 (3) 한글날 (9)	• 국군의 날(1) • 노인의 날(2) • 세계한인의 날(5) • 재향군인의 날(8) • 체육의 날(15) • 경찰의 날(21) • 국제연합일(24) • 교정의 날(28) • 문화의 날(3주차 토요일) • 저축의 날(마지막주, 화요일)	• 유관순 열사 순국일(12)
11		• 학생독립기념일(3) • 농업인의 날(11) • 순국선열의 날(17)	• 이순신 장군 순직일(18)
12		• 소비자의 날(3) • 무역의 날(30)	• 윤봉길 의사 순국일(19) • 성탄절(25)
기타		〈개별법 규정에 의한 기념 일 : 11일〉 • 입양의 날(5. 11) • 가정의 날(5.15) • 발명의 날(5. 19) • 세계인의 날(5.20) • 방제의 날(5.25) • 통계의 날(9.1) • 태권도의 날(9.4) • 사회복지의 날(9.17) • 임산부의 날(10. 10) • 소방의 날(11.9) • 자원봉사자의 날(12.5)	

※ 근거 : 대통령령 제15843호(1998. 7. 25.)

(5) 부모 초청행사

부모 초청행사는 군대뿐만 아니라 학교, 종교시설의 학생, 학교 등에서 인성 함양을 위한 수단으로 많이 활용하는 교육방법이다. 특히, 군대에서의 부모 초청행사는 효과가 클 수밖에 없는데, 그 이유는 군대에 와 있는 자식이나, 자식을 군대에 보낸 부모 모두에게 그리움이 쌓여 있는 상태에서 이루어진 만남을 계기로 하는 교육이기 때문이다.

병영에서 부모님을 단상에 모시고 '어머님 마음'과 '어머니 은혜' 등의 노래를 부르고 세안식(洗眼式)·세족식(洗足式) 등으로 이어지는 다양한 효 교육은 인성을 함양하는데 있어서는 안성맞춤이다. 또한 옛말에 '백문이불여일견(百聞而不如一見)'이라는 말이 있다. 백 번 듣는 것이 한 번 보는 것보다 못하다는 뜻으로, 직접 경험해야 확실히 알 수 있다는 의미이다. 부모가 자식이 생활하는 병영을 직접 방문해서 현장을 확인하고 부대의 리더들을 만나보는 것은 자식의 안정적 병영생활과 인성함양에 큰 도움이 된다.

(6) 효 중심의 동아리 활동

동아리 활동은 일명 '서클 활동'이다. 취미나 목적이 같은 사람들이 모인 서클(circle)에서 하는 다양한 영역의 활동을 말한다. '동아리'는 '서클'과 같은 의미로 순수한 우리말이다. 인간은 취미·오락·스포츠 등에 따라 다양한 모임(circle)을 형성한다. 이는 개인의 문화적·사회적 욕구를 동호인들끼리 좀 더 효율적으로 충족시키고 자기 발전을 이루려는 자발성을 기반으로 모인 소규모 집단이다. 이는 이익단체와 같은 대규모 집단과는 구별되며 이익보다는 친밀한 인간관계를 유지할 수 있다는 점이 장점이다. 동아리 활동을 함으로써 인간은 사회와 조직에 적극적으로 참여하게 되고 인간관계를 향상시키며 때로는 학습효과를 높이기도 한다.

병영에서는 여러 형태의 동아리가 가능한데, 특히 주 5일제가 시행되면서 매주 토요일에 할 수 있는 동아리 활동 여건이 많이 좋아졌는데, 병영에서 동아리 활동이 가능한 유형을 제시하여 보면 '부모님 편지쓰기 동아리', '사회복지시설 장애우돕기 동아리', '경로당·양로원 위로 동아리', '농촌일손돕기 동아리' 등 다양한 형태가 가능하다.

다. 집중정신교육

(1) 사회복지시설 방문하여 장애우 돕기

집중정신교육은 반기(6개월) 1회씩 8시간 동안 집중적으로 실시하는 정신교육이다. 이때의 교육 내용은 양로원, 지체부자유 장애인 복지시설에 봉사활동을 나가 경로효친 정신을 느끼게 하는 것을 비롯하여, 효자·효부 초청 강연 듣기, 부모님께 편지 쓰기 등을 실시하게 된다. 때문에 이 시간을 통해 학교에서 배울 수 없었던 내용들을 접할 수 있는 아주 좋은 프로그램이 되는 것이다.

집중정신교육 시간에 부대의 계획에 의하여 집단적으로 실시하는 봉사활동을 통해 부모님을 생각하고, 자신을 건강히 키워서 대한민국 군인이 되도록 해주신 부모님께 감사드리는 모습을 볼 수 있다. 그런데 이러한 봉사활동을 계획하는 부서에서 참고해야 할 점이 있다. 복지시설 중에는 인력에 의한 노력 봉사보다는 물품이나 현금 등 경제적 지원을 바라는 단체도 있기 때문에 이런 단체보다는 노력봉사를 필요로 하는 단체를 선택하는 것이 좋다. 그리고 봉사활동 시 복지시설에 있는 분들에게 결례가 되지 않도록 언행에 각별히 유의하도록 해야 한다. 또한 복지시설을 선정할 때는 이동거리, 차량지원 여부 등을 고려해서 참여하는 장병들에게 불편이 없도록 해야 하고, 봉사활동을 할 것 같으면 부대 여건을 감안하여 복지시설에서 원하는 날짜에 실시하는 것이 좋다.

(2) 충혼탑 참배 및 관리, 전적지 답사 및 보훈가족 찾아보기

부대에 인접해 있는 충혼탑을 참배하고 주변을 정성으로 관리하면서 나라사랑 정신을 키우는 것이다. 또한 인근에 있는 전적지 답사 및 보훈가족 방문을 통하여 선배들의 투혼을 배울 수 있다.

토의

1) 충효예 교육의 목적과 필요성에 대하여 충·효·예 각각의 관점에서 발표해 봅시다.
2) 제시된 충효예 교육의 내용과 방법 중에서 가장 중요하다고 생각하는 것을 발표하고, 선정된 이유를 설명해 봅시다.

명언

39. 사전에 상벌의 규정을 분명히 하고 사후에 상벌을 어김없이 실시하여 군대를 발동하면 능히 승리를 기대할 수 있으며 싸우면 반드시 승리를 거둔다. - 위료자
40. 리더는 미워하는 자에게도 공이 있으면 반드시 상을 주고 사랑하는 자에게도 죄가 있으면 또한 반드시 벌을 주어야 한다. - 위료자
41. 승리를 가져오는 것은 사기(士氣)다. 사기만 있으면 모든 것이 가능하나 이것이 없이는 아무것도 할 수 없다. - 마샬
42. 바탕이 성실한 사람은 항상 편안하고 이익을 보지만 방탕하고 사나운 자는 언제나 위태롭고 해를 입는다. - 순자

제11장 충효예 교육의 기대효과와 적용방향

제1절 인성교육(人性教育)과 연계한 충효예 교육

1. 인성교육의 개념

'인성(人性)'이란 글자 그대로 "사람의 성품(性品)"을 뜻하며 '성품'은 곧 "사람의 성질(性質)과 품격(品格)"을 의미한다. 여기에서 '성질'은 "마음의 바탕"을, '품격'은 "사람됨의 바탕"을 의미하기 때문에 '인성'이란 "한 사람의 마음과 사람(인간)됨의 바탕"을 가리키는 말이다. '마음'은 지(知-앎), 정(情-느낌), 의(意-다짐)의 세 요소로 구성되어 있다. 그래서 마음은 知, 情, 意의 움직임이며, 이들의 움직임은 곧 정신적 작용의 총체라고 할 수 있다. 知는 사물을 인식하고 이해하고 판단하는 마음의 작용이고, 情은 사물에 느끼어 일어나는 마음의 작용이며, 意는 무엇을 하겠다고 속으로 다짐하는 마음의 작용이다. 또한 마음은 선악(善惡)을 느낄 수 있고 시비(是非)를 판단할 수 있으며 행동을 다짐할 수 있는 정신능력이다.

또한 '사람(인간)됨'이란 태어난 그대로의 인간을 가리키는 말은 아니다. 그렇다고 우리가 사람이라고 해서 모두 다 '사람답다'고 또는 '인간답다'고 말할 수는 없다. 우리는 우리가 사람이 되었을 때 비로소 '사람답다'고 하고, 인간다울 때 비로소 '인간답다'는 말을 하게 된다. 그리고 인간다움은 가치(價値, value)를 추구하고 실현하는 삶과 그 모습에서 나온다. 또한 가치의 추구와 실현은 사람으로부터만 찾아볼 수 있는 삶의 모습이기 때문에 인간 이외에 다른 동물들이 인간처럼 가치를 추구하고 실현한다고 볼 수는 없다.

인성의 개념을 인간의 마음과 사람(인간)됨이라고 정의하였는데, 여기에서 유의해야할 내용은 마음은 가치중립적이지만, 인간됨은 가치지향적이라는 것이다. 이러한 의미에서 인간됨이란 가치를 추구하고 실현하는 인간의 삶의 모습이라고 할 수 있겠다.

우리가 어떤 가치를 실현한다고 할 때 그 과정을 분석해보면 가치는 '知·情·意·行'이라는 네 가지 요소로 구성되어 있음을 알 수 있다. 예를 들어, 효(孝)를 실현한다고 할 때, 그것이 가능하기 위해서는 먼저, 孝가 무엇인지를 알아야 하고(知), 효를 실현하고 싶음을 느껴야(情)하며, 효를 실현하겠다는 다짐(意)이 있은 연후에 이어서 효를 행하게 되는 것이다(行). 여기서 우리는 마음과 가치 사이에 밀접한 관계가 있음을 알 수 있으며, 가치의 구성요소는 마음의 구성요소인 '行'이 더해짐을 알 수 있다. 그리고 마음과 가치는 구성요소로 볼 때 '知·情·意'라는 세 가지 요소를 공유하고 있는데, 이는 마음(정신)과 가치가 얼마나 밀접한 관계를 가지고 있는가를 알 수 있다. 마음과 가치의 관련성은 가치는 마음의 연속된 현상으로 볼 수 있는데, 다시 말하면 모든 것이 다 가치가 된다는 뜻은 아니다. 인간됨은 가치에 의해 구성되기 때문에 마음이 행동으로 옮겨지되 그 마음이 인간됨 또는 인간다움을 지향한 행동이어야 가치가 될 수 있는 것이다. 때문에 가치교육의 직접적인 대상은 가치 자체이기 보다는 가치를 발견하고 지각할 수 있는 삶의 경험이어야 한다.[76)]

인성이 '마음'과 '인간의 됨됨이'로 구성된 것임을 볼 때, '인성교육'은 "마음을 교육하고 인간됨을 교육하는 것"이다. 따라서 마음을 교육한다는 것은 그것의 구성요소인 '知, 情, 意'를 교육하는 것이고, 인간(사람)이 됨을 교육한다는 것은 사람이 가치 중심적으로 살아가도록 교육하는 것이다. 이처럼 인성교육은 한편으로는 '知·情·意의 교육'이고 다른 한편으로는 '가치의 교육'이라고 말할 수 있다. 인성교육으로서 가치교육은 결국 인성의 중요한 구성요소인 인간됨을 교육하기 위한 것이라고 할 때, 인간의 개인적 차원과 사회적 차원으로 나누어 살펴볼 수 있다. 개인적 차원의 가치는 '자아실현'과 밀접한 관계를 가지는 한편, 사회적 가치는 '도덕적 삶'과 밀접한 관계를 가진다. 도덕은 그 자체가 가치이며, 도덕은 도덕적 가치의 준말이기도 하다. 그러나 도덕적 가치

76) 남궁달화, 『인성교육론』, 문음사, 1999, 8쪽.

는 다른 종류의 가치에 비해 우리 모두가 일반적으로 공유하는 가치이다. 이러한 점에서 도덕적 가치는 보다 사회성을 띤다고 할 수 있다. 이와 같은 관점에서 인성교육이란 마음의 발달을 위한 정서교육이고, 자아실현을 위한 가치교육이며, 더불어 살기 위한 도덕교육을 의미한다고 할 수 있다.[77] 따라서 인성과 인성교육의 개념을 정리하면 〈표-24〉과 같다.

〈표-24〉 인성과 인성교육의 개념

- 인성(人性)
  - 사람의 성품(性品)으로 사람의 성질(性質)과 품격(品格)
  - 한 사람의 마음과 사람(인간)됨의 바탕
- 인성교육(人性敎育)
  - 마음(知·情·意)을 교육하고 인간됨(사람이 가치 중심적으로 살아가도록 함)을 교육하는 것
  - 마음의 발달을 위한 정서교육이고, 자아실현을 위한 가치교육이며, 더불어 살기 위한 도덕교육

2. 인성교육과 충효예의 관계

인간은 누구나 가치에 따라 판단하고 행동방식을 선택하는 속성이 있고, 사람은 누구나 무언가 하고자 하는 마음을 갖고 삶을 살아가기 마련이다. 때문에 충효예 교육이 '나라에 충성하고 부모님께 효도하며 장병 상호간에 예의를 잘 지키자'는 교육이므로 이를 가치화하여 교육함으로써 군대 인성교육과 연계되도록 하여야 한

Tip

충효예 교육은 장병들의 마음 발달을 위한 정서교육이고, 자아실현을 위한 가치교육이며, 더불어 살기 위한 도덕교육이라는 점에서 인성함양과 충효예 교육은 서로 밀접한 관계가 있다.

77) 남궁달화, 위의 책, 11쪽.

다. 예를 들어 효교육의 경우 "군대 가면 효자 된다."는 말에서 군대 가면 누구나 부모님을 생각하게 되고, 자연스럽게 불효를 느끼게 되면서 철이 들어가기 마련이다. 밥 먹고, 훈련하고, 작업하고, 잠자는 일을 반복하면서, 그때그때 부모님을 그리워하게 되고, "부모님과 함께 할 때가 참 좋았구나."라는 생각을 하게 되는 것이다. 특히 몸이 아파서 생활관에 누워있거나, 빨래하고 옷 다릴 때, 식기세척 등 설거지를 하다보면 따스한 어머니의 손길이 그리워지고, 때로는 눈물이 핑 돌기도 한다. 이러한 모습을 군대에서의 효교육에 대한 당위적 측면으로 이해할 수 있는데, 일종의 가치지향적으로의 삶이 되어가는 것이다.

또한 인성교육이 "사람의 성품 즉, 마음의 바탕과 됨됨이의 바탕이 차차 나아지도록 길러가는 과정이라는 측면에서 보면 "군대 갔다 오면 사람 된다."라는 생각은 군대가 젊은이들을 보다 성숙한 인간으로 탈바꿈시켜준다는 기대감과 함께 우리 군이 연간 30여 만 명이 들어가고 졸업하는 거대한 국민교육기관이자 평생교육의 장이라는 점에서 국민교육도장(國民教育道場)으로 인정한다는 의미가 내포되어 있다.

따라서 군대는 제복을 입은 민주시민을 교육하는 거대한 교육기관이기 때문에 요즈음처럼 핵가족화 현상으로 인한 가정교육 기능의 저하와 입시위주의 학교교육, 기성세대로 인한 바람직스럽지 못한 유해환경과 가치전도현상 등에서 오는 사회교육의 문제점을 교육을 통해 보완해야 하는 당위성에 비춰볼 때 충효예 교육이 가치교육이자 윤리교육의 성격을 보유하고 있기 때문에 장병들에게 인성함양을 시키는데 매우 중요한 의미를 지닌다. 그 이유는 '충 교육'은 군인으로서 국가의 소중함을 일깨우고 자기 직분에 충실하도록 하기 위한 교육이고, '효 교육'은 군에 와 있는 자식이 부모님의 기대에 어긋나지 않는 군생활을 하도록 하는 교육이며, '예 교육'은 병영 내에서 조화와 질서를 유지케 함으로써 전우를 배려하고 서로 사랑하는 역지사지(易地思之)적인 병영생활을 유도하는 교육이라는 점에서 충효예 교육은 장병들의 마음 발달을 위한 정서교육이고, 자아실현을 위한 가치교육이며, 더불어 살기 위한 도덕교육이라는 점에서 인성함양과 충효예 교육은 서로 밀접한 관계가 있다.

제2절 리더십(leadership)과 연계한 충효예 교육

1. 리더십의 개념

사회적 존재로 표현되는 인간은 누군가를 이끌고 누군가에 의해서 이끌리며 살아가는 존재라는 점에서 리더십은 언제나 중요하게 다루어져 왔다. 특히 리더십은 가정 · 군대 · 학계 · 종교계 · 기업 · 국가 등을 막론하고 어떤 리더에 의해 조직(또는 집단)이 움직여지느냐에 따라 성패에 지대한 영향을 준다. 이런 이유에서 리더십은 오랫동안 많은 사람들의 깊은 관심을 끌어온 주제였고, 인류 역사와 함께 공동체 생활을 하는데 지도원리로 작용해왔다.

리더십의 원류를 살펴보면, 이집트의 상형문자로 된 리더십(seshemet), 리더(seshemu), 그리고 부하(shemsu) 등의 단어는 5,000년 전에 쓰인 것으로 추정되고 있고, 리더와 리더십이라는 단어는 영국의 옥스퍼드 백과사전(1943년 발행)의 기록에 의하면 리더라는 단어는 12세기, 리더십이라는 단어는 19세기 초에 등장한 것으로 보고 있다.[78] 이러한 리더십은 지도력, 리더의 기술, 지도력의 기법, 지휘통솔 등 그 이론과 개념이 다양하여 명쾌하게 정의되지 못하고 있는 것도 사실이다.

그래서 많은 학자들이 '리더십은 일반적으로 정의하기가 어렵다'고 말하고 있는데, 스톡딜(Stogdill)은 "리더십의 정의는 리더십을 정의하려는 사람의 수만큼이나 많다.", 카멜(Carmel)은 "리더십의 정의는 연구자의 목적에 따라 달라질 수 있다."고 했고, 베니스(Warren Bennis)는 "수십 년간에 걸친 학문적 분석의 결과 리더십에 대한 850가지 이상의 정의를 찾을 수 있었다. 하지만 유능한 리더와 무능한 리더, 성공하는 조직과 실패하는 조직을 구분하는 것이 무엇인지에 대해 명확하고도 뚜렷한 기준은 존재하지 않았다."[79] 라고 기술하고 있다. 이처럼 리더십 정의는 '리더·구성원·환경'이라는 리더십의 구성 요소

---

78) 남기덕 외, 『리더십』, 학지사, 1994, 14쪽.
79) Warren Bennis & Burt Nanus 공저·김원석 역, 『리더와 리더십』, 황금부엉이, 2005, 25쪽.

중 어디에 초점을 맞추느냐에 따라 다양하게 표현될 수 있으며, 리더와 구성원이 처해진 상황과 여건에 따라 리더십 적용을 달리할 수 있다.

일반적으로 사회에서 적용되고 있는 대표적인 리더십 정의들을 살펴보면 '리더가 집단의 공유된 목표를 향하여 구성원들의 활동을 이끌어 가는 행동(Stogdill, 1974)', '조직 성원들이 공동목표를 달성하려는 방향으로 기꺼이 따라 오도록 영향력을 행사하는 과정(Koontz & O'Donnel)', '주어진 상황 하에서 목표달성을 위해 개인 또는 집단이 노력하도록 모든 활동에 영향을 주는 과정(Hersey & Blanchard)' 등으로 정리할 수 있겠다.

한편 우리 군(軍)의 경우 리더십 정의는 각군의 임무와 특성 및 문화 등을 고려하여 각군별로 발전시켜 왔다. 육군에서는 '리더가 조직의 목표와 임무를 달성하기 위하여 구성원들과 상호적으로 작용하면서 영향력을 미치는 과정'으로, 해군은 '지휘관이 자기에게 부여된 책임과 권한에 의해서 부대의 목표를 보다 효율적으로 달성하기 위해 예하부대 및 부하의 능력을 극대화하도록 감화시키고, 모든 노력을 부대목표에 집중시키는 기술'로, 공군의 경우는 '공군 고유의 문화적 가치관에 바탕을 두고, 미래의 항공우주군 건설 및 운용을 위해 전 공군인들이 자발적이고, 지속적으로 몰입할 수 있도록 이끌어 가는 영향력 행사의 과정'으로 정의하고 있다. 이처럼 각 군별로 제시하고 있는 리더십의 정의를 살펴보면 핵심적인 내용이나 본질 면에서 사회에서 적용되고 있는 리더십의 정의와 거의 동일한 내용이라고 하겠다. 지금까지 제시된 국군과 외국군이 사용하고 있는 리더십 정의를 종합하여 보면 〈표-25〉과 같다.

〈표-25〉 군리더십의 정의[80)]

구 분		정 의
한국군	육군	리더가 조직의 목표와 임무를 달성하기 위하여 구성원들과 상호작용하면서 영향력을 미치는 과정(육군본부, 2009)
	해군	지휘관이 자기에게 부여된 책임과 권한에 의해서 부대의 목표를 보다 효율적으로 달성하기 위해 예하부대 및 부하의 능력을 극대화하도록 감화시키고, 모든 노력을 부대목표에 집중시키는 기술(해군본부, 2000)
	공군	공군 고유의 문화적 가치관에 바탕을 두고, 미래의 항공우주군 건설 및 운용을 위해 전 공군인들이 자발적이고, 지속적으로 몰입할 수 있도록 이끌어 가는 영향력 행사의 과정(공군본부, 2002)
미군	육군	부여된 임무를 완수하고, 조직을 발전시키기 위해 목표와 방향을 제시하고, 동기부여시킴으로써 성원들에게 영향력을 행사하는 과정(Department of the Army, 2006)
	해군	지시나 강제력·위협적 명령이라기보다는 감화와 설득으로 사람을 관리하는 것(해군본부, 2005)
	공군	공동 목표를 달성하기 위하여 부하들의 존경, 신뢰, 복종 및 충성스런 협조를 얻을 수 있도록 영향을 주고 지도하는 기술(공군 전투발전단, 2002)
캐나다군		임무 완수에 기여하는 역량을 개발 또는 향상시키면서 다른 사람들이 직업적 전문성과 윤리성을 바탕으로 임무를 완수하도록 명령하고, 동기부여시키며, 실현가능하도록 지원하는 것(Canadian Forces Leadership Institute, 2005)

80) 최병순, 『軍리더십』, 북코리아, 2011, 30쪽.

2. 리더십과 충효예 교육의 관계

Tip

충효예는 한국인에게 가장 부합되는 '사랑과 윤리'라는 점에서 이 교육을 온전히 잘 받은 사람은 자연스럽게 리더가 갖추어야 할 자질을 갖출 수 있다.

우리는 흔히 "군대(軍隊)는 군대(軍大)다!", "군대는 리더십도장(Leadership Academy)이다!"라고 말한다. 이는 곧 군대가 젊은 시절 마지막 '인생종합대학'으로 군대생활을 통해 자연스럽게 리더십을 습득할 수 있는 리더십 교육의 장(場)을 의미하는 것이다.

우리나라의 경우 모든 남성들은 장교, 부사관 또는 병으로서 군 복무를 해야 하는 국민개병제를 채택하고 있기 때문에, 남성이라면 누구나 국민의 의무인 군대에 입대하여 생활을 하여야 한다. 이뿐만 아니라 이 시기를 통해 자율성과 창의력이 요구되는 21세기 지식정보화시대가 요구하는 국가인적자원개발기관으로서 우리 군을 리더십도장(leadership academy)으로서 역할을 강화해야 한다는 시대적 요구를 충족해야 하는데, 군대의 집단생활과 군사훈련을 통하여 희생정신, 협동심, 국가관 등 리더에게 요구되는 가치관과 태도를 형성하게 해주고, 체력, 인내심 및 자신감 등 신세대들에게 부족한 리더로서의 기본자질을 배양하게 해주어야 한다. 또한 군대는 계급사회이기 때문에 군 생활을 통해서 하급자로서 구비해야 할 팔로어십과 조직원으로서의 멤버십, 그리고 상급자로서 하급자를 지도하는 리더십을 자연스럽게 체득할 수 있는 좋은 기회가 될 수 있다.

이러한 관점에서 군(軍)에서 실시하는 충효예 교육은 '부모님이 원하시는 대로(孝), 상대방을 배려하고 상호간에 예의(禮)를 지키며, 국가에 충성(忠)하는 전인적인 인간으로 성장시키는 것'에 목적을 두고 있고, 충효예는 한국인에게 가장 부합되는 '사랑과 윤리'라는 점에서 이 교육을 온전히 잘 받은 사람은 자연스럽게 리더가 갖추어야 할 자질을 갖추게 되는 것이다. 예컨대 효를 활용하여 리더십 교육을 실시하는 경우, 효의 본질이 '부자자효(父慈子孝)'와 '부자유친(父子有親)'의 상호성에 바탕을 둔 쌍무호혜적이라는 관점에서 리더와 구성원이 상하동욕(上下同欲)을 추구하는 쌍방성 패러다임의 리더십이라는 점이다. 손자도 "리더가 병사 보기를 어린아이 돌보듯이 하면 가히 함께 깊은 골짜기로 들어갈 수 있으며, 리더가 병사 사랑하기를 자식 사랑하듯이 하면 가히 리더와 생사를 함께 할 수 있는 것이다."[81]라고 하였는데 이는 리더와 부하의 관계를 가정에서 부모와 자녀의 모습으로 연상할 수 있는데, 모든 부모는 평생을 자식을 위해서, 자식을 섬기는 자세로 이끌어 가는데, 이러한 부모의 모습이 바로 현대 리더십 중 하나인 서번트 리더십의 전형적인 모습이라 할 수 있는 것이다.

또한 리더십이 '리더가 집단의 공유된 목표를 향하여 구성원들의 활동을 이끌어 가는 행동이나 영향력을 행사하는 과정'이라는 측면에서 볼 때 충효예는 자신과 조직에 사랑과 정성을 다하는 리더와 그렇지 않은 리더인가를 판가름하게 한다는 점에서 구성원들에게 신뢰받는데 영향을 주는 것은 자명한 사실이라고 할 수 있다.

혹자는 충효예와 리더십을 연계하는 점에 대해서 패러독스의 문제를 제기하면서 견해를 달리하기도 하는데, 그것은 충효예의 본질을 제대로 이해하지 못하는 현상에서 기인된다. 충효예 정신은 상고시대로부터 면면히 이어져온 민족의 혼이자 우리의 전통적 가치로써 우리의 정서와 문화에 가장 잘 맞는 리더십으로 이해하여야 한다. 특히 과거에는 대가족의 문화 속에서 생활했기 때문에 가정에 조부모, 부모, 형제, 자매 등이 함께 생활하다보니 가정생활을 통하여 자연스럽게 효의식이 개발되고, 가족 간에 팔로어십과 멤버십 등 리더십 교육이 이루어졌지만, 최근에는 핵가족화와 입시위주의 교육의 환경에서 입대하는 장병이 대부분이라는 점에서 충효예 교육과 리더십을 연계하는 것은 시대적으로 적절하다고 할 수 있다.

---

81) 『손자병법』 「지형편」: "視卒如嬰兒故 可與之赴深谿 視卒如愛子故 可與之俱死"

제3절 충효예 교육을 통한 병영문화(兵營文化) 개선

1. 병영문화의 개념

문화(文化)라는 말은 대단히 광범위하게 사용되는데 지금까지 알려진 문화의 정의는 약 200여개에 달 할 정도로 다양하다. 우선 문화(文化)라는 한자를 해석하여 보면 문(文)자는 '밝게 하다', '빛나게 하다'는 의미이고, 화(化)자는 '되게 하다'는 의미이므로 인간의 삶을 밝게 해주는 정신적 · 예술적 영역의 총체로 이해할 수 있다.

일반적으로 문화란 개인이 사회생활을 통해서 학습되어진 모든 것, 즉 형식적 · 비형식적 교수 및 학습과정을 통해 얻어진 신앙, 관습, 규범, 기술, 생활방식 등과 같은 의미로 해석되기만, 문화는 사람들의 필요에 의해 만들어지고, 사회생활을 통해 공유되며 문화는 습득·전승되어진다는 특징이 있으며, 보편성과 특수성을 가지면서도 끊임없이 변화한다는 특징도 가지고 있다.

우리는 일상생활에서 흔히 문화인(文化人), 문화국민(文化國民), 청소년문화(靑少年文化) 등 문화와 관련된 용어를 사용하는데 병영문화도 그 중 하나다. 병영문화는 흔히 다른 말로 '군사문화(軍事文化)', '군대문화(軍隊文化)'라고 혼용하여 쓰기도 하는데, 그 의미는 "군조직의 목표 달성을 위해 설정된 각종 규범·제도·부대 운영방식 등에 의거하여 군생활을 통해 습득되고 형성되는 생활양식과 군에 대한 공동가치 및 관념" 으로 군대라는 특정한 사회(집단) 속에서 만들어지고 유지되는 문화를 말한다.

〈표-26〉 병영문화의 개념

"군조직의 목표 달성을 위해 설정된 각종 규범 · 제도 · 부대 운영방식 등에 의거하여 군생활을 통해 습득되고 형성되는 생활양식과 군에 대한 공동가치 및 관념"

2. 병영문화 개선과 충효예의 관계

Tip

'나라에 충성하고 부모님께 효도하며 장병 상호간에 예의를 지키는 것'을 목표로 삼는 충효예 교육은 자기 욕구 중심의 개인을 공동의 삶으로 연결하는데 기여하기 때문에 병영문화를 밝고 명랑하게 조성하는데 도움이 된다.

인간을 '사이(between)의 존재' 또는 '사회적 동물' 등으로 표현한다. 이 말은 인간은 혼자 살아갈 수 없으며, 누군가와 함께 살아가기 마련인데, 그것은 바로 부모와 자식, 형제자매의 관계로부터 시작하여 이웃과 사회, 국가와 자연으로 확대되는 것으로 볼 수 있다. 그러므로 사람은 세상을 살아가면서 관계 속에서 욕구와 환경의 영향을 받으며 살아가기 마련인데, 이러한 이유에서 사람은 문화를 떠나 살 수 없으며, 문화는 인간의 삶을 지배하는 역할을 하기 때문이다. 또한 문화는 교육에 의해 만들어지고 후대에 전수된다는 점에서 교육과도 깊은 연관이 있다. 교육이란 가르치는 일을 통해 알아가게 하는 과정이고 '안다는 것(知)'은 사람이 되는 것, 즉 부모와 자식으로서, 국민과 조직구성원으로서의 도리가 무엇인지를 아는 것이다. 인간의 삶이 동물의 삶과 다른 까닭은 공동의 삶을 위해 문화를 만들어내고 다음 세대에 전수하는 교육을 행하고 있다는 점이다.

모든 공동생활을 하는 사회나 집단에는 어떤 형태든 간에 그 사회 나름대로 언어 · 종교 · 의식주(衣食住) 등의 생활방식이나 문화를 지니게 되는데, 병영도 예외는 아니다. 병영도 병영 나름의 생활방식과 문화가 존재하기 마련인데, 그럼에도 불구하고 군대 속성에 맞는 문화로 발전시키는데 있어 소홀한 면이 있었다. 그런데 병영문화가 일반적인 사회문화와 구분하여 불리게 된 것은 일반 사회문화와 다른 군대만이 가지고 있는 명령의 절대성과 엄정한 규율, 절대적인 희생과 헌신이 요구되는 등 일반사회와는 다른 특수성이 있기 때문이다. 병영의 특수성은 일반 사회의 문화와 비교할 때 조직이 추구하는 목적이 다르기 때문에 일부 내용과 형태가 다를 뿐 일반 사회나 조직에서 가지고 있는 문화의 보편성은 동일하다. 그런데 일부 사람들은 이러한 군대의 특수성은 외면한 채 병영문화라는 용어를 떠올리면 구타 및 가혹행위, 자살사고, 총기난동사고 등을 각종 악성사고를 연상하면서 군대에 대한 부정적으로 보는 경향이 있는데, 이는 군대의 특수성을 잘못 이해함과 함께 병영문화에 대한 무관심했던 것과도 연관이 깊다.

한편 군대 사고율은 1980년대 이후 격감하는 추이를 보이고 있는데, 이는 군에서 사고예방을 위한 노력의 결과이며, 그중에서도 부사관단에서 자생적으로 추진한 충효예 교육의 기여 또한 간과해선 안 된다. 충효예 교육은 '나라에 충성하고 부모님께 효도하며 장병 상호간에 예의를 지키는 것'을 목표로 자기 욕구 중심의 개인을 공동의 삶으로 연결하는데 기여해온 교육으로 병영문화를 밝고 명랑하게 조성하는데 도움을 주었기 때문이다.

또한 충효예 교육의 목표가 장병들이 군대생활을 하는 동안 조화로운 질서를 유지할 수 있는 가치와 윤리를 함양시키며, 이를 통해 습득되고 형성되는 생활양식과 군에 대한 공동가치 및 관념에 영향을 미쳐 장병 개개인의 행복지수를 높이는 요인으로 작용한다는 점에서 연관성이 크다고 하겠다.

제4절 충효예 교육을 통한 부대관리(部隊管理)

1. 부대관리의 개념

부대관리(部隊管理)는 '부대(部隊)'와 '관리(管理)'라는 용어의 합성어라는 점에서, 그 의미를 이해할 수 있다. 우선 부대(部隊)의 의미는 사전적으로 '일부의 군대', '한 단위의 군대', '공통의 목적을 가진 집단' 등으로 해석되어 있으며, '관리(管理)'는 사전적으로 '사무를 관할 처리함', '물건의 보존·개량을 꾀함', '사람을 통솔하고 지휘 감독함' 등으로 풀이된다. 따라서 '부대관리(部隊管理)'는 '군대에 근무하고 있는 구성원들이 인원을 통솔하고 지휘 감독하며 사무를 관할하고 처리하며 보유한 물건의 보존·개량을 꾀하는 일련의 활동'이라 정의(定義)할 수 있다.

한편 육군본부에서 발행된 『부대관리 Konw-How 123, 육군본부, 교육참고 8-1-7, 2006』 에서는 부대관리의 개념에 대하여 다음과 같이 기술하고 있다. 부대관리란 '부대의 임무 또는 과업을 경제적이고 효율적으로 완수하기 위하여 인원, 장비, 물자, 시설, 예산 및 시간 등 가용시간을 활용하는 활동으로서, 효율적인 병원관리(兵員管理), 군수관리(軍需管理), 교육훈련 안전관리(教育訓練 安全管理) 등을 통해 부대 전투력을 보존하고, 부대안정을 유지하며, 각종 사고를 예방하여 적과 싸워 이길 수 있는 전투준비태세를 확립하기 위한 것'으로도 밝히고 있다.

이를 종합하여 정리하면 '부대관리(部隊管理)'란 '부대 구성원들이 부대의 임무 또는 과업을 경제적이고 효율적으로 완수하기 위하여 인원, 물자, 장비, 시설, 예산 및 시간을 활용하여 전투력을 보존하고, 부대안정을 유지하며, 각종 사고를 예방함으로써 적과 싸워 이길 수 있는 전투준비태세를 확립하기 위한 제반 활동 및 과정'으로 이해할 수 있다.

〈표-27〉 부대관리의 개념

"부대 구성원들이 부대의 임무 또는 과업을 경제적이고 효율적으로 완수하기 위하여 인원, 물자, 장비, 시설, 예산 및 시간을 활용하여 전투력을 보존하고, 부대안정을 유지하며, 각종 사고를 예방함으로써 적과 싸워 이길 수 있는 전투준비태세를 확립하기위한 제반 활동 및 과정"

명언 

43. 나는 성실하게 사는 것을 최고의 덕으로 삼는다. - 퓨론

44. 성실은 도덕의 핵심이다. - 토마스 헉슬레이

2. 부대관리(部隊管理)와 충효예의 관계

Tip

충효예를 바탕으로 실시되는 부대관리는 장병들의 마음을 바르게 하고 군인으로서의 도리를 다하도록 육성한다는 점에서 부대관리와 충효예는 연계성을 가지고 있다.

군은 평시 강도 높은 교육훈련과 전투준비태세를 통해 적과 싸워 이길 수 있는 부대를 육성해야 하는데 이를 위해서는 안정적인 부대관리는 필수적인 요인으로 작용한다. 아무리 강도 높은 교육훈련을 통해 고도의 전투력을 보유하고 있다고 해도 부대관리를 소홀히 하여 구타 및 가혹행위, 자살사고 등 각종 악성사고가 발생한다면 한순간에 부대원의 단결 및 사기는 저하되고 만다. 그뿐 아니라 사고에 대한 사후조치 등에 투입되는 시간과 노력이 낭비되어 사고가 발생한 해당 부대는 사고원인 분석·조치 및 방지대책 마련 등으로 인해 부여된 임무 및 과업에 전념할 수 없게 되고, 이로 인해 전투임무 위주의 부대운영은 제한될 수밖에 없다.

따라서 전투력은 "교육훈련에 의해 '육성'되고 부대관리에 의해 '보존'되며 리더십에 의해 '발휘'되어진다."는 말처럼 부대관리는 전투력의 바탕이 되는 것인데, 앞에서 부대 관리의 정의에서 살펴보았듯이 "부대 구성원들이 부대의 임무 또는 과업을 경제적이고 효율적으로 완수하기 위하여 인원, 물자, 장비, 시설, 예산 및 시간을 활용하여 이를 통해 전투력을 보존하고, 부대안정을 유지하며, 각종 사고를 예방함으로써 적과 싸워 이길 수 있는 전투준비태세를 확립하기위한 제반 활동 및 과정."이므로 여기에서 우리가 명심해야 할 사항은 장비나 물자, 예산 등은 사람(병력)에 의해서 관리된다는 점이다. 이러한 이유에서 교육을 통해 '사람'의 마음을 바르게 하고 군인으로서의 도리를 다하도록 장병을 육성한다면 각종 사고예방을 통해 전투력이 보존되고 부대안정을 유지함으로써 강한 전투력을 확립할 수 있을 것이다.

한편 충효예 교육의 목적도 "나라에 충성하고 부모님께 효도하며 장병 상호간 예절을 지킬 줄 하는 군인을 육성하는 교육."이라는 점에서 알 수 있듯이 충효예 교육을 통해 장병들의 마음을 바르게 하고 군인으로서의 도리를 다하게 할 수 있다는 점에서 부대관리와 맥락을 같이 한다. 이렇게 볼 수 있는 이유는첫째, '충'교육은 직분에 충실하는 것 즉, 제 몫과 제 역할을 다하게 하는 정신적 작용을 하기 때문이다. 충은 여러 가지 의미가 있는데 그 중의 하나가 '최선을 다하는 마음' 즉 진심(盡心)이다. 이는 "나라에 충성하는 길은 여러 가지가 있는데 농사꾼은 농사짓는 일에 학생은 공부하는 일에 나무꾼은 나무하는 일에 최선을 다하면 그 것이 곧 충이다."라는 도산 안창호의 말이나 "몸과 마음을 다하는 것을 충이라 한다(盡己之謂忠)."는 주자(朱子)의 말에 잘 나타나 있다.

둘째, '효'교육은 사랑과 정성 즉, 서로의 마음을 따뜻하게 해주는 작용을 하기 때문이다. 본래 효는 부모와 자식 간에 이루어지는 원초적인 감정으로 사랑과 정성을 근본으로 한다. 그리고 효 교육의 목적은 부모님께서 원하시는 군대 생활 즉, 윗사람 말 잘 듣고 동료 간에 다투지 않으며 몸 성히 군복무를 마치는 것 그 자체가 부대관리의 기초이자 바탕이다.

셋째, '예'교육은 군인으로서의 도리 즉, 병영의 조화와 질서를 유지 시켜주는 작용을 하기 때문이다. 예란 사람으로서 마땅히 행해야할 도리로써 도덕, 윤리 등과 같은 의미로 해석되며, 예는 상대방의 입장 즉, 역지사지(易地思之)적 관점에서 남을 배려하고 사랑하는데 있으므로 병영에서의 예 교육은 구타나 가혹행위 등을 줄이는 효과도 기대할 수 있고, 나아가 병영의 질서가 저절로 확립되어 조화로워질 수 있다.

따라서 충효예를 바탕으로 실시되는 부대관리는 장병들의 마음을 바르게 하고 군인으로서의 도리를 다하도록 육성한다는 점에서 연계성을 가지는 것이다.

제5절 훈육(訓育)과 연계한 충효예 교육

1. 훈육의 개념

Tip

'훈육'은 교육(敎育)이라는 용어와 의미가 비슷하면서도 사랑과 정성이 깃든다는 의미가 강하다. '훈육'이 가정의 부모모습이라면, 교육은 학교의 교사의 모습에 비유할 수 있다.

훈육(訓育)이라는 용어는 대체로 사관생도나 후보생 시절에, 훈육시간이면 훈육관이나 훈육장교의 엄한 모습을 떠올리게 된다. 그러나 원래 훈육의 의미는 그런 엄한 모습을 연상케 하는 것이 아니다. 훈육은 교육(敎育)이라는 용어와 의미가 비슷하면서도 사랑과 정성이 깃든다는 점에서 약간의 차이가 있다. 훈육이 가정에서 부모의 모습이라면 교육은 학교에서 선생님의 모습에 비유할 수 있다. 사전적 의미로 보면, 훈육(訓育)은 '품성과 도덕 등 덕목을 가르쳐 인격을 기르는 일'로, 교육(敎育)은 '지식과 기술 따위를 가르치며 인격을 기르는 일' 등으로 해석된다. 한자 자전에서도 훈(訓)은 '가르치다, 타이르다 ' 등으로, 교(敎)는 '가르치다, 본받게 하다' 등의 의미를 가지는 것으로 나타나 있다. 이처럼 두 글자 모두 '가르친다'는 의미를 가지고 있지만, 훈육이라는 말은 '지식'보다 '사람됨'에 초점을 둔다.

박병량은 훈육의 의미를 군대 훈육과 학교 훈육으로 구분하면서 "군대 훈육은 군인 집단을 지휘자의 의지에 따라 반응하도록 훈련시키는 것을 의미하고, 학교 훈육은 교수의 의지에 학생의 의지를 복종시키는 것을 의미한다."[82)]라고 하면서 결국 "학교 훈육은 학교의 질서를 유지하고 학생의 안전과 복지를 증진시키며 건설적인 학습 환경을 조성하여 문제 행동을 예방하고 개선시키려는 학교의 경영활동이라고 할 수 있다."[83)]고 설명하고 있다.

훈육(訓育)과 교육(敎育)은 '訓(훈)'자와 '敎(교)', '育(육)'자에 대한 한자의 어원(語源)에 그 의미가 잘 나타나 있다. 먼저 '훈(訓)'자는 '말씀 언(言)'과 '내

82) 박병량, 『훈육』, 학지사, 2001, 43쪽.
83) 박병량, 위의 책, 47쪽.

천(川)'자의 합자(言+川)로 '말한 것이 마치 물이 흐르듯이 이루어 져야 한다.'는 의미이고, 교(敎)자는 '인도할 교(孝)'자와 회초리로 '칠 복(攵)'자의 합자(孝+攵)로 '인간을 가르칠 때는 회초리를 들어서라도 올바른 길로 인도해야 한다.'는 의미를 담고 있다. 다음 육(育)자는 '아이 돌아 나올 돌(𠫓)'자와 몸 육(月)자의 합자(𠫓+月)이니, 어머니의 뱃속에서 아이가 돌아 나올 때 어머니가 감내(堪耐)해야 하는 고통과 아이를 지극히 생각하는 사랑과 정성으로 자식을 길러야 한다는 의미를 담고 있다.

이렇게 볼 때 한자어로서의 훈육(訓育)의 의미는, 리더가 리더십을 발휘함에 있어서 마치 물이 흐르듯이, 순리에 바탕을 두고 부하를 이끌어 가는 것으로 이해할 수 있다. 훈육의 의미를 이해하기 위해 정의를 모아 제시하면 〈표-28〉과 같다.

〈표-28〉 훈육의 정의[84)]

- 훈육은 벌 및 보상을 통한 학생 행동의 지시적이고 권위적 통제이다(교육사전, 1973).
- 훈육은 교육 목적을 추구하는 활동에 방해되는 학생들의 문제 행동을 예방, 억제하여 학교 및 교실 내에서 바람직한 풍토를 조성해 나가는 과정이다(권균, 2000).
- 훈육은 환경의 질서와 안정을 해치는 학생의 행동과 관계되는 교사의 행동에 초점을 둔다(Eggen & Kunchak, 1994).
- 훈육은 학교에서 수용될 수 있는 행동을 하도록 학생을 돕는 교사의 행동이다(Chares, 1996).
- 훈육은 일반 사회의 사회적 모임과 과업 장소의 규범에 부합되는 행동의 규칙을 따르게 하는 것이다(Wynne, 1990).
- 훈육은 생산적인 학습을 하는데 충분할 정도로 질서 있는 학생 행동을 유지하는데 사용되는 방법들이다(Wiles & Bondi, 2000).
- 훈육은 아동이 인간성을 유지하고 사회를 돌볼 수 있는 마음과 정신의 품성, 그리고 이것을 발달시키는 전략이다(Lewis, Watson & Schaps, 1999).

---

84) 박필환, 「장교양성과정의 훈육과 슈퍼리더십 실천방안」, 동국대학교 석사학위논문, 2009, 20쪽.

2. 훈육과 충효예의 관계

충효예 교육은 "나라에 충성하고 부모님께 효도하며 전우 상호간에 예의를 지키자."는 취지에서 시작된 교육이라는 점에서 훈육을 담당하는 사람의 수범적 역할이 중요하다.

훈육(訓育)은 리더의 말과 행동이 그대로 반영되어 나타나게 된다는 점이 중요하다. 만일 훈육을 담당한 교수나 훈육관(장교)이 언행을 일치시키지 못한다면 교육의 효과를 기대하기 어렵다. 이런 점에서 훈육과 충효예는 밀접한 연관성을 가진다. 충효예 교육은 "나라에 충성하고 부모님께 효도하며 전우 상호간에 예의를 지키자."는 취지에서 시작된 교육이라는 점에서 훈육을 담당하는 사람의 수범적 역할이 중요하기 때문인데, 충효예는 다음과 같은 점에서 연관성이 있다.

첫째, 충과 훈육의 연계성이다. 나라에 충성한다는 것은 자기직분을 다하는 것이다. 자기 직분에 충실한 리더와 구성원은 저절로 훈육의 목표에 도달하게 될 것이다.

둘째, 효와 훈육의 연계성이다. 부모님께 효도한다는 것은 부모님이 원하시는 방향으로 군대생활을 한다는 것이다. 부모님을 걱정시켜 드리지 않고 기쁘게 해드리며, 자나깨나 부모님을 생각하면서 생활하는 사람은 저절로 훈육의 목표에 도달하게 될 것이다.

셋째, 예와 훈육의 연계성이다. 전우 상호간에 예의를 다한다는 것은 조직과 집단에서 조화와 질서를 유지하는 역할을 하는 것이다. 전우들과의 조화를 유지한다는 것은 상호간 적절한 언어사용, 구타 및 가혹행위 근절은 물론 역지사지(易地思之)적 관점에서 병영생활을 올바르게 하는 사람이므로 이는 저절로 훈육 목표에 도달하게 될 것이다.

3. 훈육을 가르쳐야 하는 이유와 방법

가. 훈육을 가르쳐야 하는 이유

리더 양성 과정에서 훈육을 가르쳐야 하는 이유는 두 가지로 볼 수 있다. 첫째, 리더에게 요구되는 리더십 역량과 성품을 갖도록 하기 위해서다. 리더에게 필요한 리더십 역량과 성품은 교육만으로 형성되기 어렵다. 예를 들어 교육의 세 마당이라고 하는 '가정교육, 학교교육, 사회교육'으로 놓고 생각해 볼 때, 사람이 올바른 성품을 형성하는 데는 가정교육과 학교교육, 사회교육을 모두 필요로 하지만, 그 중에서도 가정교육이 가장 중요한 것과 같은 이치이다. 즉 훈육은 학교교육보다는 가정교육과 같은 성격의 교육영역이다. 학교교육은 정해진 일과에 과목과 시간을 편성해서 진행하지만 가정교육은 24시간 내내 부모와 가족간의 일거수일투족 모두가 반영된다는 점에서다.

두 번째, 장차 리더가 되어야 할 학생들에게 훈육할 수 있는 능력을 부여하기 위해서이다. 부대에서 장병을 이끌어가는 데는, 수단(手段)을 놓고 볼 때 교육자로서만이 아니라 훈육자로서의 역량을 필요로 한다. 특히 훈육은 교육보다도 가르치는 사람의 말과 행동이 민감하게 반영된다는 점에서 언행이 중요하다. 교육기관에서 훈육담당관을 보직할 때는 아무나 훈육요원으로 보직시키는 것이 아니라 성품을 심사하는데, 그 이유는 그러한 훈육담당관에게 배운 피교육생은 리더십 스타일을 대부분 닮게 되기 때문이다.

나. 훈육을 가르치는 방법(적용사례)

(1) 개요

"리더는 어항 속의 금붕어이다.", "리더십은 오케스트라다."라는 말이 있다. 리더는 어항 속의 금붕어라는 의미는 리더의 일거수일투족(一擧手一投足)이 부하들에게 주목받게 되고 고스란히 부하에 대한 영향력으로 나타나게 되며, 지도방법에 따라 결과가 다르게 나타난다는 뜻이다. 그리고 리더십을 오케스트라로 보는 이유는, 연주하는 악기가 관학기·현악기·타악기 등으로 다양하게 구성되어 있지만 어떤 지휘자에 의해서 지휘되느냐에 따라 화음이 다르게 들려오는 것과 마찬가지로 리더가 어떤 사람이고, 어떤 리더십을 발휘하느냐에 따라 조직의 성과가 다르게 나타난다는 것이다. 이런 의미에서 훈육도 마찬가지로 어떤 사람이, 어떤 방법으로 훈육을 담당하느냐에 따라 리더로서의 자질을 갖추는 성장 여부가 다르게 나타나게 된다.

훈육을 가르치는 궁극적인 목적은 훌륭한 리더를 양성하는 데 있다. 따라서 훈육시간에는 학생들로 하여금 훌륭한 리더가 되도록 지도해야 한다. 그런데 훌륭한 리더가 되기 위해 준비한다는 것은 그리 간단한 문제가 아니다. 이는 훈육과 연관되는 여러 가지 상황요인과 문화적인 요소를 잘 접목해야 하기 때문이다.

이 책에서 제시하는 훈육 방법은 경민대학교 효충사관과에서 적용하고 있는 사례를 소개하고자 한다. 경민대학교는 지역적으로 군사지역인 경기도 북부 의정부에 위치해 있고, 설립이념을 "사람이 된 후 학문이요, 명예요, 재물이다."라고 정해 놓았을 정도로 인성과 사람됨 교육에 중점을 두는 학교이다. 또한 '효도·충의·신앙'이라는 설립정신과 '실력·봉사·실천'의 교훈을 효충사관학과의 학과훈(學科訓)과 훈육지표와 연계하여 훈육과목을 가르쳐오고 있다. 훈육과목의 학점은 2학점으로 전공 필수과목으로 분류되어 있으며, 교육방법은 코칭기법을 적용해서 교수의 질문을 통한 쌍방향 커뮤니케이션 형태로 진행하고 있다.

(2) 지도 중점

훈육의 지도 중점은 학년 및 학기에 따라 다르다. 즉 1학년 1학기 때는 훈육과 관련되는 내용을 바르게 이해시키는데 중점을 둔다. "지혜는 용어의 정의에서 비롯된다(플라톤)."고 했듯이 훈육과목에 관련되는 용어들을 정확히 이해하도록 하는 것이다. 따라서 지도 중점으로 적용하고 있는 항목들은 다음과 같은 것들이다.

〈표-29〉 훈육과목 개요

□ **교육 목표**
- 초급간부에게 요구되는 리더십 역량 구비
- 리더가 갖추어야 할 덕목 3가지
  - 신라의 세속오계 : "忠 · 孝 · 信 · 勇 · 仁"
  - 손자병법에 제시된 리더의 요건 : "智 · 信 · 仁 · 勇 · 嚴"
  - 미국 육사 교범에 제시된 리더의 요건 : "인격(Be) · 지식(Know) · 행동(Do)"

□ **훈육지표**
- 훈육지표(11가지) : 정직 · 약속 · 용기 · 효도 · 충성 · 책임 · 명예 · 예의 · 조화 · 소유 · 존중과 배려

  * (암기법) 정약용이 쓴 효충책에서 명예와 조화가 소중하다고 했다.

□ **관련 내용**
- 대학 건학이념 : "사람이 된 후 학문이요, 명예요, 재물이다."
- 대학 설립정신 : "효도 · 충의 · 신앙"
- 대학 교훈 : "실력 · 봉사 · 실천"
- 학과훈 : "할 수 있다는 신념과 하겠다는 집념으로 오늘을 뛰며 내일을 설계한다."

훈육을 교육하는 목적은 훌륭한 리더가 되도록 하기 위함이다. 이를 위해서 학생들이 갖추어야 할, 리더로서 내면화해야 할 덕목은 여러 가지가 있지만, 문헌에 제시된 내용을 압축하면 한국적인 것으로 '세속오계', 동양적인 것으로 '손자병법', 서양적인 것으로 미국 육군사관학교에서 적용하는 '리더의 3가지 요건'으로 정리할 수 있다.

다음 학생들이 리더십 역량을 갖추기 위해 삼아야 할 방향과 목적, 기준으로 〈표-29〉에서 보듯이 11가지의 훈육지표를 설정하였다. 그 이유는 첫째, 정직(正職)은 마음에 거짓이나 꾸밈이 없이 바르고 곧게 행해야 하기 때문이다.

리더가 부하 앞에서 정직하지 못하면 믿음을 잃게 된다. 둘째, 약속(約束)은 다른 사람과 앞으로의 일을 어떻게 할 것인가를 미리 정해서 실천해야 하기 때문이다. 리더가 약속을 어기면 신뢰도 잃고 만다. 셋째, 용기(勇氣)는 리더가 씩씩하고 사물을 겁내지 아니하는 기개를 가져야 하기 때문이다. 그래야 부하들이 믿고 따른다. 넷째, 효도(孝道)는 부모가 원하는 방향으로 행하며, 부하들을 그 방향으로 이끌어야 하기 때문이다. 다섯째, 충성(忠誠)은 진정에서 우러나오는 정성이기 때문이다. 리더가 가식이 없는 상태로 직분에 충실할 때 부하들이 따른다. 여섯째, 책임(責任)은 맡아서 해야 할 임무나 의무 또는 어떤 일에 관련되어 그 결과로 받는 제재(制裁)를 말하는 것으로 리더의 태도 및 행동과 직결되기 때문이다. 따라서 리더는 언제나 책임지는 자세를 견지해야 한다. 일곱째 명예(名譽)는 세상에서 훌륭하다고 인정되는 이름이나 자랑. 또는 그런 존엄이나 품위를 말하기 때문이다. 명예야말로 리더로서 견지해야 할 최고의 가치이다. 여덟째, 예의(禮義)는 사람이 지켜야 할 예절과 의리를 말하기 때문이다. 리더가 먼저 예의를 지켜야 부하들이 따른다. 아홉째, 화(調和)는 서로 잘 어울리는 상태를 말한다. 학교생활에서부터 학우들과 어울리는 습관이 전장에서도 격의 없이 부하를 이끌 수 있다. 열 번째, 소유(所有)는 어떤 물건을 전면적·일반적으로 지배하는 것을 뜻한다. 본인이 가져야 할 것과 가져서는 안 될 것을 구분하는 능력을 갖도록 해야 하기 때문이다. 마지막으로 존중(尊重)과 배려(配慮)는 상대를 높이어 귀하게 대하고, 도와주거나 보살펴 주고 마음을 쓰는 것으로, 리더가 갖추어야 할 덕목이기 때문이다. 이러한 열한가지를 학교생활에서부터 습성화하도록 하고 있으며, 여기에 추가해서 학교의 건학이념이나 설립정신, 교훈, 학과훈 등을 곁들여 설명하고 토의에 포함시켜 체득하게 하고 있다. 또한 훈육을 담당하는 교수는 학년별, 또는 학기별로 바꾸는 것이 좋은데, 이는 학생들로 하여금 다양한 리더십 스타일을 경험하게 하여 리더의 장점을 본받을 수 있도록 하기 위해서다. 이를 도표로 제시하면 〈표-30〉과 같다.

〈표-30〉 학기별 지도 방법 및 중점(예)

학 기	지 도 중 점	비 고
1학년1학기	훈육과목과 관련된 용어 이해 * 학교생활과 연관시켜 발표 및 토의로 진행	과제물 준비 (토의 중심)
1학년2학기	훈육지표와 리더의 덕목과의 관계 * 리더가 갖추어야 할 요건과 훈육 지표의 관계를 발표	이해 및 숙지 (발표 중심)
2학년1학기	훈육지표와 리더의 덕목과의 관계 및 적용 * 야전 생활을 연상되도록 하면서 리더와의 관계를 응용	발표 및 토의
2학년2학기	훈육지표와 리더의 덕목과의 관계 및 적용 사례 * 성공적 리더십 발휘한 인물을 중심으로 발표 및 토의	발표 및 토의

토의

1) 인성교육의 의미를 설명하고, 인성교육이 충효예와 연계되는 이유에 대하여 발표해 봅시다.

2) 리더십의 의미를 설명하고, 리더십이 충효예와 연계되는 이유에 대하여 발표해 봅시다.

3) 병영문화 개선에 대하여 발표하고, 병영문화와 충효예와 연계되는 이유에 대하여 발표해 봅시다.

4) 안정적 부대관리의 요건에 대하여 발표하고, 부대관리와 충효예가 연계되는 이유에 대하여 발표해 봅시다.

찾아보기

(ㄴ)

(ㄷ)

(ㅅ)

(ㅈ)

(ㅊ)

(ㅋ)

(ㅌ)

(ㅍ)

(ㅎ)

기타

효행 장려 및 지원에 관한 법률

제1장 총칙

제1조 (목적)

이 법은 아름다운 전통문화유산인 효를 국가차원에서 장려함으로써 효행을 통하여 고령사회가 처하는 문제를 해결할 뿐만 아니라 국가가 발전할 수 있는 원동력을 얻는 외에 세계문화의 발전에 이바지함을 목적으로 한다.

제2조 (정의)

이 법에서 사용하는 용어의 정의는 다음과 같다.

1. "효"란 자녀가 부모 등을 성실하게 부양하고 이에 수반되는 봉사를 하는 것을 말한다.
2. "효행"이란 효를 실천하는 것을 말한다.
3. "부모 등"이란 「민법」 제777조의 친족에 해당하는 존속을 말한다.
4. "경로"란 노인을 공경하는 것을 말한다.
5. "효문화"란 효 및 경로와 관련된 교육, 문학, 미술, 음악, 연극, 영화, 국악 등을 통하여 형성되는 효 및 경로에 대한 사회적 가치를 말한다.

제3조 (다른 법률과의 관계)

효행의 장려와 지원에 관하여 다른 법률에 특별한 규정이 있는 경우를 제외하고 이 법으로 정하는 바에 따른다.

제2장 효행장려

제4조 (효행장려기본계획의 수립)

① 보건복지부장관은 관계 중앙행정기관의 장과 협의하여 5년마다 효행장

려기본계획(이하 "기본계획"이라 한다)을 수립하여야 한다.

② 기본계획은 효행장려를 위한 환경조성 등의 사항을 포함하여야 한다.

③ 보건복지부장관은 「저출산·고령사회기본법」에 따른 저출산·고령사회기본계획을 수립할 때 기본계획을 포함할 수 있다.

제5조 (효행에 관한 교육의 장려)

① 국가 및 지방자치단체는 유치원 및 초등학교·중학교·고등학교에서 효행교육을 실시하도록 노력하여야 한다.

② 국가 및 지방자치단체는 영유아어린이집, 사회복지시설, 평생교육기관, 군 등에서 효행교육을 실시하도록 노력하여야 한다. [개정 2011.6.7 제10789호(영유아보육법)] [[시행일 2011.12.8]]

제6조 (부모 등 부양가정 실태조사)

① 국가 및 지방자치단체는 부모 등을 부양하는 가정에 관한 생활실태, 부양 수요 등을 파악하기 위하여 3년마다 실태조사를 실시하고 그 결과를 발표하여야 한다.

② 제1항에 따른 실태조사는 「노인복지법」에 따른 노인실태조사에 포함하여 실시할 수 있다.

③ 제1항에 따른 실태조사의 실시 및 결과의 발표에 관하여 필요한 사항은 보건복지부령으로 정한다.

제7조 (효문화진흥원의 설치)

① 효문화 진흥과 관련된 사업과 활동을 지원하고 장려하기 위하여 효문화진흥원을 설치할 수 있다.

② 효문화진흥원은 법인으로 한다.

③ 효문화진흥원에 관하여 이 법에서 규정한 것을 제외하고 「민법」 중 재단법인에 관한 규정을 준용한다.

④ 효문화진흥원의 설치요건 및 운영 등에 관하여 필요한 사항은 보건복지부령으로 정한다.

제8조 (효문화진흥원의 업무)

효문화진흥원은 다음 각 호의 업무를 수행한다.

1. 효문화 진흥을 위한 연구조사
2. 효문화 진흥에 관한 통합정보 기반구축 및 정보제공
3. 효문화 진흥을 위한 교육활동
4. 효문화 프로그램에 관한 개발 및 평가와 지원
5. 효문화 진흥과 관련된 전문인력의 양성
6. 효문화 진흥과 관련된 단체에 대한 지원
7. 그 밖에 보건복지부령이 정하는 효문화 진흥과 관련된 업무

제9조 (효의 달)

효에 대한 사회적 관심과 자녀들의 효 의식 고취를 위하여 10월을 효의 달로 정한다.

제3장 효행지원

제10조 (효행 우수자에 대한 표창)

보건복지부장관은 부모 등에 대한 효행을 장려하기 위하여 효행 우수자를 선정하여 표창을 할 수 있다.

제11조 (부모 등의 부양에 대한 지원)

국가 또는 지방자치단체는 부모 등을 부양하고 있는 자에게 부양 등에 필요한 비용의 일부를 지원할 수 있다.

제12조 (부모 등을 위한 주거시설 공급)

① 국가 또는 지방자치단체는 자녀와 동일한 주택 또는 주거 단지 안에 거주하는 부모 등을 위하여 이에 적합한 설비와 기능을 갖춘 주거시설

의 공급을 장려하여야 한다.

② 국가 또는 지방자치단체는 제1항에 따른 주거시설의 공급자에 대하여 지원을 할 수 있다.

제13조 (민간단체 등의 지원)

국가 및 지방자치단체는 효행장려 사업을 수행하는 법인·단체 또는 개인에 대하여 필요한 비용의 전부 또는 일부를 보조하거나 그 업무수행에 필요한 지원을 할 수 있다.

제4장 보칙

제14조 (유사명칭 사용금지) 과태료

이 법에 따른 효문화진흥원이 아니면 효문화진흥원 또는 이와 유사한 명칭을 사용하지 못한다.

제15조 (과태료)

① 제14조에 따른 유사명칭 사용금지를 위반한 자에게는 300만원 이하의 과태료를 부과한다.

② 제1항에 따른 과태료는 대통령령이 정하는 바에 따라 보건복지부장관 또는 시장 · 군수 · 구청장(자치구의 구청장을 말한다. 이하 같다)이 부과·징수한다.

③ 제2항에 따른 과태료 처분에 불복하는 자는 그 처분을 고지받은 날부터 30일 이내에 보건복지부장관 또는 시장·군수·구청장에게 이의를 제기할 수 있다.

④ 제2항에 따른 과태료 처분을 받은 자가 제3항에 따른 이의를 제기한 때 보건복지부장관 또는 시장·군수·구청장은 지체 없이 관할 법원에 그 사유를 통보하여야 하며, 그 통보를 받은 관할 법원은 「비송사건절차

법」에 따른 과태료의 재판을 한다.

⑤ 제3항에 따른 기간 이내에 이의를 제기하지 아니하고 과태료를 납부하지 아니한 때 국세 또는 지방세 체납처분의 예에 따라 징수한다.

부칙 [2007.8.3 제8610호]

이 법은 공포 후 1년이 경과한 날부터 시행한다.